Heinz Veith
Grundkursus Kältetechnik

Heinz Veith

Grundkursus der Kältetechnik

7., überarbeitete, aktualisierte Auflage

 C. F. Müller Verlag

HINWEIS FÜR DIE LESER

Die Ozon-FCKW-Frage steht zur Zeit im Mittelpunkt weltweiten Interesses. In allen Industriestaaten wird die Herstellung, die Anwendung, die Verwendung und das in den Verkehr bringen von FCKW und teilweise auch H-FCKW (Kältemittel R 22 z. B.) durch gesetzliche Maßnahmen reguliert. Der Prozeß der gesetzlichen Maßnahmen ist in vielen Fällen in seinen Einzelheiten nicht vorausberechenbar. Für die Hersteller und Anwender von Kälteanlagen hat sich damit eine außergewöhnlich schwierige Situation ergeben. Niemand weiß genau, was morgen erlaubt oder verboten sein wird.

Auch Autoren und Verleger von Fachbüchern stehen vor Problemen, die nicht befriedigend lösbar sind. Die praktischen Erfordernisse verlangen, daß die Herstellung von Fachbüchern nicht einfach solange unterbrochen werden kann, bis die Herstellung und Verwendung von FCKW durch die Gesetzgeber eindeutig geregelt sind.

Das kann zur Folge haben, daß auch dieses Fachbuch bei seiner Fertigstellung Passagen enthalten kann, die schon nicht mehr zutreffend sind. Dafür bitten wir unsere Leser um Verständnis.

Die Deutsche Bibliothek – CIP-Einheitsaufnahme

Veith, Heinz:
Grundkursus der Kältetechnik / Heinz Veith. – 7. überarb., aktualisierte Aufl. –
Heidelberg : Müller, 1995
   ISBN 3-7880-7516-3

1. Auflage 1971
7. Auflage 1995
© C. F. Müller Verlag, Hüthig GmbH, Heidelberg

Gesamtherstellung: Druckhaus „Thomas Müntzer", Bad Langensalza
ISBN 3-7880-7516-3

Vorwort zur 7. Auflage

Die in diesem Buch behandelten Grundthemen Technisches Rechnen, Physik, Thermodynamik und Kälteanlagen wurden bis zum heutigen Tag in der Praxis erprobt und getestet. Es wird nun schon seit nahezu 25 Jahren zur schulischen und betrieblichen Aus- und Weiterbildung eingesetzt und ist dennoch jung geblieben, da es vor jeder Neuauflage einer gründlichen Verjüngungskur unterzogen wurde.

Als Hauptänderungen sind dabei anzusehen, die komplette Umstellung auf die gesetzlichen SI-Einheiten, die Herausnahme bis jetzt verbotener Kältemittel, sowie die Berücksichtigung der vom Europäischen Komitee der Hersteller von Kältetechnischen Erzeugnissen „CECOMAF" herausgegebenen Empfehlungen für eine einheitliche Terminologie.

Das Kapitel Kältemittel wurde aufgrund seiner derzeitigen Bedeutung ebenfalls ganz neu bearbeitet und auf die Zukunft ausgerichtet.

Die Zielsetzung, einige als schwierig zu vermittelnde Themen leichtverständlich aufzuarbeiten, ist unverkennbar eingehalten worden.

Daß ich alles so eindrucksvoll bebildern konnte verdanke ich nicht zuletzt dem Bildmaterial meiner bisherigen Arbeitgeber Frigidaire und Carrier.

Für die Neugestaltung des Buches, dessen 7. Auflage jetzt zu einer Art Jubiläumsausgabe geworden ist, möchte ich auch dem neuen Team des C. F. Müller-Verlags meinen besonderen Dank aussprechen.

Mainz, im Oktober 1995

H. Veith

V

Vorwort zur 1. Auflage

Das vorliegende Buch soll eine möglichst einfache und dennoch instruktive Einführung in die Kältetechnik vermitteln. Die erforderlichen Grundlagen wie Technisches Rechnen, Physik und Thermodynamik wurden dabei nur soweit behandelt, wie es zum allgemeinen Verständnis und Aufbau für erforderlich erachtet wurde. Der gesamte Stoff wurde bei verschiedenen Schulungen, Lehrgängen und Einführungskursen auf seine Lehrwirkung hin getestet und zusammengestellt.

Es entstand somit ein ausgewogenes und ausgereiftes Werk, welches nicht nur für den Kälte- und Klimamonteur eine gute Lehrhilfe darstellen dürfte, sondern auch für all jene, die an einer gut durchdachten, schrittweisen Einführung in dieses nicht immer leicht zu verstehende Fachgebiet der Kältetechnik interessiert sind.

Dabei denke ich besonders an das Personal all jener Firmen, die sich immer mehr dem stark wachsenden Zweig der Klimatisierung zuwenden, wie z. B. die Betriebe der Heizungs-, Lüftungs- oder Elektro-Industrie.

Wer sich auf dem Sektor Klimatisierung betätigt, wird automatisch mit der künstlichen Kälteerzeugung und den hierzu erforderlichen Bauteilen konfrontiert. Ein Grundwissen hierüber, so wie es dieses Buch vermittelt, ist stets vorteilhaft.

Das Buch kommt dabei jedem Lernwilligen entgegen, denn es eignet sich ausgezeichnet zum Selbststudium; und da hinter jedem Kapitel eine Aufgabensammlung steht, deren Lösungen am Ende aufgeführt sind, kann jeder sein erlerntes Wissen selbst testen.

Mainz, im Oktober 1971 H. VEITH

Inhaltsverzeichnis

Technische Rechnen

1. Allgemeines

Die „Elemente" des Rechnens sind die Zahlen. Von 0 angefangen, wird jede nächst größere Zahl durch Hinzufügen einer 1 gebildet. Die so von Null an entstehende Zahlenreihe ist nach oben unbegrenzt.

In Bild 1 ist die Bildung einer derartigen Zahlenreihe durch eine sogenannte Zahlengerade bzw. Zahlenstrahl zeichnerisch dargestellt.

0   1   2   3   4   5   6   7   8   **Bild 1**   Zahlengerade oder
Zahlenstrahl

Das bei uns gebräuchliche Zahlensystem, bei dem eine Zahl durch Anhängen einer 0 ihren Wert verzehnfacht, kam durch die Araber nach Europa. Deshalb bezeichnet man heute noch unsere Ziffern als arabische Ziffern.

Es gibt natürliche und allgemeine Zahlen. Eine natürliche Zahl hat immer einen ganz bestimmten feststehenden Wert. Sie wird in Ziffern ausgedrückt, während eine allgemeine Zahl jeden Wert annehmen kann. Allgemeine Zahlen werden durch Niederschrift von Rechenregeln und Formeln benutzt.

Zwischen den ganzen Zahlen, die die Zahlenreihe bilden, gibt es auch Zwischenwerte, die man gebrochene Zahlen oder Brüche nennt (Bild 2).

0   1   2   3   4   5   6   7   8   **Bild 2**   Zahlenreihe mit ganzen
$\frac{1}{2}$ $1\frac{3}{4}$ $3\frac{2}{5}$ $5\frac{3}{10}$ und gebrochenen Zahlen

2. Die 4 Grundrechnungsarten

Das Fundament der gesamten Mathematik wird von den sogenannten 4 Grundrechnungsarten gebildet. Diese Grundrechnungsarten ergaben sich nach Erfindung der Zahlen beinahe automatisch. Sie sind aus einfachem Zählen entwickelt worden.

Man unterscheidet die Grundrechnungsarten:

Addieren	(Zusammenzählen)
Subtrahieren	(Abziehen)
Multiplizieren	(Vervielfältigen)
Dividieren	(Teilen)

Die Addition und die Subtraktion bilden die niedrigste Stufe der Rechnungsarten. Multiplikation und Division sind die Rechnungsarten der nächst höheren Stufe. Die Subtraktion ist die Umkehrung der Addition und die Division ist die Umkehrung der Multiplikation.

2.1 Addieren

Zwei Zahlen addieren heißt: Zu der ersten Zahl auf der Zahlenreihe sind so viele Einheiten nach rechts hinzuzufügen wie die zweite Zahl angibt, z. B. 4 + 3 = 7. (lies: vier plus drei gleich sieben)

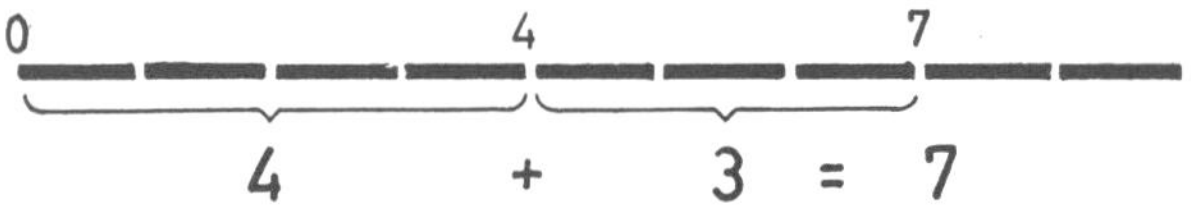

Bild 3 Addition auf der Zahlengerade

Man zählt auf der Zahlengeraden 4 Einheitan ab und markiert diesen Punkt. Dann zählt man 3 weitere Einheiten ab und markiert auch diesen Punkt. Zählt man nun das Ergebnis aus, so erhält man die Zahl 7 (Bild 3), die auch als die Summe bezeichnet wird, während man die Zahlen 4 und 3 Summanden nennt.

Summand plus Summand gleich Summe			
4	+	3	=	7

Es sei daran erinnert, daß mit dieser einfachen Erklärung nicht nur die Grundsätze des Rechnens gefunden wurden, sondern daß auf diese Weise jeder Schüler das Rechnen erlernt (Rechentafel). Wenn ein Pluszeichen zwei positive Zahlen verbindet, dann heißt das immer, daß auf der Zahlengerade nach rechts zu gehen ist.

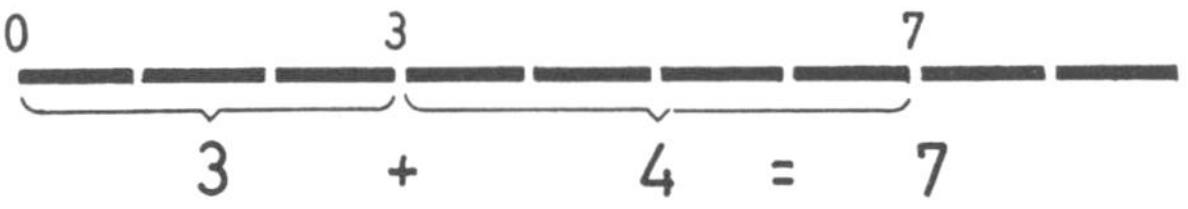

Bild 4 Addition auf der Zahlengerade

Bildet man die Summe aus 4 + 3 und die Summen aus 3 + 4 durch Abzählen auf der Zahlengeraden, dann stellt man fest, daß sie bei beiden Additionen gleich groß ist und 7 beträgt. (Siehe Bild 3 u. 4). Daraus kann man bereits einen Grundsatz der Addition aufstellen. Er lautet:

> **Eine Summe ändert sich nicht, wenn man die Summanden vertauscht**
> (Kommutativ- oder Vertauschungsgesetz)

In allgemeinen Zahlen ausgedrückt:

a + b = b + a

Wenn man nun 5 DM und 3 DM zu addieren hat, ergibt das eine Summe von 8 DM. Es ist aber nicht möglich 5 DM und beispielsweise 3 Dollar zu addieren. In diesem Fall müßte man entweder die DM zunächst in Dollars oder die Dollars in DM verwandeln.

> **Es läßt sich nur Gleiches mit Gleichem addieren.**

Eine Summe kann auch aus drei oder mehr Summanden bestehen. 6 + 5 + 4 z. B. bedeutet: bilde zuerst 6 + 5 = 11 und addiere zu dieser „Teilsumme" dann die Zahl 4. Man schreibt dies ausführlich so: (6 + 5) + 4 = 11 + 4 = 15. Dasselbe Ergebnis erhält man auch, wenn man rechnet: 6 + (5 + 4) = 6 + 9 = 15. Solche Beispiele führen zu einem weiteren Grundsatz:

> **Eine Summe ändert sich nicht, wenn man die Summanden beliebig zu Teilsummen zusammenfaßt.**
> (Assoziativ- oder Verbindungsgesetz)

In allgemeinen Zahlen ausgedrückt:

(a + b) + c = a + (b + c)

2.2 Subtrahieren

Die Subtraktion ist die Umkehrung der Addition. Was heißt das? Wenn man 4 + 3 addiert und von der Summe 7 einen der Summanden, angenommen 3, abzieht, erhält man als Ergebnis den anderen Summanden, also 4, oder wenn man 4 von 7 abzieht, erhält man 3. Auch die Subtraktion ist ein einfaches Auszählen auf der Zahlengeraden. Z. B. 7 − 4 = 3 (lies: sieben minus vier gleich drei).

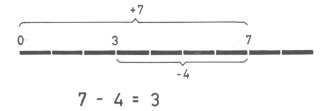

7 - 4 = 3

Bild 5 Subtraktion auf der Zahlengerade

Man geht vom Anfangspunkt der Zahlengeraden zunächst 7 Einheiten nach rechts. Von diesem Punkt aus geht man nun 4 Einheiten nach links zurück und erhält 3 als Ergebnis (Bild 5), welches man die Differenz nennt, während die Zahl 7 als Minuend und die Zahl 4 als Subtrahend bezeichnet werden.

Minuend minus Subtrahend gleich Differenz				
7	−	4	=	3

Steht vor einer Zahl ein Minuszeichen, dann muß auf der Zahlengeraden nach links gerückt werden. Nun kann jedoch folgendes passieren:

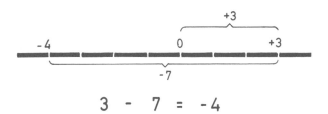

3 - 7 = -4

Bild 6 Subtraktion auf der Zahlengerade

Es ist die Aufgabe gestellt, 7 von 3 abzuziehen. Wenn man dies nun auf der Zahlengeraden probiert, stellt man fest, daß die Gerade nicht ausreicht und daß man über ihren 0-Punkt nach links hinausgehen muß. Der Bereich links des 0-Punktes ist der Bereich der negativen Zahlen. Es ergibt sich also 3 − 7 = −4 (Bild 6).

Beispiel:

Das Thermometer zeigte in den Abendstunden eine Temperatur von +2 °C an. Während der Nacht fiel die Temperatur um 6 K. Wie tief war die Nachttemperatur? 2 °C − 6 K = −4 °C (Bild 7).

Nach der Einführung des Bereiches, der links über den 0-Punkt der Zahlengeraden hinausgeht, muß jede Zahl nach ihrem Vorzeichen beurteilt werden. Alle Zahlen, die auf der rechten Seite des 0-Punktes liegen, sind positiv, und alle die auf der linken Seite liegen, sind negativ.

3

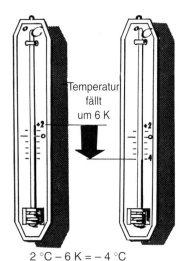

Die Einheit Kelvin (K) ist nicht mehr als „Skala" sondern als Größe zu verstehen (Celsius dagegen bleibt „Skala"); daher werden Temperaturdifferenzen als Kelvin (K) angegeben. Hinsichtlich der Celsius-Temperaturskala gilt: 1 K = 1 °C

Temperatur fällt um 6 K

$2\,°C - 6\,K = -4\,°C$

Bild 7   Temperaturanzeige am Thermometer

Man braucht aber bei positiven Zahlen das Pluszeichen nicht unbedingt vor die Zahl zu schreiben. Man wird es nur dann tun, wenn es die Rechnung erfordert oder wenn ganz klar darauf hingewiesen werden soll, daß es sich um eine positive Zahl handelt. Ganz genau gesehen müßte die Addition $3 + 4 = 7$ wie folgt geschrieben werden:

$$(+3) + (+4) = (+7)$$

Die Subtraktion $7 - 3 = 4$ müßte man wie folgt schreiben:

$$(+7) - (+3) = (+4)$$

Um sich diese viele Schreibarbeit zu ersparen, hat man festgelegt, daß man das Pluszeichen generell wegläßt und nur die negativen Zahlen durch ihr Vorzeichen kennzeichnet. Die Einführung der positiven und negativen Zahlen hat eine Reihe von Auswirkungen auf die Addition und die Subtraktion.

Beispiel:

Auf ein laufendes Konto von DM 4430 werden DM 4000 überwiesen. Demnach beträgt der Kontostand nach dieser Überweisung $4430 + 4000 = 8430$ DM

Dieses Konto wird nun mit einer Forderung von 1200 DM belastet.

Zu der Anfangssumme kommen also 1200 DM Schulden hinzu. Es ist also folgende Addition auszuführen:

$$8430 + (-1200) = 8430 - 1200 = 7230 \text{ DM}$$

> **Wird einem positiven Betrag ein negativer Betrag hinzugefügt, so ist der 2. Betrag vom 1. abzuziehen, oder in allgemeinen Zahlen geschrieben**
>
> $$a + (-b) = a - b$$

Durch Abdeckung verschiedener Forderungen hat sich der Kontostand auf einen negativen Betrag von DM 1800 erniedrigt. Es befinden sich also noch -1800 DM auf dem Konto. Nun geht die erste einiger erwarteter Überweisungen ein, und zwar werden DM 500 auf das Konto überwiesen. Damit ist folgende Addition auszuführen:

$$-1800 + (+500) = -1800 + 500 = -1300$$

oder in allgemeinen Zahlen ausgedrückt

$-a + (+b) = -a + b$

Da man die Summanden vertauschen kann, ergibt sich

$-a + b = b - a$

Ehe weitere Zahlungseingänge zu verbuchen sind, geht eine neue Forderung von DM 800 ein. Die Addition lautet nun:

$-1300 + (-800) = -2100$

oder in allgemeinen Zahlen geschrieben

$-a + (-b) = -a - b$

> **Ganze Zahlen werden addiert und subtrahiert, indem man die Beträge addiert bzw. subtrahiert und das gemeinsame Vorzeichen beibehält.**

Da die Subtraktion die Umkehrung der Addition ist, lassen sich für die Subtraktion in allgemeinen Zahlen folgende Regeln aufstellen:

> **$(+a) - (+b) = a - b$**
> **$(+a) - (-b) = a + b$**
> **$(-a) + (+b) = -a + b = b - a$**
> **$(-a) - (-b) = -a + b = b - a$**

Ebenso wie bei der Addition können selbstverständlich auch bei der Subtraktion nur gleichartige Zahlen subtrahiert werden. Es ist also auch hier unmöglich, beispielsweise von 100 DM 20 Dollars abzuziehen.

> **Kommen in mehrgliedrigen Ausdrücken Additionen und Subtraktionen vor, so kann man die einzelnen Glieder unter Beachtung ihre Vorzeichen willkürlich vertauschen.**

Beispiele:

$a + (-k) - c + d = a - c + d - k$

$6b - 12a + 3b + 2c - b + 20a$

$= -12a + 20a + 6b + 3b - b + 2c = 8a + 8b + 2c$

2.3 Multiplizieren

Die Multiplikation läßt sich aus der Addition ableiten. Sie ist eine wiederholte Addition derselben Zahl, d. h. man schreibt bei Summen mit lauter gleich großen Summanden den Summanden nur einmal und gibt durch eine dahinter gesetzte Zahl die Anzahl der Summanden an.

Es bedeutet also:

$2 \cdot 4 = 8$ (lies: zwei mal vier gleich acht)

$2 \cdot 4 = 2 + 2 + 2 + 2 = 8$

Man nennt die Zahl, die sich bei der Multiplikation von 2 und 4 ergibt, das Produkt, während die Zahl 2, die multipliziert wird, Multiplikand heißt und die Zahl 4, mit der man multipliziert, Multiplikator.

> **Multiplikand mal Multiplikator gleich Produkt**
> 2 · 4 = 8

Aus der Veranschaulichung der Multiplikation auf der Zahlengeraden (Bild 8) geht hervor, daß in dem Produkt 2 · 4 der Multiplikator 4 mit dem Multiplikanden 2 vertauscht werden kann. Es ist daher zweckmäßig, Multiplikand und Multiplikator einen gemeinsamen Namen zu geben; man nennt sie Faktoren.

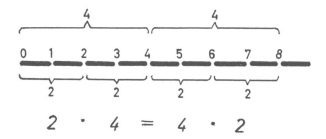

Bild 8 Multiplikation auf der Zahlengerade

Genau wie für die Summanden bei der Addition gilt auch für die Faktoren das Kommutativ- oder Vertauschungsgesetz.

Es lautet:

> **Ein Produkt ändert sich nicht, wenn man die Faktoren vertauscht.**

In allgemeinen Zahlen ausgedrückt:

$a \cdot b = b \cdot a$

Wenn man die Multiplikation in der gezeigten Weise auf eine Addition zurückführt, müssen sich die Vorzeichen für die Multiplikation positiver und negativer Zahlen nach den Gesetzen, die für die Addition positiver und negativer Zahlen gelten, finden lassen.

Es ergeben sich folgende Regeln:

> $(+a) \cdot (+b) = ab$
> $(+a) \cdot (-b) = -ab$
> $(-a) \cdot (+b) = -ab$
> $(-a) \cdot (-b) = ab$

> **Sind bei einer Multiplikation die Vorzeichen der beiden Faktoren gleich, dann ist das Produkt (Ergebnis) positiv. Sind die Vorzeichen ungleich, ist das Produkt (Ergebnis) negativ.**

Oder mit anderen Worten gesagt:

> **Plus mal Plus gibt Plus**
> **Plus mal Minus gibt Minus**
> **Minus mal Plus gibt Minus**
> **Minus mal Minus gibt Plus**

Ein Produkt kann auch aus 3 oder mehr Faktoren bestehen, z. B.

$6 \cdot 3 \cdot 2$ bedeutet $(6 \cdot 3) \cdot 2 = 18 \cdot 2 = 36$

Dasselbe ergibt sich, wenn man rechnet

$6 \cdot (3 \cdot 2) = 6 \cdot 6 = 36$

Dieses Beispiel führt zu dem Assoziativ- oder Verbindungsgesetz der Multiplikation.

Es lautet:

> **Ein Produkt ändert sich nicht, wenn man die Faktoren beliebig zu Teilprodukten zusammenfaßt.**

In allgemeinen Zahlen ausgedrückt:

$$a \cdot b \cdot c = (a \cdot b) \cdot c = a(b \cdot c)$$

Hat man eine Summe oder Differenz mit einer Zahl zu multiplizieren, gilt das sogenannte Distributiv- oder Verteilungsgesetz der Multiplikation.

Es lautet:

> **Eine Summe oder Differenz wird mit einer Zahl multipliziert, indem man jedes Glied mit der Zahl multipliziert und die Teilprodukte addiert bzw. subtrahiert.**

Es ist z. B.:

$$2 \cdot (6 + 3) = 2 \cdot 6 + 2 \cdot 3$$
$$\text{und } 2 \cdot (6 - 3) = 2 \cdot 6 - 2 \cdot 3$$

In allgemeinen Zahlen ausgedrückt:

$$a \cdot (b + c) = a \cdot b + a \cdot c$$
$$a \cdot (b - c) = a \cdot b - a \cdot c$$

Das Verteilungsgesetz gilt auch bei mehrgliedrigen Ausdrücken, z. B.:

$$4 \cdot (12 - 10 + 20) = 4 \cdot 12 - 4 \cdot 10 + 4 \cdot 20 = 48 - 40 + 80 = 88$$

In allgemeinen Zahlen:

$$a \cdot (b - c + d) = a \cdot b - a \cdot c + a \cdot d$$

Man muß sorgfältig unterscheiden zwischen Rechnungen wie:

$$2 \cdot (6 + 3) = 12 + 6 = 18$$
$$(\text{oder } 2 \cdot (6 + 3) = 2 \cdot 9 = 18)$$
$$\text{und } 2 \cdot 6 + 3 = 12 + 3 = 15$$
$$(10 - 2) \cdot 4 = 40 - 8 = 32$$
$$(\text{oder } (10 - 2) \cdot 4 = 8 \cdot 4 = 32)$$
$$\text{und } 10 - 2 \cdot 4 = 10 - 8 = 2$$

Treten in einer Rechnung Addition, Subtraktion und Multiplikation nebeneinander auf, so geht die Multiplikation vor („Punktrechnung geht vor Strichrechnung"). Dies wurde vereinbart, um Klammern zu sparen. Jede andere Reihenfolge muß durch Klammern angezeigt werden.

2.3.1 Besondere Produkte

a) Der Faktor 1

Es ist: $4 \cdot 1 = 1 \cdot 4 = 1 + 1 + 1 + 1 = 4$

In allgemeinen Zahlen ausgedrückt:

$$1 \cdot a = a \qquad a \cdot 1 = a$$

b) Der Faktor 0

Es ist: $4 \cdot 0 = 0 \cdot 4 = 0 + 0 + 0 + 0 = 0$

In allgemeinen Zahlen ausgedrückt:

$$0 \cdot a = 0 \qquad a \cdot 0 = 0 \qquad 0 \cdot 0 = 0$$

Wird eine Zahl mit 0 multipliziert, so wird das Produkt stets den Wert 0 haben.

2.4 Dividieren

Die Division ist die Umkehrung der Multiplikation. Anstatt zu fragen: „Was ergibt 15 geteilt durch 3?" kann man auch sagen: „ Mit welcher Zahl muß man 3 multiplizieren, um 15 zu erhalten?" Es ist die Zahl 5.

Der Division $15 : 3 = 5$ (lies: fünfzehn durch drei gleich fünf) entspricht die Multiplikation $3 \cdot 5 = 15$. Man kann daher die Multiplikation auch als Probe für die Division verwenden.

Der Ausdruck $15 : 3$ bedeutet die Zahl, die sich bei Division von 15 und 3 ergibt. Man nennt sie den Quotienten von 15 und 3; er ist gleich der Zahl 5.

Die Zahl 15, die dividiert wird, heißt Dividend und die Zahl 3, durch die man dividiert, ist der Divisor.

Dividend durch Divisor gleich Quotient				
15	:	3	=	5

Da die Division die Umkehrung der Multiplikation ist, folgt daraus:

$$a \cdot b = c$$
$$c : b = a$$
$$c : a = b$$

Aus diesem Zusammenhang lassen sich für die Division von Ausdrücken mit verschiedenen Vorzeichen folgende Gesetzmäßigkeiten aufstellen.

$$(+a) : (+b) = \frac{a}{b}$$

$$(+a) : (-b) = -\frac{a}{b}$$

$$(-a) : (+b) = -\frac{a}{b}$$

$$(-a) : (-b) = \frac{a}{b}$$

> Sind bei einer Division die Vorzeichen der beiden Zahlen gleich, dann ist der Quotient (Ergebnis) positiv. Sind die Vorzeichen ungleich, ist der Quotient negativ.

Oder mit anderen Worten gesagt:

> **Plus geteilt durch Plus gibt Plus**
> **Plus geteilt durch Minus gibt Minus**
> **Minus geteilt durch Plus gibt Minus**
> **Minus geteilt durch Minus gibt Plus**

Im Gegensatz zur Addition und Subtraktion können auch ungleichartige Zahlen multipliziert und dividiert werden.

Beispiel:

Ein Auto legt eine Strecke von 160 km in 2 Stunden zurück. Wie groß ist seine Geschwindigkeit v?

$$v = \frac{160\ km}{2\ h} = 80\ km/h$$

Oder ein Kran hebt eine Last von 3000 kg 4 m hoch. Wie groß ist die geleistete Arbeit?

$$A = 4\ m \cdot 3000\ kg = 12\,000\ m\ kg = 117,68\ kJ$$

> **Bei der Multiplikation und der Division müssen nicht nur die Vorzahlen, sondern auch die Buchstabengrößen multipliziert bzw. dividiert werden.**

Hat man eine Summe oder Differenz mit einer Zahl zu dividieren gilt das sogenannte Distributiv- oder Verteilungsgesetz der Division.

Es lautet:

> **Eine Summe oder Differenz wird durch eine Zahl dividiert, indem man jedes Glied durch die Zahl dividiert und die einzelnen Quotienten addiert bzw. subtrahiert.**

Es ist z. B.:

$$(16 + 6) : 2 = 22 : 2 \quad mit \quad (16 : 2) + (6 : 2)$$
$$(16 - 6) : 2 = 10 : 2 \quad mit \quad (16 : 2) - (6 : 2)$$

In allgemeinen Zahlen ausgedrückt:

$$(a + b) : c = (a : c) + (b : c)$$
$$(a - b) : c = (a : c) - (b : c)$$

2.4.1 Besondere Quotienten

a) Es ist $7 : 7 = 1$, da $7 \cdot 1 = 7$ ist.

In allgemeinen Zahlen ausgedrückt:

$a : a = 1$

b) Es ist $7 : 1 = 7$, da $1 \cdot 7 = 7$ ist.

In allgemeinen Zahlen ausgedrückt:

$a : 1 = a$

c) Es ist $0 : 7 = 0$, da $7 \cdot 0 = 0$ ist.

In allgemeinen Zahlen ausgedrückt:

$0 : a = 0$

d) Eine Zahl a, die gleich $7 : 0$ ist, gibt es nicht, denn dann müßte die Probe $0 \cdot a = 7$ sein.

Es gibt aber nicht eine solche Zahl a, denn für jede Zahl $a = 0 \cdot a = 0$. Das Zeichen $7 : 0$ bedeutet also keine Zahl. Das gilt auch, wenn man statt 7 eine andere Zahl nimmt.

Durch 0 kann man nicht dividieren.

Wird eine Zahl durch 0 dividiert, dann wird der Quotient unendlich groß. Dies ist sehr einfach zu erklären und zu verstehen

$$\frac{100}{2} = 50$$

$$\frac{100}{1} = 100$$

$$\frac{100}{0,1} = 1000$$

$$\frac{100}{0,01} = 10\,000$$

$$\frac{100}{0,000001} = 100\,000\,000$$

$$\frac{100}{0} = \infty \quad (\infty = \text{unendlich})$$

oder in allgemeinen Zahlen geschrieben

$$\frac{a}{0} = \infty$$

2.5 Verbindung der vier Grundrechnungsarten

a) Übersichtstabelle

Rechenarten		Bezeichnungen	Rechenzeichen	
1. Stufe	**Addition**	Summand + Summand = Summe	**+**	Striche
	Subtraktion	Minuend − Subtrahend = Differenz	**−**	
2. Stufe	**Multiplikation**	Multiplikand · Multiplikator = Produkt oder Faktor · Faktor = Produkt	**·**	Punkte
	Division	Dividend : Divisor = Quotient	**:**	

b) Treffen mehrere Rechenarten zusammen, gilt folgende Regel:

> **Treten Klammern auf, so wird das Eingeklammerte zuerst ausgerechnet; dann folgen die Rechenarten der 2. Stufe und zuletzt die Rechenarten der 1. Stufe, d. h., „Punktrechnung geht vor Strichrechnung".**

3. Klammerwerte

Eine Klammer bedeutet, daß unter allen Umständen die Rechenoperation innerhalb der Klammer zuerst ausgeführt werden muß. Erst danach kann mit dem ausgerechneten Klammerwert weitergerechnet werden.

So kann man z. B. die Teilsumme a + b in dem Ausdruck a + b + c zusammenfassen.

Man müßte dann schreiben:

$\quad$ a + (b + c)

Wenn man die Aufgaben

$\quad$ a + (b + c)

$\quad$ a + (b − c)

$\quad$ a − (b + c)

$\quad$ a − (b − c)

mit einigen Beispielen auf der Zahlengeraden löst, kommt man zu einem einfachen mathematischen Zusammenhang:

> **a + (b + c) = a + b + c**
>
> **a + (b − c) = a + b − c**
>
> **a − (b + c) = a − b − c**
>
> **a − (b − c) = a − b + c**

> **Klammern mit positiven Vorzeichen können ohne weiteres weggelassen werden. Klammern mit negativen Vorzeichen können nur dann aufgelöst werden, wenn man alle Vorzeichen innerhalb der Klammer umkehrt.**

Bei Nichtbeachtung der Klammern können völlig falsche Rechenergebnisse entstehen, insbesondere wenn die Klammer mit einem Faktoren verbunden ist.

4. Potenzen

So weit das Produkt die Kurzform einer Summe mit lauter gleichen Summanden darstellt, stellt die Potenz die Kurzform dar für ein Produkt mit lauter gleichen Faktoren.

Man schreibt z. B.:

$\quad$ $4 \cdot 4 \cdot 4 = 4^3$ (lies: vier hoch drei)

$\quad$ oder $7 \cdot 7 \cdot 7 \cdot 7 = 7^4$

$\quad$ und $5 \cdot 5 = 5^2$

Der Ausdruck 4^3 heißt **Potenz**, die Zahl 4 heißt **Grundzahl** oder Basis, die Zahl 3 heißt **Hochzahl** oder Exponent und 64 ist der **Potenzwert**. Potenzen mit der Grundzahl 10 heißen Zehnerpotenzen; z. B.:

$$10^2 = 100$$
$$10^3 = 1000$$
$$10^6 = 1\,000\,000$$

Sie sind Einheiten des Dezimalsystems und ihre Hochzahl gibt die Zahl der Nullen an. Potenzen mit der Hochzahl 2 heißen auch Qudratzahlen z. B.:

$$1^2 = 1$$
$$2^2 = 4$$
$$3^2 = 9 \quad \text{usw.}$$

> **Bei Potenz gibt die Hochzahl stets an, wievielmal die Grundzahl als Faktor zu setzen ist.**

5. Wurzeln

Im vorstehenden Kapitel über Potenzen erfuhren wir, daß

$$4^3 = 4 \cdot 4 \cdot 4 = 64$$

ist.

Nun kann aber auch das Umgekehrte als Aufgabe gestellt sein, nämlich aus 64 die Zahl zu finden, die dreimal mit sich multipliziert 64 ergibt.

Diesen Vorgang nennt man Radizieren. Kennzeichen des Radizierens ist das Wurzelzeichen „$\sqrt{}$". Man schreibt also kurz:

$\sqrt[3]{64} = 4$ (lies: dritte Wurzel aus vierundsechzig gleich vier) da $4 \cdot 4 \cdot 4 = 64$ ist

oder $\sqrt[4]{2401} = 7;$ $\qquad \sqrt[2]{25} = 5$

Der Ausdruck $\sqrt[3]{64}$ heißt **Wurzel**, die Zahl 64 heißt **Radikand**, die Zahl 3 heißt **Wurzelexponent** und die Zahl 4 ist der **Wurzelwert**.

Wurzeln mit dem Wurzelexponenten 2 und 3 nennt man auch Quadrat- bzw. Kubikwurzeln. Die Quadratwurzel steht auch oft ohne Wurzelexponent, also:

$$\sqrt{121} = 11$$

Um die Stellenzahl des Wurzelwertes zu bestimmen, streicht man den Radikanden von rechts beginnend in Gruppen von je zwei Zahlen ab. Die Gruppenanzahl gibt die Anzahl der Stellen des Wurzelwertes an. Dies gilt natürlich nur für die Quadratwurzeln. Da Radizieren und Potenzieren entgegengesetzte Rechnungsarten sind, kann man allgemein schreiben:

> **Die n-te Wurzel aus einer positiven Zahl a ist die positive Zahl, deren n-te Potenz gleich a ist.**

Aufgaben

Lösen Sie folgende Aufgaben (Lösungen S. 197):

1. $(+3) + (-3) \ =$
2. $(-5) + (-3) \ =$
3. $(+5) + (-3) \ =$
4. $(-5) + (+3) \ =$
5. $(-5) + 0 \qquad =$
6. $0 + (-5) \qquad =$
7. $(+5) - (-3) \ =$
8. $(-5) - (-3) \ =$
9. $(-7) - (+4) \ =$
10. $(-7) - (-8) \ =$
11. $82 - 16 - 24 =$
12. $77 - 14 + 23 =$
13. $18a + 7 + a + 12 - 10a - 4a - 5 - 13 =$
14. $4a + 5b - 3a - b + 6a - 5b - 7a + b \ =$
15. Bei einem „Bankkonto" seien „Guthaben" des Kontoinhabers mit +, „Schulden" mit – bezeichnet.
    Der Kontostand betrage

am 7. September	a) +100 DM	b) −230 DM	c) −350 DM	d) 0 DM	e) −70 DM
am 8. September	−50 DM	+70 DM	−150 DM	−110 DM	+90 DM
Wieviel DM wurden am 8. September abgehoben oder einbezahlt?					

16. Temperaturmessungen

Anfangstemperatur °C	a) +4	b) −3	c) +4	d) −4	e) −4	f) 0	g) −13	h) −4
Endtemperatur °C	+7	+6	−1	−8	0	−7	−7	+2
Um wieviel Kelvin ist die Temperatur gestiegen oder gefallen?								

6. Einfache Brüche

6.1 Das Rechnen mit Brüchen

Ein Bruch wird aus 2 Zahlen gebildet, die durch einen horizontalen oder schräg gestellten Bruchstrich voneinander getrennt sind. Man nennt die oberhalb des Bruchstriches stehende Zahl den Zähler und die unterhalb des Bruchstriches stehende Zahl den Nenner. Wenn der Zähler kleiner ist als der Nenner, handelt es sich um einen echten Bruch. Ein echter Bruch ist in seinem Wert immer kleiner als eins. Ist der Zähler größer als der Nenner, spricht man von einem unechten Bruch. Der Wert eines unechten Bruches ist immer größer als eins. Der umgekehrte Wert eines Bruches, also die Zahl, die man erhält, wenn man den Zähler zum Nenner und den Nenner zum Zähler macht, nennt man den reziproken Wert (Kehrwert).

> **Wenn man einen Bruch mit seinem reziproken Wert multipliziert, erhält man immer den Wert 1.**

Beispiele:

$$\frac{3}{4} \cdot \frac{4}{3} = 1$$

$$\frac{a}{b} \cdot \frac{b}{a} = 1$$

Brüche können erweitert und gekürzt werden. Zu diesem Zweck muß man Zähler und Nenner mit dem gleichen Wert multiplizieren bzw. dividieren.

> **Multipliziert man Zähler und Nenner eines Bruches mit dem gleichen Wert, so bleibt der Wert des Bruches unverändert. Diese Operation nennt man Erweitern.**

$$\frac{a}{b} = \frac{a \cdot c}{b \cdot c}$$

> **Dividiert man Zähler und Nenner eines Bruches mit dem gleichen Wert, so bleibt der Wert des Bruches unverändert. Diese Operation nennt man Kürzen.**

$$\frac{a \cdot x}{b \cdot x} = \frac{a}{b}$$

Jeder Bruchstrich ist auch zu behandeln wie eine Klammer. Stehen im Zähler oder Nenner Summanden, dann müssen beim Kürzen oder Erweitern alle Summanden mit dem gleichen Wert multipliziert oder dividiert werden.

Beispiele:

$$\frac{a \cdot b + ac}{ad} = \frac{\dfrac{a \cdot b}{a} + \dfrac{ac}{a}}{\dfrac{ad}{a}} = \frac{b + c}{d}$$

oder

$$\frac{a + b}{a} = \frac{\dfrac{a}{a} + \dfrac{b}{a}}{\dfrac{a}{a}} = \frac{1 + \dfrac{b}{a}}{1} = 1 + \frac{b}{a}$$

$$\frac{1}{3} + \frac{1}{2} = \frac{1 \cdot 2}{3 \cdot 2} + \frac{1 \cdot 3}{2 \cdot 3} = \frac{2}{6} + \frac{3}{6} = \frac{5}{6}$$

oder $\quad \dfrac{a}{b} + \dfrac{c}{b} = \dfrac{a + c}{b}$

oder $\quad \dfrac{a}{b} + \dfrac{c}{d} = \dfrac{a \cdot d}{b \cdot d} + \dfrac{c \cdot b}{d \cdot b} = \dfrac{ad + cb}{bd}$

Brüche können nur addiert oder subtrahiert werden, wenn ihre Nenner gleich sind. Brüche mit gleichen Nennern werden addiert oder subtrahiert, indem man ihre Zähler addiert oder subtrahiert und den gemeinsamen Nenner beibehält. Brüche mit ungleichen Nennern werden addiert oder subtrahiert, indem man sie durch Erweitern gleichnamig macht und dann wie mit gleichnamigen Brüchen verfährt.

Wird eine natürliche oder allgemeine Zahl mit einem echten Bruch multipliziert, wird das Produkt dieser Multiplikation kleiner als die mit dem Bruch zu multiplizierende Zahl.

Beispiel:

$$5 \cdot \frac{1}{10} = \frac{5}{10} = \frac{1}{2}$$

Brüche werden mit ganzen Zahlen multipliziert, indem man den Zähler mit der ganzen Zahl multipliziert.

$$\frac{a}{b} \cdot c = \frac{a \cdot c}{b}$$

Sollen zwei Brüche miteinander multipliziert werden, muß man ihre Zähler und ihre Nenner multiplizieren. Dies kann man aus einigen Beispielen leicht ableiten. Hat man z. B. $^1/_2$ mit $^1/_2$ zu multiplizieren, man nimmt also die Hälfte von $^1/_2$, dann erhält man $^1/_4$. Hat man nun $^2/_2$ mit $^1/_2$ zu multiplizieren, dann muß man, da der erste Faktor doppelt so groß geworden ist, als Produkt $^2/_4$ erhalten. Es ist also

$$\frac{1}{2} \cdot \frac{1}{2} = \frac{1 \cdot 1}{2 \cdot 2} = \frac{1}{4}$$

$$\frac{2}{2} \cdot \frac{1}{2} = \frac{2 \cdot 1}{2 \cdot 2} = \frac{2}{4} = \frac{1}{2}$$

Brüche werden multipliziert, indem man die Zähler und die Nenner multipliziert. In allgemeinen Zahlen ausgedrückt, ergibt das

---

$$\frac{a}{b} \cdot \frac{c}{d} = \frac{ac}{bd}$$

Da die Division die Umkehrung der Multiplikation ist, kann man aus diesem Zusammenhang die Regel für die Division von Brüchen ableiten.

Beispiel:

$$2 \cdot \frac{1}{3} = \frac{2}{3}$$

Die Division ist die Umkehrung der Multiplikation. Folglich muß sein:

$$\frac{2}{3} : 2 = \frac{1}{3}$$

Brüche werden dividiert, indem man ihre Zähler dividiert.

$$\frac{a}{b} : c = \frac{\dfrac{a}{c}}{b}$$

Erweitert man diesen Ausdruck nun mit c, dann ergibt sich folgendes

$$\frac{\dfrac{a}{c} \cdot c}{b \cdot c} = \frac{\dfrac{a \cdot c}{c}}{b \cdot c} = \frac{a}{b \cdot c}$$

Man kann also auch einen Bruch dividieren, indem man den Nenner mit der Zahl, durch die der Bruch dividiert werden soll, multipliziert.

Beispiel:

$$\frac{1}{3} : 3 = \frac{1}{3 \cdot 3} = \frac{1}{9}$$

oder in allgemeinen Zahlen ausgedrückt:

$$\frac{a}{b} : c = \frac{a}{b \cdot c}$$

Die Division zweier Brüche kann ebenfalls wieder unter Zuhilfenahme der Tatsache, daß die Division die Umkehrung der Multiplikation ist, aus den Multiplikationsregeln abgeleitet werden.
Beispiel:

$$\frac{2}{3} \cdot \frac{3}{4} = \frac{6}{12}$$

demnach muß also sein:

$$\frac{6}{12} : \frac{3}{4} = \frac{2}{3} \quad \text{und} \quad \frac{6}{12} : \frac{2}{3} = \frac{3}{4}$$

Diese Ergebnisse erhält man auch, wenn man wie folgt verfährt:

$$\frac{6}{12} : \frac{3}{4} = \frac{2}{3} = \frac{6}{12} \cdot \frac{4}{3} = \frac{24}{36} = \frac{2}{3}$$

oder

$$\frac{6}{12} : \frac{2}{3} = \frac{3}{4} = \frac{6 \cdot 3}{12 \cdot 2} = \frac{18}{24} = \frac{3}{4}$$

Aus diesem Beispiel ergibt sich die Rechenregel, mit der Brüche dividiert werden.

Brüche werden dividiert, indem man den ersten Bruch mit dem reziproken Wert des zweiten Bruches multipliziert.

In allgemeinen Zahlen ausgedrückt:

$$\frac{a}{b} : \frac{c}{d} = \frac{a}{b} \cdot \frac{d}{c}$$

6.2 Zehnerbrüche oder Dezimalbrüche

Brüche wie

$$\frac{1}{10} ; \quad \frac{1}{100} ; \quad \frac{1}{1000} ; \quad \frac{6}{10} ; \quad \frac{25}{100}$$

usw. heißen Zehner- oder Dezimalbrüche. Diese Brüche lassen sich besonders leicht mit Hilfe der „dezimalen Schreibweise" (Kommaschreibweise) ausdrücken.

An der 1. Stelle rechts vom Komma stehen die Zehntel.
An der 2. Stelle rechts vom Komma stehen die Hundertstel.
An der 3. Stelle rechts vom Komma stehen die Tausendstel usw.

Es bedeutet also:

$$0,1 = \frac{1}{10} \quad \text{(ein Zehntel)}$$

$$0,01 = \frac{1}{100} \quad \text{(ein Hundertstel)}$$

$$0,001 = \frac{1}{1000} \quad \text{(ein Tausendstel) usw.}$$

Dezimale Schreibweise und Dezimalbrüche

$0,1\,\text{m} = 1\,\text{dm} = \frac{1}{10}\,\text{m}$	$0,1\,\text{kg} = 100\,\text{g} = \frac{1}{10}\,\text{kg}$
$0,5\,\text{m} = 5\,\text{dm} = \frac{5}{10}\,\text{m}$	$0,5\,\text{kg} = 500\,\text{g} = \frac{5}{10}\,\text{kg}$
$0,01\,\text{m} = 1\,\text{cm} = \frac{1}{100}\,\text{m}$	$0,01\,\text{kg} = 10\,\text{g} = \frac{1}{100}\,\text{kg}$
$0,08\,\text{m} = 8\,\text{cm} = \frac{8}{100}\,\text{m}$	$0,08\,\text{kg} = 80\,\text{g} = \frac{8}{100}\,\text{kg}$
$0,001\,\text{m} = 1\,\text{mm} = \frac{1}{1000}\,\text{m}$	$0,001\,\text{kg} = 1\,\text{g} = \frac{1}{1000}\,\text{kg}$
$0,007\,\text{m} = 7\,\text{mm} = \frac{7}{1000}\,\text{m}$	$0,007\,\text{kg} = 7\,\text{g} = \frac{7}{1000}\,\text{kg}$

Es ist :
$$0,475\,\text{kg} = 475\,\text{g} = 400\,\text{g} + 70\,\text{g} + 5\,\text{g}$$
$$= \frac{4}{10}\,\text{kg} + \frac{7}{100}\,\text{kg} + \frac{5}{1000}\,\text{kg}$$

oder auch: $0,475 \, \text{kg} = 475 \, \text{g} = \dfrac{475}{1000} \, \text{kg}$

und $0,47 \, \text{m} = 47 \, \text{cm} = \dfrac{4}{10} \, \text{m} + \dfrac{7}{100} \, \text{m} = \dfrac{47}{100} \, \text{m}$

Durch die dezimale Schreibweise wird das Dezimalsystem rechts vom Komma fortgesetzt. Es hat keinen Einfluß auf den Wert, wenn man am Schluß Nullen anhängt oder wegläßt.

7. Einfache Gleichungen

Gleichungen gehören zu den wichtigsten Grundlagen der Mathematik. Aber nicht nur in der Mathematik, sondern auch in den Naturwissenschaften und insbesondere auch in der Technik sind Gleichungen unersetzliche Ausdrucksmittel. Eine Gleichung kann man mit einer Waage, die sich im Gleichgewicht befindet, vergleichen (Bild 9 u. 10). Wenn sich nämlich eine Hebelwaage im Gleichgewicht befindet, d. h. die linke Waagschale steht genau so hoch wie die rechte, dann müssen die Gegenstände, die sich auf den beiden Waagschalen befinden, ganz genau gleich schwer sein.

Es müssen aber durchaus keine gleichartigen Gegenstände sein, die sich auf der Waagschale befinden; auf einer kann z. B. ein Gewichtsstein liegen und auf der anderen beliebige andere Stoffe. Das Aussehen spielt dabei keine Rolle. Festgestellt wird nur, daß die Gegenstände auf den Waagschalen sich die Waage halten, daß also auf jeder Waagschale gleiche Gewichtsmengen ruhen. Genauso ist es bei einer mathematischen Gleichung. Das Gleichheitszeichen, welches die beiden Seiten einer Gleichung verbindet, darf nur gesetzt werden, wenn beide Seiten gleich groß sind.

Beispiel:

    a + b = c + d

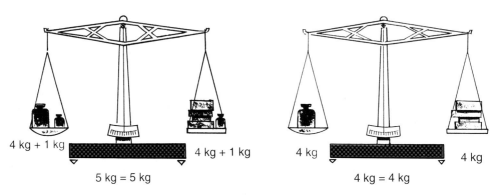

Bild 9 u. 10   Bildliche Darstellungen einer Gleichung an Hand einer Hebelwaage

Was heißt das?

Ohne daß wir die Werte von a, b, c und d kennen, wissen wir, daß a + b genauso groß wie c + d ist. Genau wie man nun das Gleichgewicht einer Waage erhalten kann, indem man auf beide Seiten gleich schwere Gewichte zufügt oder wegnimmt, so kann man auch die Gleichheit einer Gleichung erhalten, indem man auf beiden Seiten gleich große Zahlen zufügt oder abzieht.

Beispiel:

$$a + b = c + d$$

$$(a + b) + k = (c + d) + k$$

oder

$$(a + b) - k = (c + d) - k$$

Mit Hilfe dieser einfachen Überlegung ist es leicht möglich, eine Gleichung zu lösen, wenn nur noch eine unbekannte Größe in ihr enthalten ist.

Beispiel:

$$x + b = c + d$$

In dieser Gleichung sind die Werte c, b und d bekannt, der Wert x ist unbekannt und soll errechnet werden.

Die Lösung geschieht wie folgt:

$$x + b = c + d$$

$$x + b - b = c + d - b$$

Auf beiden Seiten der Gleichung wurde die Größe b abgezogen. Dadurch blieb der Wert der Gleichung unverändert, so daß also das Gleichheitszeichen mit Recht bestehen bleibt. Die linke Seite der Gleichung kann man nun, ohne ihren Wert zu verändern, wie folgt schreiben:

$$x + b - b = x + 0$$

denn

$$b - b = 0$$

Setzt man die linke Seite wieder in die Gleichung ein, ist sie schon nach x aufgelöst.

$$x + 0 = c + d - b$$

$$x = c + d - b$$

Hätten wir eine Gleichung in der Form

$$x - b = c + d$$

dann wäre diese wie folgt aufzulösen:

$$x - b + b = c + d + b$$

$$x = c + d + b$$

Wenn man diese beiden Beispiele näher betrachtet, dann sieht man, daß der Summand „b" der linken Seite in der Lösung der Gleichung mit umgekehrtem Vorzeichen auf der rechten Seite erscheint. Man kann also folgenden Satz aufstellen.

> **In einer Gleichung kann man jeden Summanden auf die andere Seite bringen, wenn man ihn dort mit den umgekehrten Vorzeichen versieht.**

Genauso wie der Wert der beiden Seiten gleich groß bleibt, wenn man auf jede Seite eine bestimmte Zahl addiert (Bild 12) oder subtrahiert, so bleibt die Gleichheit ebenfalls erhalten, wenn man beide Seiten mit der gleichen Zahl multipliziert oder dividiert.

Beispiel:

$$x \cdot b = c + d$$

Da man x nun allein auf der linken Seite stehen haben möchte, um seinen Wert ausrechnen zu können, dividiert man beide Seiten der Gleichung durch b.

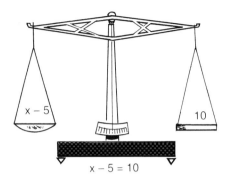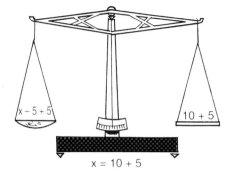

Bild 11 u. 12 Ermittlung des Wertes für „x" durch Addition von +5 auf beiden Seiten.

$$\frac{x \cdot b}{b} = \frac{c + d}{b}$$

$$x \cdot \frac{b}{b} = \frac{c + d}{b}$$

$$x = \frac{c + d}{b}$$

Ähnlich kann man beide Seiten, falls es die Lösung der Gleichung erfordert, mit der gleichen Zahl multiplizieren.

$$\frac{x}{b} = c + d$$

Beide Seiten der Gleichung werden mit b multipliziert. Dabei ist zu beachten, daß die gesamte rechte Seite mit b multipliziert werden muß; da die rechte Seite aber eine Summe ist, müssen entweder beide Summanden mit b multipliziert werden oder der Wert c + d muß in Klammern gesetzt werden.

$$\frac{x \cdot b}{b} = (c + d) \cdot b$$

$$x = (c + d) \cdot b$$

$$x = cb + db$$

Aus diesen Rechenbeispielen läßt sich folgender Merksatz ableiten.

> **Jede Zahl, die auf einer Seite der Gleichung im Zähler steht, kann auf die andere Seite gebracht werden, indem man sie dort in den Nenner schreibt. Jede Zahl, die auf einer Seite im Nenner steht, kann auf die andere Seite gebracht werden, indem man sie dort in den Zähler schreibt.**

Vergleicht man die Regeln, die für Summanden und Faktoren gelten, wenn man sie auf die andere Gleichungsseite bringen will, dann kann man auch ganz allgemein sagen:

> **In jeder Gleichung kann jedes Glied, das mit einem anderen durch eine der 4 Grundrechnungsarten verbunden ist, auf die andere Gleichungsseite gebracht werden, indem man es dort mit der umgekehrten Rechnungsart niederschreibt.**

Das bedeutet also:

> **Jede Zahl, die auf einer Gleichungsseite addiert wird, wird auf der anderen subtrahiert.**
> **Jede Zahl, die auf der einen Seite subtrahiert wird, wird auf der anderen addiert.**
> **Jede Zahl, die auf der einen Seite im Zähler steht, kommt auf der anderen in den Nenner.**
> **Jede Zahl, die auf der einen Seite im Nenner steht, kommt auf der anderen in den Zähler.**

Da bei einer Gleichung beide Seiten gleich groß sind, kann man selbstverständlich die beiden Seiten der Gleichung auch vertauschen. Es ist also:

$$a + b = c + d$$
$$c + d = a + b$$

Ein weiteres Gesetz läßt sich wie folgt ableiten:

$$a + b = c - d$$
$$a = c - d - b$$
$$a - c = -d - b$$
$$-c = -d - b - a$$
$$-c + d = -b - a$$
$$-b - a = -c + d$$
$$-a - b = -c + d$$

Aus dieser Umformung sieht man, daß man sämtliche Vorzeichen aller Glieder beider Gleichungsseiten umkehren kann, ohne daß sich der Wert der Gleichung verändert. Man kann also schreiben:

$$x - c + d = z$$
$$-x + d - d = -z$$

Selbstverständlich kann man auch beide Gleichungsseiten umkehren, d. h. ihre reziproken Werte bilden, ohne daß dadurch das Gleichgewicht verändert wird.

$$a + b = c + d$$
$$\frac{1}{a + b} = \frac{1}{c + d}$$

Sind bei einer Gleichung auf beiden Seiten gleiche Glieder vorhanden, dann können diese ohne weiteres gestrichen werden.

$$x - b + 5 = c + 5$$
$$x - b = c$$

Man nennt alle diese vorbeschriebenen Vorgänge, bei denen Zahlen von der einen Gleichungsseite auf die andere gebracht werden, Umformen von Gleichungen. Dabei strebt man meistens die nach x, also nach der Unbekannten, aufgelöste Form an. Man nennt dies die Lösung einer Gleichung. In der Mathematik nennt man die Form, bei der die Unbekannte x auf der einen Gleichungsseite allein steht, die explizite Form einer Gleichung. Dementsprechend heißen die dazu notwendigen Rechenvorgänge explizieren. Eine andere für viele mathematische Probleme wichtige Form ist die sogenannte implizite Lösung einer Gleichung. Bei dieser Lösungsform werden sämtliche Glieder auf die linke Seite der Gleichung gebracht, so daß beide Seiten der Gleichung den Wert 0 annehmen.

Beispiel einer expliziten Form:

$$x + b = m + n$$
$$x = m + n - b$$

Beispiel einer impliziten Form:

$$x^2 + ax = b$$
$$x^2 + ax - b = 0$$

Mit diesen einfachen Rechenregeln für die Lösung von Gleichungen lassen sich viele technische Aufgaben in einfachster Weise lösen.

Aufgaben

Lösen Sie folgende Aufgaben (Lösungen S. 197):

1.	$(+5) \cdot (+4) =$		12.	$0 \cdot (-1)$
2.	$(+6) \cdot (-5) =$		13.	$(+8) : (+4) =$
3.	$(-3) \cdot (+7) =$		14.	$(+21) : (-3) =$
4.	$(-4) \cdot (-5) =$		15.	$(-48) : (+12) =$
5.	$(7 \cdot 4) \cdot 3 =$		16.	$(-16) : (-4) =$
6.	$3 \cdot (7 \cdot 4) =$		17.	$(14 + 4) : 2 =$
7.	$3 \cdot (4 + 6) =$		18.	$14 + 4 : 2 =$
8.	$3 \cdot 4 + 6 =$		19.	$(24 - 4) : 2 =$
9.	$4 \cdot (7 - 3) =$		20.	$24 - 4 : 2 =$
10.	$4 \cdot 7 - 3 =$		21.	$0 : 14 =$
11.	$(+9) \cdot 0 =$		22.	$14 : 0 =$

23.	$(-a) \cdot (+2b) \cdot (+3c) =$		32.	$10^3 =$
24.	$(-2a) \cdot (-5b) \cdot (+6c) =$		33.	$7^3 =$
25.	$(16x - 24y) : (-8) =$		34.	$\sqrt{64}$
26.	$(-6) : (-3) - (+5) : (+1) =$		35.	$\sqrt{289}$
27.	$(-2a) \cdot (-3a) + (-4a) \cdot (-5a) =$		36.	$\sqrt{625} =$
28.	$10^6 =$		37.	$\sqrt[3]{27} =$
29.	$2^{10} =$		38.	$\sqrt[3]{25} =$
30.	$12^2 =$		39.	$\sqrt[4]{81} =$
31.	$3^4 =$		40.	$\sqrt[6]{64} =$

41. Zerlege die folgende Zahlen in 2er-Faktoren und schreibe sie dann als Potenz. (z. B. $8 = 2 \cdot 2 \cdot 2 = 2^3$)

a)	$256 =$		d)	$16 =$
b)	$1024 =$		e)	$2048 =$
c)	$64 =$		f)	$4 =$

7.1 Beispiele für die Anwendung von Gleichungen

a) Ein Zug legt die Strecke zwischen A und B nach folgendem Zeitplan zurück

Fahrt	Fahrtdauer
3 km	6 min
Halt	2 min
13 km	14 min
Halt	2 min
7 km	8 min

Wie groß war die Durchschnittsgeschwindigkeit v_1 in km/h unter Einbeziehung der Aufenthalte, und wie groß war die Durchschnittsgeschwindigkeit v_2 in km/h beim reinen Fahren?

Die Ausgangsformel für die Berechnung jeder Geschwindigkeit lautet:

$$\text{Geschwindigkeit} = \frac{\text{Weg}}{\text{Zeit}}$$

$$v = \frac{s}{t}$$

Da in diesem Beispiel das Ergebnis in km/h verlangt ist, muß geschrieben werden

$$v = \frac{s \cdot 60}{t} \quad \text{mit} \quad s \text{ in km}, \quad t \text{ in min}$$

Für die erste Frage ergibt sich dann die Lösung

$$v_1 = \frac{(3 + 13 + 7) \cdot 60}{6 + 2 + 14 + 2 + 8} = \frac{23 \cdot 60}{32} = \mathbf{43,1\ km/h}$$

Bei der zweiten Frage sind natürlich nur die reinen Fahrzeiten einzusetzen.

$$v_2 = \frac{(3 + 13 + 7) \cdot 60}{6 + 14 + 8} = \frac{23 \cdot 60}{28} = \mathbf{49,3\ km/h}$$

Die Gesamtdurchschnittsgeschwindigkeit betrug also $v_1 = 43,1$ km/h, die Durchschnittsgeschwindigkeit beim Fahren $v_2 = 49,3$ km/h.

Nun kann jedoch auch in der Formel für die Errechnung der Geschwindigkeit eine andere Größe unbestimmt sein.

Ein Zug fährt eine Strecke von 42 km in insgesamt 65 Minuten. Dabei wurde insgesamt auf 7 Stationen gehalten.

Wie lange war die Gesamthaltezeit, wenn die Gesamtdurchschnittsgeschwindigkeit $v_1 = 15\%$ niedriger ist als die Durchschnittsgeschwindigkeit v_2 beim reinen Fahren?

Die Gesamtdurchschnittsgeschwindigkeit betrug

$$v_1 = \frac{s \cdot 60}{t} = \frac{42 \cdot 60}{65} = 38,7\ km/h$$

Die Durchschnittsgeschwindigkeit beim reinen Fahren errechnet sich wie folgt

$$v_1 = 0,85 \cdot v_2$$

(v_1 ist 15% kleiner als v_2, also 85% von v_2)

Daraus wird

$$v_2 = \frac{v_1}{0,85} = \frac{38,7}{0,85} = 45,5\ km/h$$

Der Zug hatte also, wenn er fuhr, eine Durchschnittsgeschwindigkeit von 45,5 km/h. Daraus kann man die reine Fahrzeit errechnen.

$$v_2 = \frac{s \cdot 60}{t}$$

$$45,5 = \frac{42 \cdot 60}{t}$$

$$t = \frac{42 \cdot 60}{45,5} = 55,4 \text{ min}$$

Der Zug fuhr also insgesamt 55,5 Minuten. Da er unter Berücksichtigung der Aufenthalte 65 Minuten brauchte, betrug die Gesamthaltezeit

$$t = 65 - 55,4 = \textbf{9,6 min}$$

b) In einer Gemeinschafts-Gefrieranlage wird Fleisch eingefroren. Durch Versuche wurde festgestellt, daß die Gefriergeschwindigkeit (die Geschwindigkeit, mit der die Gefrierzone am Gefriergut von außen nach innen vordringt) 0,3 cm/h beträgt.

Wie lange dauert es, Fleischstücke folgender Dicken einzufrieren?

Dicke a = 3 cm

4 cm

6 cm

8 cm

10 cm

Auch hier gilt die Formel

$$\text{Geschwindigkeit} = \frac{\text{Weg}}{\text{Zeit}}$$

$$v = \frac{s}{t}$$

Da die Gefrierfront von allen Seiten vordringt, ist der Weg s, den sie zurückzulegen hat, die Hälfte von der Dicke a. Also

$$s = \frac{a}{2}$$

$$v = \frac{a/2}{t} = \frac{a}{2 \cdot t}$$

Da jedoch $v = 0,3$ cm/h bekannt ist, muß die Gleichung nach t expliziert werden.

$$v = \frac{a}{2 \cdot t} \quad \text{daraus} \quad t = \frac{a}{2 \cdot v}$$

Für die verschiedenen Werte von „a" ergeben sich also die Lösungen

Paketdicke „a" in cm	Gefrierzeit „t" in Stunden
3 cm	5
4 cm	6,6
6 cm	10
8 cm	13,3
10 cm	16,6

c) Das Hubvolumen eines Kolbenverdichters mit 2 Zylindern beträgt

$$V = \frac{d^2 \cdot \pi \cdot s}{2} \quad (V \text{ in cm}^3)$$

Darin sind: $\quad d = $ Zylinderdurchmesser in cm

$\qquad\qquad\quad s = $ Kolbenhub in cm

In einem Konstruktionsbüro soll ein neuer Verdichter mit zwei Zylindern entwickelt werden. Um die vorhandenen Werkzeuge voll auszunutzen, soll die Bohrung des Zylinders 44,5 mm Durchmesser haben.

Wie groß muß der Kolbenhub sein, wenn der Hubraum beider Zylinder 180 cm³ sein soll?

$$V = \frac{d^2 \cdot \pi \cdot s}{2}$$

Diese Gleichung muß nun nach s umgeformt werden.

$$s = \frac{2 \cdot V}{d^2 \cdot \pi} = \frac{2 \cdot 180}{4,45^2 \cdot \pi} = \textbf{5,78 cm}$$

d) Eine Verflüssigereinheit soll mit einer Drehfrequenz von $n_2 = 800$ ¹/min laufen. Die Drehzahl des Antriebsmotors $n_1 = 1450$ ¹/min. Der Verdichter hat einen Schwungraddurchmesser von $d_2 = 425$ mm $\varnothing$.

Wie groß muß der Durchmesser d_1 der Motorriemenscheibe sein, wenn zum Antrieb Keilriemen von 11 mm Höhe verwendet werden?

Nach einer Gleichung aus der Mechanik gilt:

$$n_1 \cdot d_1 = n_2 \cdot d_2$$

Diese Formel, in die die wirksamen Durchmesser eingesetzt werden müssen, gilt für alle schlupflosen Bewegungsübertragungen durch Riemen, Zahnräder, Reibräder usw.

Da die wirksamen Durchmesser bei einem Keilriemenantrieb kleiner sind als die Außendurchmesser, darf hier nicht mit den Außendurchmessern gerechnet werden. Der wirksame Durchmesser beim Keilriemenantrieb ist in etwa

$$d_w = d - h$$

wobei h die Keilriemenhöhe ist.

Demnach muß die Formel wie folgt geschrieben werden:

$$n_1 \cdot (d_1 - 11) = n_2 \cdot (d_2 - 11)$$

Diese Formel ist nun nach der Unbekannten zu explizieren

$$n_1 \cdot (d_1 - 11) = n_2(d_2 - 11)$$

$$d_1 - 11 = \frac{n_2(d_2 - 11)}{n_1}$$

$$d_1 = \frac{n_2(d_2 - 11)}{n_1} + 11$$

Beachte, daß die -11 auf der anderen Seite als $+11$ erscheinen und der gesamten Gleichungsseite zugezählt werden muß, also nicht etwa nur dem Zähler. Es wäre völlig falsch, die Lösung wie folgt zu schreiben:

$$d_1 = \frac{n_2(d_2 - 11) + 11}{n_1}$$

Die gegebenen Werte in die richtig umgestellte Gleichung eingesetzt ergibt:

$$d_1 = \frac{800(425-11)}{1450} + 11$$
$$= 229 + 11 = \textbf{240 mm } \varnothing$$

e) In einer Stanzmaschine werden aus einem Aluminiumband mit einer Breite von $b = 50$ mm Verdampferlamellen hergestellt. Diese Lamellen haben in Abständen von $a = 50$ mm in der Mitte des Bandes Bohrungen von $d = 15$ mm $\varnothing$. Der Abstand der ersten Bohrung von Lamellenenden beträgt 25 mm, also die Hälfte des Abstandes a.

Wie lang muß eine Lamelle sein, wenn die Oberfläche beider Lamellenseiten 370 cm^2 betragen soll?

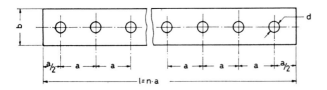

Bild. 13 Verdampferlamelle

Aus der Skizze ersieht man, daß bei einer Lochzahl n insgesamt $n - 1$ Lochabstände vorhanden sind. Da die Abstände von den letzten Löchern zum Rand halb so groß sind wie der Abstand „a" von Loch zu Loch, errechnet sich die Länge der Lamelle zu:

$$1 = n \cdot a \qquad \text{(mm)}$$

Daraus errechnet sich die Oberfläche der Lamelle wie folgt:

$$A = \left(n \cdot a \cdot b - n \cdot \frac{d^2 \cdot \pi}{4} \right) \cdot 2$$

Der Faktor n, der bei beiden Werten der Klammer steht, kann auch vor die Klammer geschrieben werden, denn wenn man die Klammer wieder ausrechnet, kommt man zu dem gleichen Ergebnis zurück.

Es ist also

$$A = n \left(a \cdot b - \frac{d^2 \cdot \pi}{4} \right) \cdot 2$$

In dieser Gleichung sind alle Werte außer n bekannt, sie muß demnach nach n aufgelöst werden (die Werte für A, a und b sind selbstverständlich in gleichen Maßen, also cm^2 und cm, einzusetzen).

$$n = \frac{A}{\left(a \cdot b - \dfrac{d^2 \cdot \pi}{4} \right) \cdot 2} = \frac{370}{\left(5 \cdot 5 - \dfrac{1,5^2 \cdot \pi}{4} \right) \cdot 2}$$
$$= \frac{370}{(25 - 1,767) \cdot 2} = \frac{370}{46,466} = 7,98$$

Die Zahl n kann natürlich praktisch nur eine ganze Zahl sein.

Man wird also eine Lamelle mit $n = 8$ Löchern herstellen, deren Oberfläche eine Kleinigkeit größer ist als 370 cm^2.

Die gesuchte Länge I ist dann

$$1 = n \cdot a = 8 \cdot 5 = \textbf{40 cm}$$

f) In einem Kühlraum soll ein Ventilatorverdampfer benutzt werden. Der Wärmedurchgangskoeffizient (*k*-Wert) des Verdampfers beträgt

$$k = 9,3 \; \frac{J}{m^2 \, s \, K} = 9,3 \; \frac{W}{m^2 \, K}$$

Die Leistung des Verdampfers soll $Q = 4100 \; \frac{J}{s} = 4100 \, W$ betragen. Die Temperaturdifferenz zwischen Kühlraumtemperatur und Verdampfungstemperatur ist mit 5 K vorgesehen. Wie groß muß die Oberfläche des Verdampfers sein? Die Gleichung für die Bestimmung der Kälteleistung lautet

$$Q = A \cdot k \cdot \Delta t$$

Da die Fläche *A* gesucht ist, muß die Gleichung danach aufgelöst werden:

$$A = \frac{Q}{k \cdot \Delta t} = \frac{4100}{9,3 \cdot 5} = 88,1 \, m^2 \left[\frac{W}{\frac{W}{m^2 K} \cdot K} = \frac{W \cdot m^2 \, K}{W \cdot K} = m^2 \right]$$

$$A = \mathbf{88,1 \, m^2}$$

g) In einem Flüssigkeitstank, der eine Temperatur von 287 K (+14 °C) hat, hängt ein Rohrschlangenverdampfer. Dieser Verdampfer hat eine Oberfläche von 12 m² und einen *k*-Wert von $k = 93 \; \frac{W}{m^2 \, K}$.

Wie groß ist die Verdampfungstemperatur t_2, wenn der Verdampfer eine Leistung von 9300 W haben soll?

Hier ist wieder von der gleichen Formel auszugehen wie beim letzten Beispiel

$$Q = A \cdot k (t_1 - t_2)$$

Vertauscht man beide Seiten, erhält man

$$A \cdot k (t_1 - t_2) = Q$$
$$t_1 - t_2 = \frac{Q}{A \cdot k}$$
$$-t_2 = \frac{Q}{A \cdot k} - t_1$$
$$t_2 = t_1 - \frac{Q}{A \cdot k}$$

Werden die entsprechenden Werte in diese Gleichung eingesetzt, ergibt sich

$$t_2 = 287 - \frac{9300}{12 \cdot 93} = 287 - 8,35 = 278,65 \, K$$
$$t_2 = 278,65 - 273 = \mathbf{5,65 \, °C}$$

h) Einem Faß mit Wein werden mit Hilfe eines Durchlaufkühlers stündlich $Q = 6980 \, kJ/s$ = 6980 W Wärme entzogen. In dem Faß befinden sich 4000 ltr. Wein. Die spezifische Wärmekapazität des Weines beträgt $c = 3,77 \; \frac{kJ}{kg \, K}$ und dessen Dichte $\varrho = 1,02 \, kg/dm^2$.

Wie lange dauert es, bis die Temperatur des Weines um 16 K abgenommen hat? Die dem Wein zu entziehende Wärmemenge beträgt

$$Q_{ges} = m \cdot c \cdot \Delta t$$

Diese Gesamtwärmemenge Q_{ges}, die dem Wein in *x* Stunden entzogen wird, ist auch

$$Q_{ges} = Q \cdot x$$

Es ist also

$$Q \cdot x = m \cdot c \cdot \Delta t$$

und

$$x = \frac{m \cdot c \cdot \Delta t}{Q}$$

Die Masse des Weines beträgt Dichte · Volumen $m = \varrho \cdot V = 1,02 \cdot 4000 = 4080$ kg.
Damit wird

$$x = \frac{4080 \text{ kg} \cdot 3,77 \dfrac{\text{kJ}}{\text{kg K}} \cdot 16 \text{ K}}{6,98 \dfrac{\text{kJ}}{\text{s}}} = 35\,258,68\,\text{s} = \mathbf{9,8\ h}$$

i) In einem Vorkühlraum sollen 3000 kg Rindfleisch abgekühlt werden. Für die reine Abküh-

lung steht eine Kälteleistung von $Q_0 = 2900 \dfrac{\text{J}}{\text{s}} = 2900$ W zur Verfügung. Um wieviel K läßt sich

damit die Fleischtemperatur je Stunde senken? Die spezifische Wärmekapazität des Fleisches
beträgt $c = 3,22$ kJ/kg K.

Auch hier wird wieder von der Grundformel ausgegangen

$$Q_0 = m \cdot c \cdot \Delta t$$

$$\Delta t = \frac{Q_0}{m \cdot c} = \frac{2,9 \dfrac{\text{kJ}}{\text{s}}}{3000 \text{ kg} \cdot 3,22 \dfrac{\text{kJ}}{\text{kg K}}} = 0,0003 \frac{\text{K}}{\text{s}}$$

$$\Delta t = 0,0003 \frac{\text{K}}{\text{s}} \cdot \frac{3600\,\text{s}}{1\,\text{h}} = \mathbf{1,08} \frac{\text{K}}{\text{h}}$$

Die Temperatur des Fleisches kann demnach in einer Stunde um 1,08 K gesenkt werden.

8. Planimetrie und Stereometrie

Die Anwendung der in nachfolgenden Tabellen aufgeführten Formeln wird als bekannt vorausgesetzt.

8.1 Planimetrie

Aufgabe der Planimetrie ist die Berechnung ebener Flächen

Art der Fläche	Inhalt A	Lage des Schwerpunktes
  Dreieck	$A = \dfrac{c \cdot h}{2}$ oder $A = \sqrt{s(s-a)(s-b)(s-c)}$ (Heronische Formel) $s = \dfrac{a+b+c}{2}$	$\overline{AO} = \overline{BO} = c/2$ $\overline{OS} = 1/3 \cdot \overline{CO}$ Schwerpunkt = Schnittpunkt der Seitenhalbierenden

Art der Fläche	Inhalt A	Lage des Schwerpunktes
Parallelogramm (Rechteck)	$A = g \cdot h$	Schwerpunkt = Schnittpunkt der Diagonalen. $y_s = \dfrac{h}{2}$
Trapez	$A = \dfrac{a+b}{2} \cdot h$ $A = m \cdot h$ $m = \dfrac{a+b}{2}$ (mittlere Parallele)	$y_s = \dfrac{h}{3} \cdot \dfrac{a+2b}{a+b}$
Kreisfläche	$A = r^2 \cdot \pi$ $A = \dfrac{\pi \cdot d^2}{4}$	Schwerpunkt im Mittelpunkt.
Halbkreisfläche	$A = \dfrac{r^2 \cdot \pi}{2}$ $A = \dfrac{\pi \cdot d^2}{8}$	$y_s = \dfrac{4r}{3\pi} \approx 0,425 \cdot r$
Kreisring	$A = \dfrac{\pi}{4}\left(D^2 - d^2\right)$ oder $A = \dfrac{\pi}{4}(D+d)(D-d)$ $A = \pi\left(R^2 - r^2\right)$	Schwerpunkt im Mittelpunkt.
Kreisausschnitt (Sektor)	$A = \dfrac{r^2}{2} \cdot \hat{\alpha}$ $A = \dfrac{r^2}{2} \cdot 0,01745 \cdot \alpha°$	$y_s = \dfrac{2}{3} \cdot \dfrac{r \cdot s}{b}$ s = Sehne

Art der Fläche	Inhalt A	Lage des Schwerpunktes
Kreisabschnitt (Segment)	$A = \dfrac{r(b-s)+s\cdot h}{2}$ $A = \dfrac{r^2}{2}(\alpha - \sin\alpha)$ h = Bogenhöhe	$y_s = \dfrac{s^3}{12\cdot F}$
Ellipsenfläche	$A = \dfrac{a\cdot b\cdot \pi}{4}$ $A \approx 0{,}785\cdot a\cdot b$	Schwerpunkt im Schnittpunkt der Achsen.

Anm.: Der früher für die Fläche benutzte Buchstabe „F" wird nach der neuen internationalen Norm durch „A" (Abk. für engl. „area") ersetzt.

8.2 Stereometrie

Aufgabe der Stereometrie ist die Berechnung von Inhalt (Volumen), Oberfläche und Schwerpunkt einfacher geometrischer Körper.

Art des Körpers	Mantelfläche M Oberfläche O	Rauminhalt (Volumen)	Lage des Schwerpunktes
Würfel	$M = 4a^2$ $O = 6a^2$	$V = a^3$	$y_s = \dfrac{a}{2}$
Prisma	$M = 2(a\cdot h + b\cdot h)$ $M = U\cdot h$ $O = 2(ah + bh + ab)$ $O = U\cdot h + 2F$ $A = a\cdot b$	$V = A\cdot h$	$y_s = \dfrac{h}{2}$
Vollzylinder	$M = d\cdot \pi\cdot h$ $O = 2\cdot \dfrac{\pi d^2}{4} + d\pi h$ $O = 2A + M$	$V = A\cdot h$ $V = \dfrac{\pi d^2}{4}\cdot h$	$y_s = \dfrac{h}{2}$

Art des Körpers	Mantelfläche M Oberfläche O	Rauminhalt (Volumen)	Lage des Schwer- punktes
Hohlzylinder	$M = \pi h(D + d)$ $O = M + 2A$ $A = \dfrac{\pi}{4}\left(D^2 - d^2\right)$	$V = A \cdot h$ $V = \dfrac{\pi h}{4}\left(D^2 - d^2\right)$	$y_s = \dfrac{h}{2}$
Pyramide	$M =$ Summe der begrenzenden Dreiecke $O = A + M$	$V = \dfrac{1}{3}A \cdot h$	$y_s = \dfrac{h}{4}$
Kegel	$M = \dfrac{\pi}{2}d \cdot s = \pi rs$ $O = A + M$ $O = \dfrac{\pi d^2}{4} + \dfrac{\pi}{2}d \cdot s$ $s = \sqrt[4]{r^2 + h^2}$	$V = \dfrac{1}{3}A \cdot h$ $V = \dfrac{h}{3}\cdot\dfrac{\pi d^2}{4}$ $V = \dfrac{h}{3}\cdot r^2\,\pi$	$y_s = \dfrac{h}{4}$
Pyramidenstumpf	$M =$ Summe der begrenzenden Trapeze $O = A + A_1 + M$	$V = \dfrac{h}{3}\,(A + A_1$ $+ \sqrt{A \cdot A_1}\,)$	$y_s = \dfrac{h}{4}$ $\times\dfrac{A + 2\sqrt{A \cdot A_1} + 3A_1}{A + \sqrt{A \cdot A_1} + A_1}$
Kegelstumpf	$M = \dfrac{\pi \cdot s}{2}\,(D + d)$ $O = M + \dfrac{\pi}{4}\left(D^2 + d^2\right)$ $s = \sqrt{\left(\dfrac{D - d}{2}\right)^2 + h^2}$	$V = \dfrac{\pi \cdot h}{3}$ $\left(R^2 + r^2 + R \cdot r\right)$ $V = \dfrac{\pi \cdot h}{12}$ $\left(D^2 + d^2 + D \cdot d\right)$	$y_s = \dfrac{h}{4}$ $\times\dfrac{A + 2\sqrt{A \cdot A_1} + 3A_1}{A + \sqrt{A \cdot A_1} + A_1}$

Art des Körpers	Mantelfläche M / Oberfläche O	Rauminhalt (Volumen)	Lage des Schwerpunktes
Kugel	$O = M = 4\pi r^2$ $O = \pi d^2$	$V = \dfrac{4}{3} r^2 \pi$ $V = \dfrac{\pi d^3}{6}$	im Mittelpunkt
Kugelausschnitt (Kugelsektor)	$O = \dfrac{\pi r}{2}(4h+s)$ $O = \dfrac{\pi d}{4}(4h+s)$	$V = \dfrac{2}{3}\pi r^2 \cdot h$ $V = \dfrac{\pi d^2}{6}\cdot h$	$y_s = \dfrac{3}{8}(d-h)$
Kugelabschnitt (Kalotte)	$M = 2r\pi h$ $M = d\pi h$ $M = \dfrac{\pi}{4}\left(s^2 + 4h^2\right)$ $O = M + \dfrac{\pi s^2}{4}$	$V = \pi h^2\left(r - \dfrac{h}{3}\right)$ $V = \pi h^2\left(\dfrac{d}{2} - \dfrac{h}{3}\right)$ $V = \dfrac{\pi h}{2}\left(\dfrac{s^2}{4} + \dfrac{h^2}{3}\right)$	$y_s = \dfrac{3}{4}\cdot\dfrac{(2r-h)^2}{3r-h}$ $y_s = \dfrac{3}{2}\cdot\dfrac{(d-h)^2}{3d-2h}$

Aufgaben

Lösen Sie folgende Aufgaben (Lösungen S. 198/199):

1. $\dfrac{3}{5} + \dfrac{4}{5} + \dfrac{2}{5}$

2. $\dfrac{5}{12} + \dfrac{11}{12}$

3. $\dfrac{1}{2} + \dfrac{1}{3}$

4. $\dfrac{5}{6} + \dfrac{7}{8}$

5. $2\dfrac{1}{2} + 4\dfrac{2}{3} + 1\dfrac{4}{5}$

6. $15\dfrac{3}{8} - 4\dfrac{5}{8}$

7. $3\dfrac{3}{8} - 2\dfrac{7}{8} + 5\dfrac{1}{8}$

8. $\dfrac{3}{4} - \dfrac{1}{3}$

9. $4\dfrac{11}{12} - 3\dfrac{4}{15}$

10. $12\dfrac{3}{5} - 4\dfrac{5}{8}$

11. $6 - \dfrac{5}{8}$

12. $8 - 3\dfrac{2}{5}$

13. $\dfrac{3}{4} \cdot \dfrac{8}{3}$

14. $\dfrac{4}{9} \cdot 3$

15. $\dfrac{3}{4} \cdot 2\dfrac{2}{3}$

16. $3\dfrac{1}{2} \cdot 4\dfrac{2}{3}$

17. $6\dfrac{1}{2} \cdot \dfrac{2}{3}$

18. $\dfrac{1}{2} : \dfrac{1}{2}$

19. $\dfrac{4}{9} : \dfrac{2}{3}$

20. $\dfrac{4}{5} : 2$

21. $4 : \dfrac{3}{7}$

22. $\dfrac{3}{4} : 5\dfrac{2}{3}$

23. $12\dfrac{3}{8} : \dfrac{3}{4}$

24. $\dfrac{3}{10a} : \dfrac{1}{2a}$

25. $\dfrac{3}{10a} : \dfrac{1}{2b}$

26. $\dfrac{a+b}{3} : \dfrac{a+b}{2}$

27. $\dfrac{3}{4} \cdot \dfrac{2}{5} - \dfrac{1}{10}$

28. $\dfrac{2}{3} : \dfrac{3}{4} + \dfrac{1}{6}$

29. $4\dfrac{3}{4} + 1\dfrac{3}{5} \cdot \dfrac{6}{7}$

30. $3\dfrac{6}{7} - 2\dfrac{1}{3} : 2\dfrac{5}{6}$

31. Welcher Bruch liegt näher bei 1:

a) $\dfrac{9}{10}$ oder $\dfrac{10}{9}$ b) $\dfrac{11}{10}$ oder $\dfrac{10}{11}$

32. Welche Masse ist größer:

a) $\dfrac{7}{8}$ kg oder $\dfrac{4}{5}$ kg   b) $\dfrac{7}{20}$ kg oder $\dfrac{2}{5}$ kg   c) $\dfrac{11}{20}$ kg oder $\dfrac{3}{5}$ kg

33. Welcher Bruchteil ist:

a) 1 von 5   b) 3 von 7   c) 2 von 8

d) 10 von 60   e) 4 von 10   f) 6 von 15

g) 14 von 35   h) 12 von 32   i) 17 von 136

k) 18 von 63   l) 25 von 85   m) 32 von 104

34. Gib in Bruchform an: $\left(\text{z. B. } 48 : 14 = 3\dfrac{3}{7} \right)$

a) 35 : 10   e) 75 : 18

b) 40 : 12   f) 88 : 20

c) 50 : 15   g) 90 : 25

d) 60 : 16   h) 120 : 36

35. Welchen Wert hat x bei folgenden Gleichungen?

a) x + 20 = 32

b) x − 14 = 20

c) 8x = 72

d) $\dfrac{x}{7} = 8$

e) $\dfrac{1}{5}x + 50 = 300$

f) $\dfrac{56}{x} = 14$

g) $3x - 12 = 16 - x$

h) $x = \dfrac{4(6-3)}{3-4}$

i) $\dfrac{5x}{3} - \dfrac{x}{2} - \dfrac{3x}{4} + \dfrac{4x}{6} = 13$

36. $Q = k \cdot A\,(t_1 - t_2)$
    (Forme Gleichung nach A um)

37. $Q = k \cdot A\,(t_1 - t_2)$
    (Forme Gleichung nach t_2 um)

38. $Q = k \cdot A\,(t_1 - t_2)$
    (Forme Gleichung nach t_1 um)

39. $Q = m \cdot c\,(t_1 - t_2)$
    (Forme Gleichung nach m um)

40. $Q = m \cdot c \cdot \Delta t$
    (Forme Gleichung nach Δt um)

Physikalische Grundlagen

1. Allgemeines

Zur Natur zählt man Dinge, die man unmittelbar wahrnehmen oder zumindest irgendwie nachweisen kann (z. B. Wasser, Luft, Steine, Pflanzen, Tiere, Sterne, Atome).

> **Bis zum Ende des 18. Jahrhunderts nannte man die gesamte Lehre von der Natur Physik.**

Mit der Zeit wuchs jedoch die Zahl der Neuentdeckungen dieser Naturlehre so sehr an, daß sich von ihr einige Gebiete lösten und gesonderte Naturwissenschaften bildeten:

So befaßt sich z. B. die Chemie mit Stoffumwandlungen, die Biologie mit den Lebensvorgängen, die Astronomie mit dem Mond, der Sonne und den Sternen und die Geologie mit den Umwandlungen der Erdoberfläche und die Entstehung von Gesteinen und Mineralien.

Während man diese Naturwissenschaften durch den Gegenstand, mit dem sie sich befassen, relativ leicht kennzeichnen kann, ist das bei der Physik nicht so ohne weiteres möglich. Sie gliedert sich in viele Teilgebiete, wie z. B. in die für den Kältetechniker so wichtige Thermodynamik oder Wärmelehre, ferner in die Akustik (Lehre vom Schall), Optik (Lehre vom Licht) und in die Mechanik. Darüber hinaus dringt die Physik in Gebiete vor, die dem Menschen lange Zeit verschlossen waren. So erforscht man heute die elektrischen und magnetischen Erscheinungen und sogar die Welt der Atome, obwohl wir für solche Dinge keine Sinnesorgane besitzen.

In den nachfolgenden Abhandlungen werden nun einige wichtige physikalische und zum Teil auch chemische Grundlagen erörtert, die zum besseren Verständnis verschiedener Vorgänge innerhalb der Kältetechnik beitragen sollen.

2. Die Materie

Alle Stoffe, die auf der Erde vorkommen, ob es sich um Metalle, wie beispielsweise Eisen, Kupfer, Gold, usw., oder Flüssigkeiten, wie Wasser, Alkohol, Kältemittel usw., oder um Gase, wie Luft, Sauerstoff, Stickstoff, Helium usw., handelt, sind aus verhältnismäßig wenigen Bauelementen zusammengesetzt. Dies wurde schon vor beinahe 2500 Jahren von dem Griechen Demokrit durch reines Nachdenken gefunden. Dieser Denker vollbrachte in einer Zeit, in der man von unserer gesamten Physik noch beinahe nichts wußte, eine Tat, die in ihrer einzigartigen Genialität erst heute mehr und mehr erkannt wird.

„Wenn ich ein Stückchen Materie, ob Stein oder Metall oder sonst was", so dachte Demokrit, „in immer kleinere Teile zerlege, und ich könnte das beliebig oft fortsetzen, so würden die Teile winziger und winziger. Würde man diese winzigen Teile immer weiter teilen, dann müßte der Moment kommen, wo die Teilchen so klein würden, daß sie bei einer weiteren Teilung zu nichts würden." "Wenn das aber möglich wäre", so folgerte Demokrit, „könnte man jeden Stoff durch unendlich viele Teilungen in nichts auflösen". Da das aber der Vernunft widerspricht, muß es einen Punkt geben, wo die Materie nicht mehr teilbar ist. Diese kleinsten, nicht mehr teilbaren Teilchen, nannte Demokrit Atome (unteilbar!).

Alle Stoffe sind aus Atomen aufgebaut. Verschiedenartige Stoffe haben verschiedenartige Atome und Atomgruppierungen. Diese Lehre Demokrits hat nichts von ihrer Einzigartigkeit verloren, wenn wir auch heute wissen, daß das Atom aus noch kleineren Teilchen, die man Nukleonen nennt, aufgebaut ist und daß man mit gewaltigen technischen Mitteln Atome zerlegen kann.

Man kennt heute 107 verschiedene Atome und demnach 107 verschiedene Grundstoffe, die man Elemente nennt. Alle die unzähligen, verschiedenen Stoffe, die es in der Welt gibt, bauen sich aus diesen 107 verschiedenen Elementen auf. Die nächstgrößere Einheit der Materie ist das Molekül. Ein Molekül ist eine Gruppierung verschiedenartiger Atome. Das Molekül des Wassers z. B. besteht aus 2 Atomen Wasserstoff und 1 Atom Sauerstoff (Bild 2). Wasserstoff wird in der Physik mit H (Hydrogenium) bezeichnet; Sauerstoff mit O (Oxygenium). Deshalb nennt man Wasser in der Physik und Chemie H_2O.

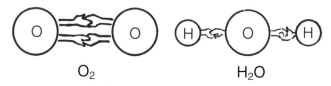

Bild 1 Molekülaufbau von Sauerstoff (Oxygenium). Jedes Molekül besteht aus 2 Sauerstoffatomen. **Bild 2** Molekülaufbau von Wasser. Es besteht aus 2 Atomen Wasserstoff und 1 Atom Sauerstoff.

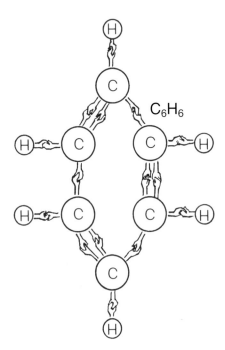

C_6H_6

Bild 3 Typischer Molekularaufbau der Kohlenwasserstoffe (Benzolring)

Ein in unserer Branche sehr bekannter Stoff hat folgenden Molekülaufbau:

$CHClF_2$
C = 1 Atom Kohlenstoff
H = 1 Atom Wasserstoff
Cl = 1 Atom Chlor
F_2 = 2 Atome Fluor

Für den, der es noch nicht wußte: $CHClF_2$, auch Chlordifluormethan genannt, ist das Kältemittel R 22.

Nun gibt es jedoch erheblich kompliziertere Moleküle, bei den sogenannten Kohlenwasserstoffen. Aber selbst diese komplizierten Moleküle werden bei weitem durch die Riesenmo-

36

leküle der Eiweißverbindungen übertroffen, die sich teilweise aus Millionen Atomen aufbauen. Da der Molekülaufbau eines Stoffes den Stoff selbst genau beschreibt, nennt man die Bezeichnung in Buchstaben: Die chemische Formel eines Stoffes.

Ein Molekül kann mechanisch, also durch Zerschneiden, Reiben, Schleifen usw., nicht geteilt werden. Die Atome eines Moleküls halten sich gegenseitig mit erheblichen Kräften zusammen. Moleküle kann man nur auf chemischem Wege trennen oder zusammenfügen.

> **Atome sind die Bausteine jedes Stoffes. Heute sind 107 verschiedenartige Atome bekannt. Sie sind im Sinne der klassischen Physik unteilbar. Aus gleichartigen Atomen gebildete Stoffe nennt man Elemente. Moleküle sind Gruppierungen von Atomen. Sie sind mechanisch unteilbar und können nur auf chemischem Wege zerteilt oder zusammengefügt werden. Stoffe, die aus Molekülen mit verschiedenartigen Atomen aufgebaut sind, nennt man Verbindungen.**

2.1 Gesetz von der Erhaltung der Stoffe

Bringt man verschiedene Stoffe zusammen und schafft Bedingungen, daß sie sich chemisch zu einem anderen Stoff verbinden, dann bleibt die Gesamtmenge der beteiligten Stoffe immer unverändert. Das gleiche gilt für das Zerlegen von Verbindungen. Verbrennt man z. B. Kohle (Bild 4), so verbindet sich Sauerstoff der Luft (O_2) mit dem Kohlenstoff (C) der Kohle; dabei

Bild 4 Verbrennung von Kohle

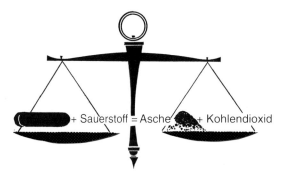

Bild 5 Die Menge des Kohlenstoffes und des Sauerstoffes ist genau so schwer, wie die Menge der Verbrennungsrückstände und des Rauchgases.

37

wird Wärme frei. In jedem Falle muß aber die Menge des Kohlenstoffes und des Sauerstoffes, die sich während der Verbrennung verbindet, genauso schwer sein, wie die Menge des entsprechenden Rauchgases (Kohlendioxid = CO_2) und der Verbrennungsrückstände (Asche) (Bild 5).

> **Bei allen chemischen Prozessen bleiben die Mengen der beteiligten Stoffe unverändert. Stoffe können weder verschwinden noch können sie aus dem Nichts entstehen.**

3. Basisgrößen und Basiseinheiten

Durch das „Gesetz über Einheiten im Meßwesen" und die Ausführungsverordnung sind u. a. folgende, auch für die Kältetechnik maßgebende, Basisgrößen mit den Einheiten festgelegt worden:

Basisgröße	Basiseinheit	Kurzzeichen
1. Länge	Meter	m
2. Masse	Kilogramm	kg
3. Zeit	Sekunde	s
4. elektrische Stromstärke	Ampere	A
5. thermodynamische Temperatur	Kelvin	K
6. Stoffmenge	Mol	mol

Von diesen Basisgrößen werden weitere gesetzliche Einheiten abgeleitet. Diese werden, soweit sie für die Kältetechnik von Bedeutung sind, erläutert und verwendet.

3.1 Masse

Als Masseneinheit hatte man ursprünglich (1799) die Masse eines Kubikdezimeters (eines Liters) Wasser von 4 °C gewählt und diese als kg bezeichnet. Es wurde ein Platinzylinder hergestellt, dessen Masse derjenigen von 1 Liter Wasser möglichst gleichgemacht werden sollte. Die Masse dieses Zylinders, der wie das Urmeter in Sèvres bei Paris aufbewahrt wird, ist als Masseneinheit international festgesetzt worden und heißt ein Kilogramm. 1 kg = 1000 g (Gramm). Im Jahre 1889 wurden 40 Kopien (Prototypen) dieser Masse aus Platin-Iridium hergestellt und an diejenigen Staaten verteilt, die das metrische Maß eingeführt haben.

Masse kennzeichnet die Eigenschaft eines Körper, die sich sowohl als Trägheit gegenüber einer Änderung seines Bewegungszustandes (Grundgesetz der Dynamik: Kraft = Masse · Beschleunigung) als auch in der Anziehung zu anderen Körpern äußert (Gravitationsgesetz). Die Masse wird durch Vergleich mit Körpern bekannter Masse bestimmt. Dabei handelt es sich meist um einen Vergleich mit Hilfe von Masseneinheiten geeichter Wägestücke auf der Hebelwaage (nicht Federwaage!, Bild 6).

> **Unter der Masse eines Körpers versteht man die in ihm enthaltene Substanzmenge.**

Obwohl z. B. eine Schokoladentafel auf dem Mond viel leichter ist als auf der Erde (gewogen mit einer Federwaage), stillt sie überall den Hunger gleichgut. Der Nährwert, d. h. die Substanzmenge und – physikalisch ausgedrückt – die Masse der Tafel bleiben auf der Fahrt zum Mond erhalten.

38

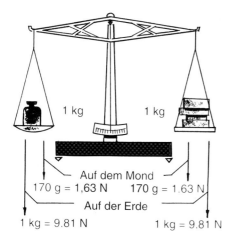

Auf dem Mond
170 g = 1,63 N   170 g = 1.63 N

Auf der Erde
1 kg = 9.81 N   1 kg = 9.81 N

Bild 6 Die Hebelwaage vergleicht Massen unabhängig vom Ort.

> **Die Masse eines Körpers ist überall gleich, wenn seine Substanzmenge nicht geändert wird.**

3.2 Gewicht

Im Maß- und Gewichtswesen, d. h. im geschäftlichen Verkehr ist das Gewicht die Masse des zum Abwiegen von Waren auf Hebelwaagen dienenden Vergleichskörpers (Gewichtsstück).

> **Für Masse und Gewicht werden die gleichen Einheiten benutzt (g, kg, t).**

Das Gramm (Einheitenzeichen: g) ist der tausendste Teil des Kilogramms, d. h. 1 Gramm ist gleich $\frac{1}{1000}$ kg.

Besonderer Name für das Megagramm (Einheitenzeichen: Mg) ist die Tonne (Einheitenzeichen: t), d. h. 1 Tonne gleich 1000 kg.

Es sind:

$$1 \text{ Mg} = 1 \text{ t}$$
$$1 \text{ t} = 1000 \text{ kg}$$
$$1 \text{ kg} = 1000 \text{ g}$$
$$1 \text{ g} = 1000 \text{ mg}$$
$$1 \text{ Mg} = 10^6 \text{ g} = 1\,000\,000 \text{ g}$$

3.3 Kraft

Nach dem Grundgesetz der Dynamik (entdeckt von J. Newton, engl. Physiker, 1643/1727) ist

> **Kraft = Masse · Beschleunigung**

Die Kraft ist mithin die Ursache einer Beschleunigung einer Masse (Massenkörpers), wenn der Körper nicht an einer Fortbewegung gehindert wird.

Es ist:

> 1 N (Newton) diejenige Kraft, die einem Körper der Masse 1 kg die Beschleunigung 1 m/s² erteilt. $1 \text{ N} = 1 \text{ kg/s}^2$.

Bis in die Mitte dieses Jahrhunderts wurde im Deutschen Reich für die Masse und die Kraft die gleiche Einheit (kg) benutzt. Manchmal wurde unterschieden zwischen Masse – Kilogramm und Kraft – Kilogramm. Die damalige „Physikalisch-Technische Reichsanstalt" hat für das Kraft – Kilogramm die Bezeichnung „Kilopond" vorgeschlagen, die sich allerdings nicht in allen technischen Bereichen durchsetzen konnte. Ein Kilopond (1 kp) ist gleich der Kraft, die einem Körper der Masse 1 kg die Beschleunigung 9,80665 (rd. 9,81) m/s² erteilt. Danach ist

$$1 \text{ kp} = 9,80665 \text{ N, bzw. } 1 \text{ N} = \frac{1}{9,80665} \text{ kp } (1 \text{ N} \approx 1/10 \text{ kp}).$$

In der technischen Literatur nach 1945 wurde die Krafteinheit Kilopond sehr häufig verwendet. Sie war noch bis Ende 1977 zugelassen. 1 kp ist diejenige Kraft, die einem Körper der Masse 1 kg die Beschleunigung g (9,80665 m/s²) erteilt. 1 kp = 9,80665 kg m/s².

3.4 Gewichtskraft

Im streng physikalischen Sinn ist das Gewicht die im Schwerefeld der Erde auf einen Körper einwirkende Kraft. Ein Körper der Masse m hat das Gewicht $G = m \cdot g$ (g = Fallbeschleunigung). Da es sich hier nicht um eine Substanz- oder Stoffmenge, sondern um eine Kraft handelt, wird diese als Gewichtskraft bezeichnet. Ihre Größe ist vom Standort auf der Erde abhängig, da die Größe g wegen der Abflachung der Erde nicht kontant ist (Mittelwert $g = 9,80665 \approx 9,81$ m/s²). Auch die Höhenlage ist von Einfluß.

Ein Stück Eisen wiegt demnach – mit der Federwaage gewogen (Bild 7) – im Flachland mehr als auf einem Berg. Die Unterschiede sind allerdings auf der Erde sehr gering und nur mit feinsten Geräten feststellbar. Eine genaue Feder würde sich durch das Stück Eisen z. B. an den Polen etwas stärker verlängern als am Äquator (etwa um 0,5%). Erst, wenn das Stück Eisen weit von der Erde entfernt wird, wird es spürbar leichter; in 6370 m über der Erde beträgt die Anziehungskraft nur noch 1/4. Auf dem Mond z. B. beträgt die Gewichtskraft nur noch 1/6 von derjenigen, die auf der Erde festgestellt wurde. Da auf unserer Erde die Unterschiede kleiner sind als 0,5%, können sie im täglichen Leben vernachlässigt werden.

Damit wird auch die Druckkraft, die ein Körper auf seine Unterlage ausübt, oder die Kraft, welche an seiner Aufhängung zieht (z. B. Last am Seil) als Gewichtskraft bezeichnet (Hoch- und

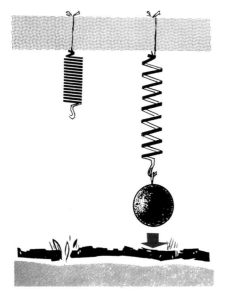

Bild 7 An der Verlängerung der Feder erkennt man, daß eine Kraft wirkt.

Tiefbau). Um Verwechslungen zu vermeiden, sollte das Wort „Gewicht" als Kraftbegriff im technischen Bereich nicht mehr verwendet werden. Es ist auf das Maß- und Gewichtswesen allein zu beschränken.

> **Die Gewichtskraft eines Körpers ist abhängig vom Ort der Messung.**

Legt man auf eine Hebelwaage zwei Schokoladentafeln und sie spielt ein, so werden beide am gleichen Ort gleich stark von der Erde angezogen; sie haben das gleiche Gewicht und die gleiche Masse. Derselbe Vorgang könnte auf dem Mond beobachtet werden. Die Änderung der Gewichtskraft interessiert nicht, wenn nach der Masse gefragt ist. Die Stücke, die gewogen bzw. verglichen werden, brauchen nicht aus dem gleichen Stoff zu sein. Auch anderen Körpern, die die Waage zum Einspielen bringen, schreiben wird die gleiche Masse zu. Bild 6 veranschaulicht den Unterschied zwischen Gewichtskraft und Masse.

> **Zwei Körper haben die gleiche Masse, wenn sie am gleichen Ort gleich schwer sind. Die Hebelwaage vergleicht Massen.**

4. Dichte

Körper von gleichem Volumen können verschiedene Massen besitzen. So ist z. B. die Masse eines Würfels aus Eisen bedeutend größer als die eines gleich großen Würfels aus Holz (Bild 8). Die beiden Würfel unterscheiden sich durch ihre Dichte ϱ (sprich: Rho), das ist das Verhältnis von der Masse des Körpers zu seinem Volumen. Sie wird gemessen in kg/m^3. Um die Dichte zu berechnen, dividiert man die Masse m eines Körpers durch sein Volumen V.

> **Unter der Dichte ϱ versteht man den Quotienten aus Masse und Volumen.**

$$\text{Dichte} = \frac{\text{Masse}}{\text{Volumen}}; \quad \varrho = \frac{m}{V} \left[\frac{kg}{m^3} \right]$$

> **Die Dichte eines Stoffes ist wie die Masse m vom Ort unabhängig.**

Die Einheiten der Dichte sind $\dfrac{g}{cm^3}$, $\dfrac{kg}{dm^3}$ oder $\dfrac{t}{m^3}$

bei Gasen und Dämpfen auch $\dfrac{kg}{m^3}$.

Abgeleitete Einheiten der Dichte sind auch alle anderen Quotienten, die aus einer gesetzlichen Masseneinheit und einer gesetzlichen Volumeneinheit gebildet werden. So zum Beispiel:

$$1 \frac{kg}{m^3} = 1\,kg\,m^{-3}$$

$$1\,kg\,m^{-3} = 0{,}001\,kg\,dm^{-3}$$

$$1\,kg\,dm^{-3} = 1000\,kg\,m^{-3}$$

$$1\,kg\,m^{-3} = 1\,g\,dm^{-3}$$

$$1\,g\,dm^{-3} = 0{,}001\,g\,cm^{-3}$$

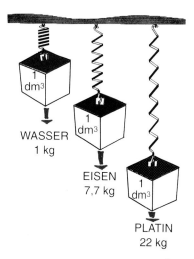

WASSER
1 kg

EISEN
7,7 kg

PLATIN
22 kg

Bild 8   Massen (bzw. Gewichte) verschiedener Kubik-
dezimeterwürfel

Je größer die Masse von 1 dm³ eines Stoffes ist, um so dichter ist er.

5. Tabellen für Dichten

Dichten in $\dfrac{t}{m^3}$; $\dfrac{kg}{dm^3}$; $\dfrac{g}{cm^3}$

Von festen und flüssigen Stoffen (Normort Paris)

Metallart	Dichte ϱ	Metallart	Dichte ϱ
Aluminium, rein	2,7	Neusilber	8,5
Aluminium-Bronze	7,7	Nickel	9,0
Blei	11,3	Phosphorbronze	8,8
Eisen und Stahl	7,7	Platin	21,4
Eisen-Guß	7,25	Rotguß	8,5
Gold	19,33	Silber	10,5
Kupfer	8,79 bis 8,94	Weißmetall	7,1
Messing	8,6	Zink	7,1
Monelmetall	8,82	Zinn	7,4

Bau- und andere Stoffe	Dichte ϱ	Bau- und andere Stoffe	Dichte ϱ
Beton	1,8 bis 2,5	Lehm	1,52 bis 2,85
Erde	1,34 bis 2,0	Sand	1,76
Glas	2,5 bis 3,0	Sandstein	2,2 bis 2,5
Granit	2,5 bis 3,1	Ton	1,8 bis 2,6
Graphit	1,9 bis 2,35	Ziegelmauerwerk	1,6
Holz (Tannen)	0,4 bis 0,8	Zement, erhärtet	2,7 bis 3,0
Holz (Eichen)	0,7 bis 1,3	Zement, gepulvert	1,85
Kalkstein	2,46 bis 2,84	Zementmörtel	1,8 bis 1,92

Isolierstoffe	Dichte ϱ	Isolierstoffe	Dichte ϱ
Asbest	2,1 bis 2,8	Kunstharzschaumstoff	0,015 bis 0,03
Asphalt	1,1 bis 1,5	Leder	0,86 bis 1,02
Bimsstein	0,37 bis 1,6	Mineralfaser	0,05 bis 0,10
Blätterholzkohle	0,18 bis 0,20	Papier	0,7 bis 1,2
Gummi	1,45	Schlacke	2,5 bis 3,0
Holzkohle, lufterfüllt	0,36 bis 0,4	Torfstreu, gepreßt	0,214
Holzkohle, luftfrei	1,3	Torfsoden	0,64
Kieselgur	0,4 bis 0,5	Tuffsteinziegel	0,85
Korkstein	0,17 bis 0,25	Heu und Stroh	0,10
Korkstein, expand.	0,135 bis 0,175	Schlackenwolle	0,3 bis 3,0

Flüssigkeiten	bei t in °C	Dichte ϱ	Flüssigkeiken	bei t in °C	Dichte ϱ
Äther	0	0,74	Petroleum	15	0,8
Alkohol	15	0,79	Olivenöl	15	0,92
Benzin	15	0,7	Baumwollsaatöl		0,9
Benzol		0,88	Quecksilber	15	13,6
Essig		1,01	Rüböl	15	0,91
Gycerin	15	1,27	Wasser	4	1,00
Harzöl	15	0,96	Seewasser	15	1,02
Klauenfett	15	0,92	Schwefelsäure, konz.		1,85
Kreosotöl	15	1,07	Steinkohlenteer		1,2
Leinöl	15	0,94	Terpentin		0,87
Milch, Voll-	15	1,028	Rheinweine		1,00
Milch, Halb-	15	1,030	Malagweine		1,02
Milch, Mager-	15	1,032	Zuckerlösung 43%ig		1,2
Mineralöle	20	0,85 bis 0,93	R 22	(0 °C bzw.1,285	
Dynamoöl		0,874		273, 15 K	
Kompressoröl		0,872		5,0 bar)	

Dichten in $\dfrac{kg}{m^3}$ oder $\dfrac{g}{dm^3}$

Von gasförmigen Stoffen (bei 0 °C und 1,013 bar)

Gas	Dichte ϱ	Gas	Dichte ϱ
Azetylen	1,171	Sauerstoff	1,429
Ammoniak	0,771	Schwefeldioxid	2,927
Helium	0,178	Stickstoff	1,250
Kohlendioxid	1,977	Stickstoff (Luft-)	1,257
Luft (CO_2-frei)	1,293	Wasserstoff	0,090
Methylchlorid	2,307	R 22 (0 °C, bzw. 273,15 K; 5,0 bar)	21,23

6. Aggregatzustand und Siedepunkt

Jeder Stoff kann in 3 Formen – fest, flüssig und gasförmig – vorkommen. Wasser wird z. B. im festen Zustand Eis und im gasförmigen Wasserdampf genannt. Die einzelnen Zustandsformen bezeichnet man in der Physik mit Aggregatzustand. In allen drei Zuständen bleiben die Moleküle unverändert, also in der Zusammensetzung 2 Atome Wasserstoff und 1 Atom Sauerstoff (H_2O).

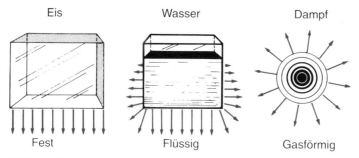

Eis Wasser Dampf

Fest Flüssig Gasförmig

Bild 9 Die 3 Aggregatzustände von Wasser mit der Darstellung der Druckrichtungen

Ob sich ein Stoff im festen, flüssigen oder gasförmigen Zustand befindet, ist von seiner Temperatur und von dem Druck, dem er ausgesetzt ist, abhängig. Die Temperatur, bei der ein fester Stoff flüssig wird, heißt Schmelztemperatur oder, wenn der Vorgang umgekehrt verläuft, Erstarrungstemperatur. Die Temperatur, bei der ein flüssiger Stoff verdampft, heißt Verdampfungs- oder Siedetemperatur und wenn der Vorgang umgekehrt verläuft, Verflüssigungs- oder Kondensationstemperatur. Der Schmelzpunkt des Eises liegt bei normalem Luftdruck bei 0 °C (273,15 K), also liegt der Erstarrungspunkt des Wassers auch bei 0 °C. Blei z. B. schmilzt erst bei +328 °C (601,15 K). Flüssiges Blei wird demnach bei der gleichen Temperatur von +328 °C fest.

> **Der Schmelzpunkt jedes Stoffes liegt fest und ist gleichzeitig der Erstarrungspunkt. Der Verdampfungspunkt eines jeden Stoffes liegt ebenfalls fest und ist gleichzeitig der Verflüssigungspunkt (Bild 10 u. 11).**

Wasser verdampft z. B. bei normalem Luftdruck, also bei 1013 mbar, bei einer Temperatur von +100 °C (373,15 K). Wasserdampf, der unter einem Druck von 1013 mbar steht, kondensiert bei +100 °C. Es gibt Stoffe, die erst bei sehr hohen Temperaturen verdampfen; Glycerin z. B. verdampft erst bei +290 °C (563,15 K).

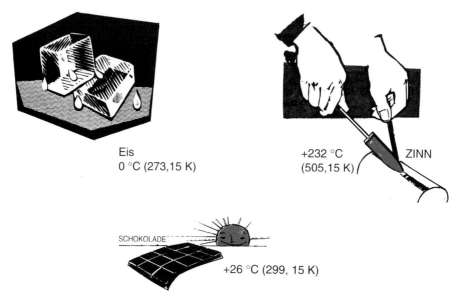

Eis
0 °C (273,15 K)

+232 °C
(505,15 K) ZINN

SCHOKOLADE
+26 °C (299, 15 K)

Bild 10 Schmelz- bzw. Erstarrungstemperaturen verschiedener Stoffe

44

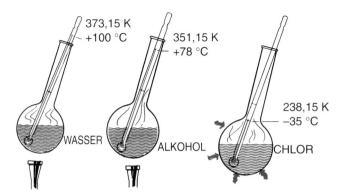

373,15 K
+100 °C

351,15 K
+78 °C

238,15 K
−35 °C

WASSER   ALKOHOL   CHLOR

Bild 11   Verdampfungs-
bzw. Verflüssigungstempe-
raturen verschiedener Stoffe

Das ist jedoch noch relativ leicht zu verstehen. Schwieriger wird es bei Stoffen die schon bei sehr niedrigen Temperaturen verdampfen. Sauerstoff z. B., den wir uns flüssig kaum vorstellen können, verdampft schon bei −183 °C (90,15 K), Ammoniak bei −33,4 °C (239,75 K), Kohlendioxid bei −78,5 °C (194,65 K), Chlor bei −35 °C (238,15 K) und das Kältemittel R 22 bei −40,8 C (238,35 K).

Diese Stoffe „kochen" also bei Temperaturen, die weit unter dem Gefrierpunkt liegen. Wie bereits gesagt, beziehen sich die vorgenannten Verdampfungspunkte allerdings auf einen Druck von 1013 mbar. Ändert sich der Druck, der auf einer Flüssigkeit lastet, dann verschiebt sich der Verdampfungspunkt auf der Temperaturskala.

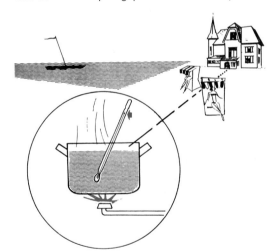

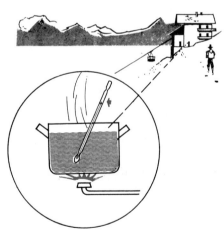

Bild 12   Wasser verdampft in
Seehöhe (1013 mbar) bei +100 °C

Bild 13   Wasser verdampft auf einem Berg
von 3000 m Höhe (706 mbar) schon bei
+89 °C, 362,15 K

Wasser verdampft normalerweise, also bei Verhältnissen wie sie in Seehöhe herrschen, bei einer Temperatur von +100 °C (Bild 12 u. 14). Erwärmt man jedoch einen offenen Topf voll Wasser auf dem Gipfel eines 3000 m hohen Berges, dann stellt man fest, daß das Wasser schon bei +89 °C kocht, also verdampft (Bild 13). Bekanntlich ist die Luft in höheren Lagen dünner, der auf der Wasseroberfläche ruhende Druck ist also niedriger. Daraus erklärt sich die Tatsache, daß das Wasser schon bei niedrigerer Temperatur siedet. Interessante Ergebnisse erhält man aus folgendem Versuch (Bild 15 u. 16):

Ein druckfestes Glasgefäß wird mit Wasser gefüllt. Mit einer Pumpe im Deckel kann man den Luftdruck im Gefäß beliebig verändern. Ein Manometer zeigt den absoluten Druck im Gefäß

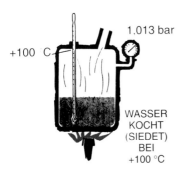

Bild 14 Bei einem absoluten Druck von 1,013 bar siedet Wasser bei +100 °C (373,15 K)

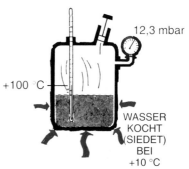

Bild 15 Bei einem absoluten Druck von 12,3 mbar siedet Wasser bei +10 °C (283,15 K)

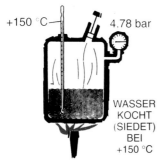

Bild 16 Bei einem absoluten Druck von 4,78 bar siedet Wasser bei +150 °C (423,15 K)

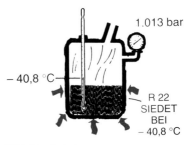

Bild 17 Bei einem absoluten Druck von 1,013 bar siedet R 22 bei −40,8 °C (232,35 K)

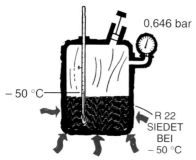

Bild 18 Bei einem absoluten Druck von 0,646 bar siedet R 22 bei −50 °C (223,15 K)

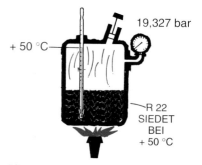

Bild 19 Bei einem absoluten Druck von 19,327 bar siedet R 22 bei +50 °C (323,15 K)

und ein Thermometer die Temperatur des Wassers an. Mit einer Flamme wird nun das Wasser erwärmt. Vorher wurde der Luftdruck auf der Wassersäule durch Abpumpen auf 73,15 mbar abgesenkt. Dies ist gegenüber dem normalen Luftdruck von 1013 mbar schon ein sehr niedriger Druck. Beobachtet man nun das Wasser im Behälter, so stellt man fest, daß es schon bei einer Erwärmung auf +40 °C zu kochen beginnt. Die Verdampfungstemperatur bei 73,15 mbar liegt also bei +40 °C. Wohlgemerkt ist nur der Druck, der direkt auf der Flüssigkeit lastet, also der Druck im Gefäß wichtig; der Außendruck spielt keine Rolle. Je nachdem, wie man nun mit Hilfe der Pumpe den Luftdruck einstellt, erhält man verschiedene Verdampfungstemperaturen. Bei einem Druck von nur 12,3 mbar (das ist ein außerordentlich niedriger Druck und mit einer einfachen Pumpe gar nicht herzustellen) kocht das Wasser schon bei +10 °C (283,15 K), man braucht dazu gar keine Heizflamme mehr, denn das Wasser nimmt seine Wärme aus der Umgebungsluft, wenn diese wärmer als +10 °C ist (Bild 15).

Stellt man im Gefäß hingegen einen starken Überdruck her, beispielsweise 4,78 bar dann fängt das Wasser erst bei einer Temperatur über +100 °C, in diesem Fall bei +150 °C (423,15 K), an zu verdampfen (Bild 16). Man sieht also, daß der Verdampfungspunkt des Wasses vom Druck, der auf dem Wasser lastet, abhängig ist.

> Der Verdampfungs- oder Kondensationspunkt jedes Stoffes ist von der Temperatur und dem Druck abhängig. Für jede Verdampfungstemperatur gibt es nur einen zugehörigen Verdampfungsdruck und für jeden Verdampfungsdruck gibt es nur eine zugehörige Verdampfungstemperatur. Der Verdampfungsdruck und damit auch die Verdampfungstemperatur liegt um so höher, je größer der auf der Flüssigkeit lastende Druck ist.

6.1 Tabelle: Siedepunkt des Wassers bei verschiedenen Drücken

| Temperatur | | Druck in | |
K	°C	bar	mbar
253,15	− 20	0,00127	1,27
263,15	− 10	0,00284	2,84
273,15	0	0,0061	6,1
283,15	+ 10	0,0123	12,3
293,15	+ 20	0,0232	23,2
323,15	+ 50	0,123	123,0
373,15	+100	1,013	1 013,0
393,15	+120	1,99	1 990,0
423,15	+150	4,78	4 780,0
473,15	+200	15,58	15 580,0
593,15	+320	109 83	109 830,0
647,15	+374	221,2	221 200,0

6.2 Tabelle: Siedepunkt von Kältemitteln bei verschiedenen Drücken

| Temperatur °C | Druck p in bar | | | | | | | | | |
	R 11	R 12	R 13	R 13 B 1	R 22	R 23	R 113	R 114	R 500	R 502
−65		,167	2,273	,707	,281	2,488		,025		,369
−64		,178	2,376	,744	,298	2,610		,027		,391
−63		,189	2,482	,782	,316	2,735		,029		,413
−62		,201	2,593	,823	,335	2,865		,032		,437
−61		,213	2,706	,864	,355	3,000		,034		,461
−60	,013	,226	2,824	,908	,376	3,140		,036		,487
−59	,014	,239	2,945	,953	,398	3,285		,039		,514
−58	,015	,253	3,070	1,000	,421	3,434		,042		,542
−57	,017	,268	3,199	1,049	,445	3,589		,045		,571
−56	,018	,283	3,332	1,100	,470	3,749		0,48		,602
−55	,019	,300	3,469	1,152	,497	3,915		,051		,634
−54	,021	,316	3,611	1,207	,524	4,086		,055		,667
−53	,022	,334	3,756	1,263	,553	4,262		,059		,702
−52	,024	,353	3,906	1,321	,583	4,444		,063		,738
−51	,025	,371	4,060	1,382	,614	4,632		,067		,775

6.2 Tabelle: (Fortsetzung)

Tempe-ratur °C	Druck p in bar									
	R 11	R 12	R 13	R 13 B 1	R 22	R 23	R 113	R 114	R 500	R 502
−50	,026	,391	4,219	1,445	,646	4,826		,071	,462	,814
−49	,028	,412	4,382	1,509	,680	5,026		,076	,487	,855
−48	,030	,434	4,550	1,576	,715	5,233		,081	,512	,897
−47	,032	,456	4,722	1,646	,752	5,445		,086	,539	,941
−46	,034	,480	4,900	1,717	,790	5,664		,091	,566	,916
−45	,037	,505	5,082	1,791	,830	5,889		,097	,595	1,033
−44	,039	,529	5,269	1,868	,871	6,122		,103	,624	1,082
−43	,042	,556	5,461	1,947	,914	6,361		1,09	,655	1,133
−42	,045	,583	5,658	2,028	,959	6,606		,116	,688	1,185
−41	,048	,611	5,860	2,112	1,005	6,859		,123	,721	1,240
−40	,051	,642	6,068	2,199	1,053	7,119		,130	,756	1,296
−39	,054	,672	6,280	2,288	1,103	7,387		,138	,792	1,355
−38	,058	,704	6,499	2,380	1,155	7,661		,146	,829	1,415
−37	,061	,737	6,722	2,475	1,208	7,944		,154	,868	1,478
−36	,065	,771	6,952	2,573	1,264	8,234		,163	,908	1,543
−35	,069	,807	7,187	2,674	1,321	8,531		,172	,950	1,610
−34	,073	,844	7,427	2,777	1,381	8,837		,182	,993	1,679
−33	,077	,882	7,674	2,884	1,442	9,151		,192	1,038	1,750
−32	,081	,921	7,926	2,993	1,506	9,473		,202	1,084	1,824
−31	,086	,962	8,184	3,106	1,572	9,803		,213	1,132	1,900
−30	,092	1,004	8,449	3,222	1,640	10,142	,028	,225	1,181	1,979
−29	,097	1,048	8,720	3,341	1,711	10,490	,030	,237	1,232	2,060
−28	,103	1,093	8,996	3,463	1,783	10,846	,032	,249	1,285	2,143
−27	,108	1,139	9,280	3,589	1,858	11,211	,034	,262	1,339	2,230
−26	,115	1,187	9,569	3,718	1,936	11,585	,036	,276	1,396	2,318
−25	,121	1,237	9,865	3,851	2,016	11,969	,038	,290	1,454	2,410
−24	,128	1,288	10,168	3,987	2,098	12,362	,040	,304	1,514	2,504
−23	,134	1,341	10,477	4,127	2,183	12,764	,043	,320	1,576	2,601
−22	,141	1,396	10,794	4,270	2,271	13,176	,045	,336	1,640	2,701
−21	,149	1,452	11,117	4,417	2,362	13,598	,048	,352	1,705	2,804
−20	,157	1,510	11,447	4,567	2,455	14,030	,051	,369	1,773	2,910
−19	,165	1,570	11,784	4,722	2,551	14,472	,054	,387	1,843	3,019
−18	,174	1,631	12,129	4,880	2,650	14,924	,057	,406	1,915	3,131
−17	,182	1,694	12,480	5,042	2,752	15,387	,061	,425	1,990	3,246
−16	,192	1,760	12,839	5,208	2,856	15,860	,064	,445	2,066	3,364
−15	,201	1,826	13,206	5,379	2,964	16,345	,068	,465	2,145	3,486
−14	,212	1,896	13,580	5,553	3,075	16,840	,072	,487	2,226	3,610
−13	,222	1,967	13,962	5,731	3,189	17,347	,076	,509	2,309	3,738
−12	,233	2,040	14,352	5,914	3,306	17,865	,080	,532	2,395	3,870
−11	,244	2,115	14,749	6,101	3,420	18,394	,084	,556	2,483	4,005
−10	,256	2,192	15,155	6,292	3,550	18,936	,089	,581	2,573	4,143
− 9	,269	2,272	15,569	6,487	3,677	19,489	,094	,606	2,667	4,285
− 8	,282	2,353	15,991	6,687	3,807	20,055	,099	,633	2,762	4,430
− 7	,294	2,436	16,422	6,892	3,941	20,633	,104	,660	2,860	4,580
− 6	,308	2,523	16,861	7,101	4,078	21,223	,110	,688	2,961	4,733

6.2 Tabelle: (Fortsetzung)

Tempe-ratur °C	Druck p in bar									
	R 11	R 12	R 13	R 13 B 1	R 22	R 23	R 113	R 114	R 500	R 502
– 5	,323	2,611	17,309	7,314	4,219	21,826	,115	,718	3,065	4,889
– 4	,337	2,702	17,765	7,533	4,364	22,443	,121	,748	3,171	5,050
– 3	,352	2,794	18,231	7,756	4,512	23,072	,128	,779	3,280	5,214
– 2	,368	2,891	18,705	7,984	4,664	23,715	,134	,811	3,392	5,383
– 1	,385	2,989	19,189	8,216	4,820	24,372	,141	,844	3,507	5,555
0	,401	3,089	19,682	8,454	4,980	25,043	,148	,879	3,625	5,731
1	,419	3,192	20,184	8,697	5,143	25,728	,155	,914	3,746	5,912
2	,438	3,296	20,697	8,944	5,311	26,428	,163	,951	3,869	6,097
3	,456	3,405	21,219	9,197	5,483	27,142	,171	,988	3,996	6,285
4	,476	3,515	21,750	9,455	5,659	27,871	,179	1,027	4,126	6,479
5	,496	3,629	22,292	9,719	5,839	28,616	,188	1,067	4,260	6,676
6	,517	3,745	22,845	9,987	6,023	29,376	,197	1,108	4,396	6,878
7	,539	3,864	23,407	10,261	6,211	30,152	,206	1,151	4,536	7,084
8	,561	3,986	23,981	10,541	6,404	30,945	,216	1,194	4,679	7,295
9	,584	4,110	24,565	10,826	6,601	31,754	,226	1,239	4,825	7,511
10	,607	4,238	25,160	11,117	6,803	32,579	,236	1,285	4,975	7,731
11	,632	4,368	25,766	11,413	7,010	33,422	,247	1,333	5,128	7,955
12	,657	4,502	26,502	11,715	7,220	34,283	,258	1,382	5,285	8,185
13	,683	4,647	27,013	12,023	7,436	35,161	,269	1,432	5,446	8,419
14	,710	4,777	27,654	12,337	7,656	36,058	,281	1,483	5,610	8,658
15	,738	4,920	28,306	12,656	7,881	36,973	,294	1,537	5,778	8,902
16	,766	5,067	28,972	12,982	8,111	37,907	,306	1,591	5,949	9,151
17	,796	5,216	29,649	13,314	8,346	38,861	,320	1,647	6,125	9,405
18	,826	5,368	30,339	13,652	8,586	39,834	,334	1,704	6,304	9,664
19	,857	5,523	31,042	13,997	8,831	40,828	,348	1,763	6,487	9,928
20	,890	5,682	31,758	14,347	9,081	41,842	,362	1,824	6,674	10,197
21	,923	5,844	32,487	14,705	9,337	42,878	,378	1,886	6,865	10,471
22	,956	6,010	33,230	15,068	9,597	43,935	,393	1,950	7,060	10,751
23	,992	6,180	33,987	15,439	9,863	45,014	,410	2,015	7,260	11,037
24	1,028	6,352	34,758	15,816	10,135	46,116	,426	2,082	7,463	11,327
25	1,064	6,528	35,544	16,199	10,411	47,241	,444	2,151	7,671	11,623
26	1,103	6,708	36,344	16,590	10,694	48,390	,461	2,221	7,883	11,925
27	1,142	6,892	37,159	16,988	10,982		,480	2,293	8,100	12,233
28	1,182	7,079	37,990	17,392	11,275		,499	2,367	8,321	12,546
29	1,223	7,270		17,804	11,574		,519	2,443	8,546	12,864
30	1,265	7,465		18,223	11,880		,539	2,520	8,776	13,189
31	1,310	7,663		18,649	12,191		,560	2,600	9,010	13,519
32	1,354	7,866		19,083	12,508		,581	2,681	9,249	13,856
33	1,400	8,072		19,524	12,831		,603	2,764	9,493	14,198
34	1,447	8,283		19,973	173,160		,626	2,849	9,742	14,547
35	1,495	8,498		20,429	13,496		,650	2,936	9,995	14,902
36	1,545	8,717		20,894	13,837		,674	3,025	10,254	15,262
37	1,596	8,939		21,366	14,185		,699	3,116	10,517	15,630
38	1,648	9,167		21,846	14.540		,724	3,209	10,786	16,003

6.2 Tabelle: (Fortsetzung)

Tempe-ratur °C	Druck p in bar									
	R 11	R 12	R 13	R 13 B 1	R 22	R 23	R 113	R 114	R 500	R 502
39	1,701	9,397		22,334	14,901		,751	3,304	11,059	16,383
40	1,756	9,634		22,831	15,269		,778	3,401	11,338	16,770
41	1,812	9,873		23,336	15,643		,805	3,500	11,621	17,163
42	1,870	10,117		23,849	16,024		,834	3,602	11,910	17,563
43	1,929	10,366		24,372	16,412		,864	3,705	12,205	17,970
44	1,988	10,619		24,902	16,807		,894	3,811	12,504	18,383
45	2,050	10,877		25,442	17,209		,925	3,919	12,810	18,803
46	2,113	11,139		25,991	17,618		,957	4,029	13,120	19,231
47	2,178	11,407		26,548	18,034		,990	4,142	13,437	19,665
48	2,244	11,678		27,115	18,458		1,024	4,257	13,759	20,107
49	2,311	11,955		27,692	18,888		1,058	4,374	14,087	20,556
50	2,380	12,236		28,277	19,327		1,094	4,494	14,420	21,013
51	2,451	12,522		28,873	19,773		1,130	4,616	14,759	21,477
52	2,523	12,813		29,478	20,227		1,167	4,740	15,105	21,949
53	2,597	13,109		30,094	20,688		1,205	4,867	15,456	22,428
54	2,672	13,410		30,719	21,158		1,245	4,997	15,813	22,916
55	2,750	13,716		31,355	21,635		1,285	5,129	16,177	23,411
56	2,828	14,028		32,001	22,120		1,326	5,263	16,546	23,915
57	2,909	14,344		32,657	22,614		1,368	5,400	16,922	24,427
58	2,990	14,665		33,325	23,116		1,412	5,540	17,305	24,947
59	3,074	14,993		34,003	23,627		1,456	5,682	17,693	25,476
60	3,160	15,325		34,693	24,146		1,501	5,828	18,089	26,014

Aufgaben

Lösen Sie folgende Aufgaben (Lösungen S. 199/200):

1. Was versteht man:
   a) unter dem Gewicht eines Körpers?
   b) unter der Masse eines Körpers?
   c) unter der Gewichtskraft eines Körpers?

2. Welches sind die Einheiten für:
   a) die Masse?
   b) das Gewicht?
   c) die Gewichtskraft?

3. Was versteht man unter der Dichte eines Stoffes?

4. Wann haben zwei Körper gleiche Masse?

5. Wie nennt man die kleinsten Bausteine der Materie?

6. Was ist ein Molekül?

7. Wieviel Atome (Elemente) kennt man heute?

8. a) Welche Masse hat 1 dm³, 1 cm³ 1 m³, Wasser?
   b) Welche Dichte hat also Wasser in
   $$\left(\frac{g}{cm^3} \quad \frac{kg}{dm^3} \quad \frac{t}{m^3} \right)$$

7. Gase und Dämpfe

Dämpfe nennt man gasförmige Stoffe, deren Temperatur noch in der Nähe des Verdampfungspunktes liegt. Man unterscheidet Naßdampf und überhitzten Dampf. Stark überhitzter Dampf wird als Gas bezeichnet. Für ihn gelten die als Gasgesetze bekannten Formeln. Wie die festen Stoffe, so können auch Gase Verbindungen mehrerer Stoffe sein. So ist z. B. Kohlendioxid eine Verbindung aus Kohlenstoff und Sauerstoff. Es hat die Formel CO_2. Wegen ihrer Flüchtigkeit sind Gase jedoch noch leichter mischbar als Flüssigkeiten. Gasgemische können mit physikalischen Mitteln getrennt werden, was jedoch nicht immer einfach ist. Gasverbindungen können jedoch nur auf chemischem Wege in ihre Elemente zerlegt werden.

Gase haben das Bestreben, jeden Raum einzunehmen, der ihnen zur Verfügung steht. Nur gasdichte Wandungen können sie in diesem Bestreben hindern. Bei diesem Ausdehnungsstreben üben sie einen gleich großen Druck nach allen Seiten aus (Bild 20). Da Gase ja aus Flüssigkeiten entstanden sind und nach dem Gesetz von der Erhaltung der Stoffe keine Materie verschwinden kann, müssen auch Gase Masse haben. Genau wie die festen und flüssigen Körper werden auch sie von der Erde angezogen, was ja die Ursache der Gewichtskraft ist. Ein einfacher Versuch zeigt uns, daß Gase tatsächlich Gewicht haben:

Stellt man eine Stahlflasche mit gepreßtem Sauerstoff, wie er zum Schweißen verwendet wird, auf eine Waage und läßt dann Sauerstoff ab, kann man leicht feststellen, wie der Zeiger der Waage die Gewichtsverminderung anzeigt (Bild 21). Ist die Flasche völlig leer, weiß man ganz genau, wieviel Sauerstoff in ihr war.

GLEICHER
DRUCK
NACH
ALLEN
SEITEN

Gas
3 bar

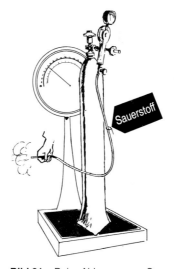

Sauerstoff

Bild 20 In einem Behälter üben Gase einen gleichgroßen Druck nach allen Seiten aus

Bild 21 Beim Ablassen von Sauerstoff fällt der Zeiger der Waage und zeigt eine Gewichtsverminderung an

Der entwichene Sauerstoff hat sich inzwischen mit der Umgebungsluft vermischt und kann hier natürlich nicht mehr gewogen werden. Schließlich ist es ja auch unmöglich, eine Flüssigkeit, die man ausgegossen hat, zu wiegen. Man kann aber umgekehrt z. B. Luft ansaugen, in eine Flasche pressen und wiegen. War die Luft vorher in einem größeren Behälter mit normalem Luftdruck, dann weiß man ganz genau, wieviel Kubikmeter sich nun in der Flasche befinden. Man kann somit einfach ausrechnen, was 1 m³ Luft unter normalen Bedingungen wiegt. Um nämlich eine feste Bezugsgröße zu haben, hat man den Begriff des Normvolumens eingeführt.

> **Das Normvolumen eines Gases (oder Gasgemisches) ist das Volumen des Gases (oder Gasgemisches) das es im Normzustand, also bei 0 °C (273,15 K) und 1,013 bar einnimmt.**

Eine Angabe soundso viel m³ Gas sagt also nichts genaues aus, wenn nicht Temperatur und Druck des Gases angegeben sind.

Statt der bisherigen Bezeichnung für Normkubikmeter bzw. Normvolumen Nm³ ist zu schreiben m_{n3}, da das Zeichen Nm³ u. a. als „Newton-Kubikmeter" gelesen werden kann.

Zu bemerken ist noch, daß das Normvolumen keine Einheit im Sinne der gesetzlichen Einheiten, sondern eine spezielle Größe ist, die z. B. außer in m³ auch in dm³, cm³ und mm³ oder Ltr. zu messen ist.

Hat man nun beispielsweise in einem Behälter mit einem Volumen von 1 m³ trockene Luft von 0 °C und 1,013 bar, dann wiegt dieser Kubikmeter Luft 1,29 kg (Bild 22), hat die Luft einen Druck von 3,04 bar, dann befinden sich in dem gleichen Behälter 3,87 kg Luft (Bild 23); ähnlich ist es mit anderen Stoffen. Befindet sich zum Beispiel im Zylinder eines Verdichters einer Kältemaschine R 22 mit einem absoluten Druck von 1,013 bar (−40,8 °C Verdampfungstemperatur), und hätte der Zylinder einen Rauminhalt von einem Kubikdezimeter, dann wären 4,78 g Kältemittel darin (Bild 24). Im gleichen Zylinder befinden sich aber 21,23 g Kältemittel (Bild 25), wenn der Druck 5,00 bar (0 °C Verdampfungstemperatur) beträgt. Bei höherem Druck befinden sich also in einem Raum gleicher Größe, gewichtsmäßig gesehen, größere Gasmengen.

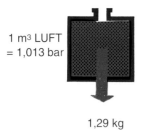

1 m³ LUFT
= 1,013 bar

1,29 kg

Bild 22 1 m³ Luft mit einem absoluten Druck von 1,013 bar wiegt 1,29 kg.

1 m³ LUFT
= 3,04 bar

3,87 kg

Bild 23 1 m³ Luft mit einem absoluten Druck von 3,04 bar wiegt 3,87 kg.

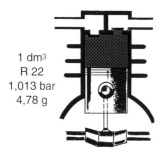

1 dm³
R 22
1,013 bar
4,78 g

Bild 24 1 dm³ Kältemitteldampf R 22 mit einem absoluten Druck von 1,013 bar wiegt 4,78 g

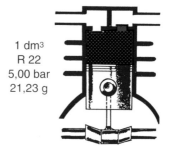

1 dm³
R 22
5,00 bar
21,23 g

Bild 25 1 m³ Kältemitteldampf R 22 mit einem absoluten Druck von 5,00 bar wiegt 21,23 g

> **Die tatsächliche Gasmenge (in g oder kg) ist vom Gasdruck abhängig.**

7.1 Dichte von Gasen

Die Dichte von Gasen wird, um bequeme Zahlenwerte zu erhalten, in g/dm^3 oder kg/m^3 angegeben.

Da sich die Dichten der Gase mit dem Druck und der Temperatur ändern, gelten die Angaben in den Tabellen gewöhnlich für 0 °C und 1,013 bar. Die Dichte von Luft bei diesem Normzustand beträgt z. B. 1,293 g/dm^3 bzw. 1,293 kg/m^3 (siehe Tabelle für Dichten, Seite 43).

7.2 Das Volumen von Gasen

Das Volumen eines Gases ist der Raum in m^3, den es einnimmt. Befindet sich z. B. in einem geschlossenen Raum, der einen Inhalt von 50 m^3 hat, Luft, dann hat diese Luft das Volumen $V = 50\ m^3$. Da aber Luft ein Gemisch aus 21% Sauerstoff und 79% Stickstoff ist (die sonstigen Bestandteile seien hier einmal unberücksichtigt) und der ganze Raum mit Sauerstoff und Stickstoff gefüllt ist, müssen auch diese beiden Stoffe ein Volumen von je 50 m^3 haben.

> **Das Volumen eines Gases ist also stets der Raum, den es ungehindert einnehmen kann. Dabei spielt es keine Rolle, ob in diesem Raum noch andere Gase anwesend sind.**

Das Volumen sagt nichts über die tatsächliche Menge (Masse) aus. Ein wichtiger Begriff ist das spezifische Volumen, welches die Gasmenge schon etwas näher bestimmt. Das spezifische Volumen v erhält man, indem man das Gasvolumen V in m^3 durch die Masse m in kg dividiert, also:

$$\text{Spezifisches Volumen} = \frac{\text{Volumen}}{\text{Masse}}; \qquad v = \frac{V}{m}\left(\frac{m^3}{kg}\right)$$

Betrachtet man die Einheiten des spezifischen Volumens (m^3/kg) und der Dichte (kg/m^3), so erkennt man, daß das spezifische Volumen der Kehrwert der Dichte ist d. h.:

$$v = \frac{1}{\varrho}; \qquad \varrho = \frac{1}{v} = \frac{m}{V}$$

Aufgaben

Lösen Sie folgende Aufgaben (Lösungen S. 200):

1. 14 Liter Luft wiegen 18,1 g

   a) Wie groß ist ihre Dichte?

   b) Wieviel wiegt 1 m^3 Luft?

   c) Wieviel wiegt die Luft in einem Zimmer mit den Abmessungen

   8,75 m lang

   6,85 m breit

   3,40 m hoch?

2. Welches Volumen hat eine Styroporscheibe von 100 g? (Dichte = 0,017 g/cm^3)

3. Wie schwer ist eine Glasscheibe, die 1,16 m hoch, 61 cm breit und 2 mm dick ist? (Dichte 2,6 g/cm^3)

4. 2,5 m³ Sand sollen auf einem Lastwagen transportiert werden.

(Dichte 1,7 kg/dm³)

Wie groß muß die Ladefähigkeit (t) des Lastwagens sein?

5. Ein Eisenklötzchen hat die Form einer quadratischen Säule mit der Grundkante 2,5 cm und der Höhe 10,3 cm (Dichte 7,7 g/cm³).

Wieviel kg wiegt es?

6. Ein Balken wiegt 120 kg und hat die Abmessungen

3,70 m lang

25 cm breit

20 cm dick

Wieviel wiegt ein Balken von derselben Dichte mit den Abmessungen

4,20 m lang

20 cm breit

15 cm dick?

7. Bestimme aus der folgenden Tabelle die Dichte der betreffenden Stoffe:

Stoff	Blei	Silber	Messing	Sand	Koks	Eis
Masse	34 g	420 g	340 g	9,8 kg	840 kg	45 g
Rauminhalt	3 cm³	40 cm³	40 cm³	5 dm³	0,6 m³	50 cm³

8. Druck und Druckeinheiten

Druck p ist das Verhältnis Kraft F zur Fläche A.

$$p = \frac{F}{A} \left[\frac{N}{m^2} \right]$$

Die Einheit des Druckes ist nach dem Gesetz das Pascal (Einheitenzeichen: Pa). (*B. Pascal*, franz. Philosoph und Mathematiker 1623/1662).

1 Pascal ist gleich dem auf eine Fläche gleichmäßig wirkenden Druck, bei dem senkrecht auf die Fläche 1 m² die Kraft 1 N (1 Newton) ausgeübt wird.

$$1 \, Pa = \frac{N}{m^2}$$

Besonderer Name für den 10. Teil des Megapascal (MPa = 1 000 000 Pa) ist das Bar (Einheitenzeichen: bar).

1 bar ist gleich 100 000 Pa (1 bar = 10^5 Pa).

Beispiele:

$$1 Pa = 1 \frac{N}{m^2} = 10^{-4} \frac{N}{cm^2} = 10^{-6} \frac{N}{mm^2}$$

1 Pa = 0,01 mbar (Millibar);

1 Pa = 10 µbar (Mikrobar);

1 bar = 1000 mbar;

1 mbar = 100 Pa.

8.1 Ausbreitung des Druckes

Jedes unter Druck stehende Gas übt durch sein Bestreben nach Ausdehnung (Entspannung) einen Druck auf seine Umgebung aus.

> **Wird auf eine in einem geschlossenen Gefäß befindliche tropfbare oder gasförmige Flüssigkeit ein Druck ausgeübt, etwa durch einen Kolben in einem Zylinder, breitet sich der Druck nach allen Seiten hin gleichmäßig aus.**

Dieser Druck herrscht dann an allen Begrenzungsflächen (Wände, Boden, Deckel) des Gefäßes. Es ist Druck gleich Kraft durch Fläche und entsprechend Kraft gleich Druck mal Fläche. Der Druck bzw. die Druckkraft ist eine gerichtete Größe (Vektor). Der Vektor ist, wenn die Flüssigkeit (Gas) ruht, senkrecht auf jeden Flächenteil gerichtet.

8.2 Druckdarstellung

Es ist zu unterscheiden zwischen:

a) *äußerer Druck*

Die Flüssigkeit wird von außen gedrückt, z. B. durch einen Kolben in einem Zylinder;

b) *innerer oder hydrostatischer Druck*

Durch die Gewichtskraft einer ruhenden Flüssigkeit (auch Gas) wird ein Druck erzeugt; dieser nimmt mit der Tiefe, d. h. mit der Höhe der darüber liegenden Flüssigkeitssäule (Gassäule) zu.

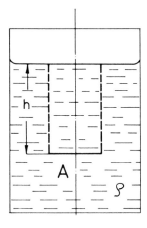

Bild 26 Zur Berechnung des hydrostatischen Druckes

Der hydrostatische Druck kann wie folgt berechnet werden (Bild 26). Der gestrichelte Flüssigkeitszylinder hat die Höhe *h* und die Grundfläche *A*. Die Kraft *F*, welche auf die Fläche *A* ausgeübt wird, ist gleich der Gewichtskraft des Flüssigkeitszylinders $G = F$.

Druck auf die Fläche *A*

$$p = \frac{G}{A}$$

Gewichtskraft G gleich Masse · Fallbeschleunigung

$$G = m \cdot g$$

Dichte der Flüssigkeit ist Masse : Volumen

$$\varrho = \frac{m}{V}$$

Daraus Masse gleich Volumen · Dichte

$$m = V \cdot \varrho$$

Daraus Gewichtskraft

$$G = \varrho \cdot V \cdot g$$

Volumen des Flüssigkeitszylinders

$$V = A \cdot h$$

Damit wird die Gewichtskraft

$$G = \varrho \cdot A \cdot h \cdot g$$

und der Druck

$$p = \frac{\varrho \cdot A \cdot h \cdot g}{A}$$

$$p = \varrho \cdot h \cdot g$$

Ergebnis: Der Druck läßt sich durch eine sog. äquivalente (gleichwertige) Flüssigkeitssäule darstellen.

> **Der hydrostatische Druck ist gleich Dichte der Flüssigkeit mal Höhe der Flüssigkeitssäule mal Fallbeschleunigung.**

Diese Erkenntnis ist die Grundlage für die Druckmessung mittels Flüssigkeitssäulen (Manometer, Barometer).

Der hydrostatische Druck in einer Flüssigkeit ist von der Form des Gefäßes und von der Stellung der beanspruchten Fläche unabhängig. Maßgebend ist nicht die Menge der Flüssigkeit, sondern nur die Höhe der Flüssigkeitssäule und die Dichte der Flüssigkeit:

Beispiel:

Es ist die Höhe der Wassersäule zu berechnen, die dem Druck 1 bar entspricht. Die Dichte des Wassers beträgt $\varrho_W = 1000 \ kg/m^3$. $1 \ bar = 100000 \ N/m^2$. $1 \ N = 1 \ kg \ ms^{-2}$ und

$$1 \ bar = \frac{100\,000 \ kg \ m}{s^2 \cdot m^2} .$$

Es ist der Druck

$$p = \varrho_W \cdot h \cdot g.$$

Daraus wird

$$h = \frac{p}{\varrho_W \cdot g} = \frac{1 \ bar}{1000 \ kg/m^3 \cdot 9{,}81 \ m/s^2}$$

$$h = 100\,000 \ \frac{kg \ m}{s^2} \cdot \frac{1}{m^2} \cdot \frac{m^3}{1000 \ kg} \cdot \frac{s^2}{9{,}81 \ m} = \frac{100\,000}{1000 \cdot 9{,}81} \ m$$

$$h = 10{,}2 \ m$$

Der Druck 1 bar entspricht einer Wassersäule mit einer Höhe von 10,2 m.

Wird als Flüssigkeit Quecksilber verwendet, wird die Höhe der Quecksilbersäule mit $\varrho_{QS} = 13\,600$ kg/m^3

$$h = \frac{p}{\varrho_{QS} \cdot g} = 0,75 \text{ m} = 75 \text{ cm}$$

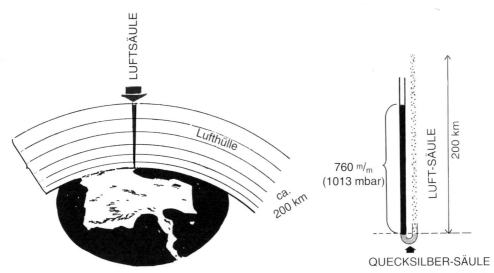

Bild 27 Die Luftsäule von der Erdoberfläche bis zum Ende der Lufthülle hat die gleiche Gewichtskraft wie eine 760 mm hohe Quecksilbersäule.

In Normalatmosphäre ist der Luftdruck (Barometer) $b_n = 1$ bar! Das entspricht einer Quecksilbersäule von 750 mm = 750 Torr. (Bisher wurde mit einer mittleren Höhe von 760 mm QS gerechnet.) Eine 760 mm hohe Quecksilbersäule wird also von dem atmospärischen Luftdruck im Gleichgewicht gehalten. Die gesamte Luftsäule von der Erdoberfläche bis zum Ende der Lufthülle hat demnach das gleiche Gewicht wie eine 760 mm hohe Quecksilbersäule (Bild 27).

Die Druckangabe nach der Höhe einer Flüssigkeitssäule entfiel ab 1. Januar 1978. Die Skalen der Quecksilber- und Wassersäulen sind in Pa oder mbar einzuteilen.

1 mm WS = 9,806 65 Pa $\approx$ 10 Pa

1 mm QS = 1 Torr = 133,32 Pa $\approx$ 133 Pa $\approx$ 1,33 mbar.

8.3 Druckmessung

Überdruck, Unterdruck, absoluter Druck
Alle Manometer zeigen den Überdruck bzw. Unterdruck gegenüber dem atmosphärischen Luftdruck, der sich nach den atmosphärischen Verhältnissen ändert, an. **Um den wirklich (absoluten) Druck, der für die thermodynamischen Zustandsberechnungen erforderlich ist, zu kennen, ist zur Manometerablesung der herrschende atmosphärische (barometrische) Luftdruck hinzuzuzählen bzw., wenn im betr. Gefäß oder in der Leitung ein Unterdruck vorhanden ist, abzuziehen. Der absolute Druck ist vom völligen Vakuum ab zu rechnen.**

> **Der wirkliche (absolute) Druck ist gleich barometrischer Luftdruck + manometrischer Druck (Überdruck).** $p_a = b + p_{\ddot{u}}$ **(Bild 28.1). Der wirkliche (absolute) Druck ist gleich barometrischer Luftdruck − manometrischer Druck (Unterdruck).** $p_a = b - p_u$ **(Bild 28.2).**

Beispiel:

1. Zeigt das Manometer einen Überdruck $p_\ddot{u} = 1,6$ bar = 1600 mbar bei einem Barometerstand $b = 1010$ mbar = 1,01 bar an, ist der absolute Druck

$$p_a = b + p_\ddot{u} = 1,01 + 1,6 = 2,61 \text{ bar (Bild 29)}.$$

2. Der Druck in einer Saugleitung wird mit einem Manometer

$$p_\ddot{u} = 200 \text{ mbar} = 0,2 \text{ bar}$$

gemessen. Der Barometerstand beträgt b = 1031 mbar = 1,031 bar. Der absolute Druck ist $p_a = b - p_\ddot{u} = 1031 - 200 = 831$ mbar = 0,831 bar.

Nach dem Empfehlungen des VDI (Verein Deutscher Ingenieure) und dem Deutschen Institut für Normung (DIN) darf der Überdruck nicht Druck genannt werden, wenn das Wort allein steht. Lediglich bei Wortzusammensetzungen darf der Wortteil „über" entfallen, wenn die zugehörige Größe eindeutig als Überdruck definiert ist.

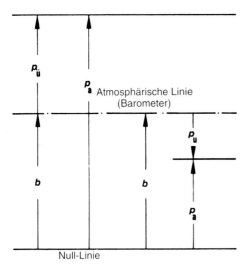

Bild 28 1. Absoluter Druck p_a = barometrischer Luftdruck b + Manometerdruck (Überdruck) $p_\ddot{u}$
$p_a = b + p_\ddot{u}$
2. Absoluter Druck p_a = barometrischer Luftdruck b − Manometerdruck (Unterdruck) $p_a = b - p_a$

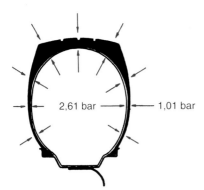

Bild 29 Manometerablesung $p_\ddot{u} = 1,6$ bar, Barometerstand $b = 1,01$ bar, absoluter Druck $p_a = 1,01 + 1,6 = 2,61$ bar

Die Bezeichnung „Druck" ist (nach den o. a. Empfehlungen) eindeutig und bedarf eigentlich keiner weiteren Kennzeichnung durch das Wort „absolut". Es hat sich aber gezeigt, daß in der Praxis häufig der Wunsch nach einer Ausdrucksweise besteht, die durch einen zusätzlichen Hinweis jedes Mißverständnis ausschließt, zumal fast alle in Betrieben benutzten Manometer Überdrücke anzeigen. Gegen die Benennung „absoluter Druck", die weitgehend gebräuchlich ist, wurden zwar starke Bedenken geäußert, es hat sich aber kein anderer kurzer, einprägsamer, unmißverständlicher Ausdruck finden lassen. So darf diese Benennung vorläufig weiter benutzt werden, um jede Verwechslung auszuschließen.

Die bisherigen Bezeichnungen atü, atu und ata sind zu vermeiden, zumal die Einheit „Atmosphäre" seit 1978 nicht mehr zugelassen ist. Die Nenndruckangaben bei Rohrleitungen und Armaturen (DIN 2401, Blatt 1) bleiben trotz des Wechsels der Einheiten unverändert. Wenn z. B. früher ND 6 ein Nenndruck von 6 kp/cm^2 bedeutete, so bedeutet dies jetzt einen solchen von 6 bar. Der maximal zulässige Betriebsdruck dagegen ist von kp/cm^2 auf bar umzurechnen (1 kp/cm^2 = 0,980665 bar).

Im englischen Sprachbereich wird statt in cm noch in Zoll (inch) gemessen. In der Kältetechnik (USA) werden daher die Drücke unter dem normalen Luftdruck in Zoll Quecksilbersäule angegeben, d. h. in „inch Hg". Analog zum bisherigen kp/cm^2-System wird in Amerika die Druckeinheit „pound-force per square inch", abgekürzt psi, verwendet.

Bemerkung zur nachstehenden Tabelle:

Die Umrechnung von kp/cm^2 in bar wird nach der Beziehung vorgenommen: 1 kp/cm^2 = 0,981 bar ≈ 1 bar.

8.4 Druck-Umrechnungstabelle kp/cm^2 – psi*)

Der umzurechnende Druck ist zunächst in der mittleren Reihe zu suchen. Dann können die diesem Druck entsprechenden Werte in kp/cm^2 in der linken Spalte und in psi in der rechten Spalte abgelesen werden.

Beispiel:

$$10 \text{ kp/cm}^2 = 142,23 \text{ psi} \quad \text{oder}$$

$$10 \text{ psi} = 0,7031 \text{ kp/cm}^2$$

Tabelle:

kp/cm^2	↓	psi	kp/cm^2	↓	psi
0,007	0,1	1,422	4,1481	59	839,18
0,014	0,2	2,845	4,2184	60	853,40
0,021	0,3	4,267	4,2887	61	867,62
0,028	0,4	5,689	4,3590	62	881,85
0,035	0,5	7,112	4,4294	63	896,07
0,042	0,6	8,534	4,4997	64	910,29
0,049	0,7	9,956	4,5700	65	924,52
0,056	0,8	11,380	4,6402	66	938,74
0,063	0,9	12,800	4,7106	67	952,96
0,0703	1	14,223	4,7809	68	967,19
0,1406	2	28,447	4,8512	69	981,41
0,2109	3	42,670	4,9215	70	995,63
0,2812	4	56,893	4,9918	71	1009,9
0,3515	5	71,117	5,0621	72	1024,1
0,4218	6	85,340	5,1324	73	1038,3
0,4922	7	99,563	5,2027	74	1052,5
0,5625	8	113,79	5,2730	75	1066,8
0,6328	9	128,01	5,3433	76	1081,0
0,7031	10	142,23	5,4137	77	1095,2
0,7734	11	156,46	5,4840	78	1109,4
0,8437	12	170,68	5,5543	79	1123,6

kp/cm²	↓	psi	kp/cm²	↓	psi
0,9140	13	184,90	5,6246	80	1137,9
0,9843	14	199,13	5,6949	81	1152,1
1,0546	15	213,35	5,7652	82	1166,3
1,1249	16	227,57	5,8355	83	1180,5
1,1952	17	241,80	5,9058	84	1194,8
1,2655	18	256,02	5,9761	85	1209,0
1,3358	19	270,24	6,0464	86	1223,2
1,4061	20	284,47	6,1167	87	1237,4
1,4765	21	298,69	6,1870	88	1251,7
1,5468	22	312,91	6,2573	89	1265,9
1,6171	23	327,14	6,3276	90	1290,1
1,6874	24	341,36	6,3980	91	1294,3
1,7577	25	355,58	6,4683	92	1308,5
1,8280	26	369,81	6,5386	93	1322,8
1,8983	27	384,03	6,6089	94	1337,0
1,9686	28	388,25	6,6792	95	1351,2
2,0389	29	412,48	6,7495	96	1365,4
2.1092	30	426,70	6,8198	97	1379,7
2.1795	31	440,92	6,8901	98	1393,9
2,2498	32	455,15	6,9604	99	1408,1
2,3201	33	469,37	7,0307	100	1422,3
2,3904	34	483,59	7,7338	110	1564,6
2,4608	35	497,82	8,4369	120	1706,8
2,5311	36	512,04	9,1399	130	1849,0
2,6014	37	526,26	9,8430	140	1991,3
2,6717	38	540,49	10,546	150	2133,5
2,7420	39	554,71	11,249	150	2275,7
2,8123	40	568,93	11,952	170	2418,0
2,8826	41	583,16	12,655	180	2560,1
2,9529	42	597,38	13,358	190	2702,4
3,0232	43	611,60	14,061	200	2844,7
3,0935	44	625,83	14,765	210	2986,9
3.1638	45	640,05	15,468	220	3129,2
3,2341	46	654,27	16,171	230	3271,4
3,3044	47	668,50	16,874	240	3413,6
3,3747	48	682,72	17,577	250	3555,8
3,4451	49	696,94	18,280	260	3698,1
3,5154	50	711,17	18,983	270	3840,3
3,5857	51	725,39	19,686	280	3982,5
3,6560	52	739,61	20,389	290	4124,8
3,7263	53	753,84	21,092	300	4267,0
3,7966	54	768,06	21,795	310	4409,2
3,8689	55	782,28	22,498	320	4551,5
3,9372	56	796,51	23,201	330	4693,7
4,0075	57	810,73	23,904	340	4978,2
4,0778	58	824,95	24,608	350	4878,2

Tabelle:

Vakuum				
cm Hg*)	↓	inch Hg	↓	inch Hg
0	0	0	40	15,85
5,08	2	0,787	42	16,54
10,16	4	1,575	44	17,32
15,24	6	2,362	46	18,11
20,32	8	3,150	48	18,90
25,40	10	3,937	50	19,69
30,48	12	4,724	52	20,47
35,56	14	5,512	54	21,26
40,64	16	6,300	56	22,05
45,72	18	7,087	58	22,84
50,80	20	7,874	60	23,62
55,88	22	8,661	62	24,41
60,96	24	9,449	64	25,20
66,04	26	10,24	66	25,98
71,12	28	11,02	68	26,77
76,20	30	11,81	70	27,56
	32	12,60	72	28,35
	34	13,39	74	29,13
	36	14,17	76	29,92
	38	14,96		

*) 1 cm Hg ≈ 1333,2 Pa ≈13,3 mbar

9. Arbeit – Leistung

Arbeit und Leistung, diese beiden Begriffe werden in der Physik sehr häufig gebraucht. Doch betrachten wir sie zunächst einmal im allgemeinen Sinn. Was ist eigentlich Arbeit?

Diese Frage scheint gar nicht so einfach beantwortbar zu sein. Aber überlegen wir einmal. Arbeit ist etwas, was durch Anstrengung von körperlichen oder geistigen Kräften bewirkt wird. Es geschieht etwas, indem man **Kraft**, ganz gleich ob geistig oder körperlich, **aufwendet**.

Was ist dann aber Leistung?

Ein Beispiel kann uns vielleicht der Lösung näher bringen. Nehmen wir an, ein Buchhalter hat die Aufgabe, die Buchungen für eine Woche einzutragen. Da ist eine durch die festliegende Anzahl von Buchungen genau umrissene Arbeit. Ob er diese Buchungen nun in einigen Stunden, einem Tag oder einigen Tagen ausführt, ändert an der Größe der eigentlichen Arbeit nichts. Diese bleibt die gleiche. Die aufgewendete Zeit ist aber ein Maß für die Größe der Leistung. Je schneller eine bestimmte Arbeit vollbracht wird, um so größer ist die Leistung. Genau so ist es in der Physik. Arbeit wird durch Einwirkung einer Kraft und der daraus entstehenden Bewegung vollbracht. Die für eine bestimmte Arbeit aufgewendete Zeit ist das Maß für die Größe der Leistung.

Beispiel: (Bild 30)

Soll eine Masse von 10 kg irgend eines Stoffes 5 m angehoben werden, dann ist die vollbrachte Arbeit = Gewichtskraft mal Weg. Die Gewichtskraft ist

$$F = m \cdot g$$

Damit wird die Arbeit

$$W = m \cdot g \cdot s$$

Darin sind:

m = Masse in kg

g = Fallbeschleunigung = $9,81 \dfrac{m}{s^2}$

s = Höhe in m

$$W = 10 \text{ kg} \cdot \frac{9,81 \text{ m}}{s^2} \cdot 5 \text{ m} = 98,1 \frac{\text{kg m}}{s^2} \cdot 5 \text{ m} = 490,5 \frac{\text{kg m}}{s^2} \cdot \text{m}$$

$W = 490,5$ Nm = 490,5 J

$$1 \text{N} = 1 \frac{\text{kg m}}{s^2}$$

Für Nm (sprich Njutenmeter) gilt:

1 Nm = 1 Joule (sprich dschul)

> **1 Joule ist gleich der Arbeit, die verrichtet wird, wenn der Angriffspunkt der Kraft 1 N in Richtung der Kraft um 1 m verschoben wird**
>
> **1 J = 1 N · m**

Zieht z. B. ein Pferd einen Wagen mit einer Kraft von $F = 300$ N eine Entfernung von 100 m weit, dann hat es eine Arbeit von $W = 300$ N · 100 m = 30 000 Nm vollbracht.

Wichtig: Die Zugkraft (hier $F = 300$ N) steht in keiner Beziehung zur Gewichtskraft des Wagens).

Man sieht also:

Arbeit ist das Produkt aus der aufgebrachten Kraft und dem zurückgelegten Weg:

$W = F \cdot s$ [Nm]

Darin bedeuten:

F = Kraft in N

s = Weg in m

> **Arbeit ist Kraft mal Weg.**

Voraussetzung dazu: Kraftrichtung und Wegrichtung müssen übereinstimmen.

Auch Gase können Arbeit verrichten. Dies geschieht z. B. in Turbo- und Kolbenmaschinen.

Beispiel:

Auf den Kolben einer Verbrennungsmaschine, z. B. Motor eines Autos, wirkt eine Kraft von 981 N (100 kg · 9,81) ein. Diese Kraft entsteht durch den Druck der Verbrennungsgase. Wenn der Kolben unter der Einwirkung dieser Kraft 0,02 m zurücklegt, beträgt die Arbeit $W = 981$ N · 0,02 m = 19,62 Nm = 19,62 J (Bild 31).

Soll ein Gas einer Kolbenmaschine verdichtet werden (Verdichter), dann muß vom Antriebsmotor die Arbeit verrichtet werden, um den Kolben gegen den Druck des Gases vorwärts zu bewegen. Wie schon erklärt, bedeutet Leistung Arbeit in einer bestimmten Zeit.

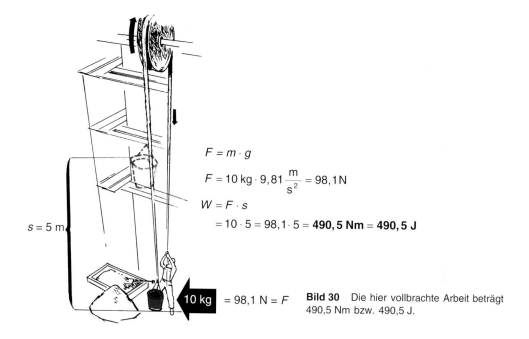

$$F = m \cdot g$$

$$F = 10\,kg \cdot 9,81\,\frac{m}{s^2} = 98,1\,N$$

$$W = F \cdot s$$

$$= 10 \cdot 5 = 98,1 \cdot 5 = \textbf{490,5 Nm} = \textbf{490,5 J}$$

$s = 5\,m$

$10\,kg = 98,1\,N = F$

Bild 30 Die hier vollbrachte Arbeit beträgt 490,5 Nm bzw. 490,5 J.

Wenn das Pferd des Beispiels auf Seite 62 100 Sekunden dazu braucht, eine Arbeit von 30 000 Nm zu verrichten, so wären das in 1 Sekunde 300 Nm. Könnte das Pferd diese Arbeit in 50 Sekunden vollbringen, so wäre das in 1 Sekunde 600 Nm. Im letzteren Fall ist die Leistung größer geworden, denn die dazu benötigte Zeit wurde kleiner. Aus dieser Erklärung läßt sich unschwer eine Formel für die Berechnung der Leistung aufstellen.

$$\text{Leistung} = \frac{\textbf{Arbeit}}{\textbf{Zeit}} = \frac{\textbf{Kraft} \cdot \textbf{Weg}}{\textbf{Zeit}}$$

$$P = \frac{F \cdot s}{\tau} = \frac{W}{\tau}$$

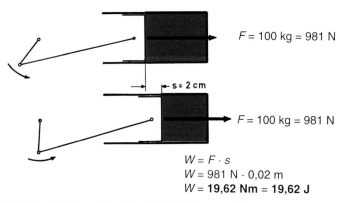

$$F = 100\,kg = 981\,N$$

$s = 2\,cm$

$$F = 100\,kg = 981\,N$$

$$W = F \cdot s$$
$$W = 981\,N \cdot 0,02\,m$$
$$W = \textbf{19,62 Nm} = \textbf{19,62 J}$$

Bild 31 Die hier vollbrachte Arbeit beträgt 19,62 Nm = 19,62 J.

Wird als Einheit der **Kraft** Newton (N), als Einheit des **Weges** Meter (m) und als Einheit der **Zeit** Sekunde (s) gewählt, ergibt sich die Einheit der Leistung in:

$$\frac{Nm}{s} = \frac{J}{s} = W \text{ (Watt)}. \qquad\qquad (J \text{ Watt}, \text{ engl. Ingenieur } 1736/1819)$$

1000 W = 1 kW (Kilowatt)

Die Leistung des Pferdes im vorgenannten Beispiel beträgt damit bei einem Zeitaufwand von 100 Sekunden:

$$P = \frac{300\,Nm}{s} = 300\,\frac{J}{s} = 300\,W = 0,3\,kW$$

bzw.

$$P = \frac{600\,Nm}{s} = 600\,\frac{J}{s} = 600\,W = 0,6\,kW$$

Leistung ist Arbeit dividiert durch die dafür benötigte Zeit.

Weiteres Beispiel:

Ein Kran hat eine Last von 10 t 12 m hoch zu heben. Wie groß muß die Antriebsleistung sein, wenn dies in 5, 8, 12 oder 15 Sekunden geschehen soll?

Die Arbeit ist immer die gleiche. Sie beträgt Gewichtskraft · Weg (Höhe).

$$\begin{aligned}
W &= F \cdot s \\
&= m \cdot g \cdot s \\
&= 10\,000 \text{ kg} \cdot 9,81 \; \frac{m}{s^2} \cdot 12 \text{ m} \\
&= 98\,100 \; \frac{kg\,m}{s^2} \cdot 12 \text{ m} \\
&= 1\,177\,200 \text{ Nm} = 1\,177\,200 \text{ J}
\end{aligned}$$

Die Leistung ist:

$$P = \frac{W}{\tau}$$

Daraus errechnet sich die Antriebsleistung in W bzw. kW bei 5 Sekunden

$$P = \frac{1\,177\,200\,Nm}{5\,s} = \mathbf{235\,440\,W = 235,44\,kW}$$

bei 8 Sekunden

$$P = \frac{1\,177\,440\,Nm}{8\,s} = \mathbf{147\,150\,W = 147,15\,kW}$$

bei 12 Sekunden

$$P = \frac{1\,177\,440\,Nm}{12\,s} = \mathbf{98\,100\,W = 98,1\,kW}$$

bei 15 Sekunden

$$P = \frac{1\,177\,440\;\text{Nm}}{15\;\text{s}} = 78\,480\;\text{W} = 78,48\;\text{kW}$$

Aus den Berechnungen ist deutlich zu ersehen, daß die Leistung größer wird, wenn eine bestimmte Arbeit in einer kürzeren Zeit bewältigt wird.

> **Um die Begriffe Arbeit und Leistung klar zu trennen, sollte man nie sagen „man leistet Arbeit", sondern „man verrichtet Arbeit" oder „man bringt Arbeit auf". Auch die Wortbildung „Arbeitsleistung" ist falsch und irreführend.**

Aufgaben

Lösen Sie folgende Aufgaben (Lösungen S. 200):

1. Was versteht man unter dem Aggregatzustand eines Stoffes?

2. In welchen Zustandsformen kann ein Stoff vorkommen?

3. Von welchen Faktoren ist die Zustandsform eines Stoffes abhängig?

4. Wie bezeichnet man die Temperatur an dem Punkt wo:
   a) ein fester Stoff flüssig wird?
   b) ein flüssiger Stoff fest wird?
   c) ein flüssiger Stoff verdampft?
   d) ein dampfförmiger Stoff sich verflüssigt?

5. Bei wieviel °C verdampft bei einem Luftdruck von 1013 mbar
   a) Wasser?
   b) Glycerin?
   c) Ammoniak?
   d) R 22?

6. Welche Verdampfungstemperatur hat R 22 bei den angegebenen absoluten Drücken?
   a) 3,56 bar
   b) 9,17 bar
   c) 5,00 bar
   d) 4,37 bar

7. Was versteht man unter:
   a) Dämpfen?
   b) Gasen?

8. Von welchen Faktoren sind Dichten von Gasen abhängig?

9. Welche Dichten haben folgende Gase bei 273,15 K (0 °C) und 1013 mbar?
   a) Luft
   b) Wasserstoff
   c) Helium

10. Welche Dichte hat flüssiges Kältemittel R 22 bei 0 °C und 5,0 bar?

11. Was versteht man unter dem spezifischen Volumen v von Stoffen (Gasen)?

12. Welches spezifische Volumen hat:
    a) Wasser?
    b) Eis?
    c) Wasserstoff?

10. Der Wirkungsgrad

Der Begriff Wirkungsgrad spielt in der Physik und insbesondere auch in der Technik eine sehr wichtige Rolle. Was versteht man darunter? Mit dem Wirkungsgrad gibt man an, welchen Teil einer aufgewendeten Leistung man tatsächlich als Nutzleistung erhält.

Am Beispiel eines Getriebes mag dies erklärt werden (Bild 32). Ein Motor mit einer bekannten Leistung von 736 kW wird in einem größeren Zahnradgetriebe untersetzt. Eine Leistungsmessung zeigt, daß am Ende des Getriebes nur noch 700 kW vorhanden sind. Wo sind die restlichen 36 kW hingekommen? Sie wurden in den Zahnrädern durch Reibung in Wärme verwandelt, sie sind also als mechanische Arbeit verloren. Man mag nun denken, 36 kW, das ist eine riesige Verlustleistung, denn damit könnte man ja schon ein Auto antreiben. Das ist zwar richtig, aber die 36 kW, bezogen auf 736 kW Anfangsleistung, sind nur 5%. Für die Beurteilung physikalischer oder technischer Vorgänge ist es nicht so wichtig, die zahlenmäßige Verlustleistung zu wissen, viel aufschlußreicher ist die prozentuale Verlustleistung. Wieviel Prozent von der aufgewendeten Leistung kann ich praktisch ausnutzen? Um solche Fragen beantworten zu können, wurde der Begriff des Wirkungsgrades eingeführt. Man dividiert die erhaltene ausnutzbare Leistung durch die aufgewendete Leistung, und hat damit den Wirkungsgrad, den man mit η (sprich eta) bezeichnet.

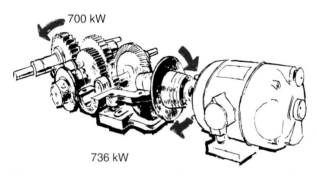

700 kW

736 kW

Bild 32 In einem Getriebe wird ein Teil der Energie durch Reibung in Wärme verwandelt (Reibungsverlust)

Es ist also:

$$\eta = \frac{\text{Nutzleistung}}{\text{Aufgewendete Leistung}} = \frac{P_2}{P_1} = \frac{\text{Nutzarbeit}}{\text{Aufgewendete Arbeit}} = \frac{W_2}{W_1}$$

Bei unserem Beispiel beträgt der Wirkungsgrad η des Getriebes

$$\eta = \frac{700 \text{ kW}}{736 \text{ kW}} = 0,95 \quad \text{oder} \quad 95\%$$

Auf ähnliche Weise läßt sich der Wirkungsgrad für alle möglichen Vorgänge berechnen.

> **Der Wirkungsgrad gibt immer an, wie groß das Verhältnis Nutzleistung zur aufgewendeten Leistung ist (bzw. das Verhältnis Nutzarbeit zur aufgewendeten Arbeit).**

11. Wärmeäquivalent

Mechanische Arbeit kann in Wärme umgewandelt werden. Man kann das z. B. durch Reibung bewerkstelligen. Umgekehrt kann Wärme in Arbeit umgewandelt werden. Da aber auch elektrischer Strom in Wärme umgewandelt werden kann (Heizwendel, Heizkissen usw.), sind Arbeit, Wärme und elektrische Energie zahlenmäßig umrechenbar.

Nach dem Gesetz sind die Einheiten für mechanische Arbeit, Wärme (Wärmemenge) und (elektrische) Energie die gleichen:

$$1 \, \text{Nm} = 1 \, \text{J}$$

Aus der Beziehung:

$$\text{Leistung} = \frac{\text{Arbeit}}{\text{Zeit}} \quad \text{oder} \quad P = \frac{W}{\tau}$$

läßt sich die Arbeit aus der Leistung und der Zeit berechnen:

$$\text{Arbeit} = \text{Leistung} \cdot \text{Zeit}$$

Wählt man als Leistungseinheit das Watt (W), als Zeiteinheit die Sekunde, wird die Arbeitseinheit W · s = Ws (Wattsekunde).

Damit ist:

$$1 \, \text{Nm} = 1 \, \text{J} = 1 \, \text{Ws}$$

$$1 \, \text{Wh (Wattstunde)} = 3600 \, \text{Ws (Wattsekunden)}$$

$$1 \, \text{kWh (Kilowattstunde)} = 1000 \cdot 3600 \, \text{Ws} = 3600\,000 \, \text{J} = 3600 \, \text{kJ}$$

Eine Umrechnung von einer in eine andere Einheit ist demnach nicht mehr erforderlich. Dies ist einer der großen Vorzüge der neuen SI-Einheiten.

Zwischen elektrischer Energie und Wärme besteht eine feststehende Beziehung. Verwandelt man 1 kWh (also eine Kilowattstunde) in Wärme, dann erhält man 3600 kJ. Den hier zutage tretenden Zusammenhang zwischen elektrischen und Wärmeeinheiten nennt man das **elektrische Wärmeäquivalent**.

Hat also ein Tauchsieder eine Leistung von 1000 Watt (1 kW), dann leistet er, in Wärme ausgedrückt 3600 kJ/h (Bild 33).

Zu beachten ist der Unterschied zwischen kW und kWh. Die Bezeichnung Kilowatt (1000 Watt) legt eine Leistung fest. Eine Glühlampe kann beispielsweise 100 W leisten oder ein Elektromotor 1500 W. Brennt diese Glühlampe nun 2 Stunden, dann werden 2 · 100 = 200 Wh Strom verbraucht. Die Bezeichnung kWh oder Wh legt also eine Arbeit fest.

Ein Tauchsieder von 1 kW Leistung erzeugt selbstverständlich 3600 kJ **pro Stunde**. Wenn dieser Tauchsieder nur 30 Minuten in Betrieb ist, dann erzeugt er nur 3600 · 0,5 = 1800 kJ **in einer halben Stunde**; das bedeutet aber nach wie vor eine Leistung von 3600 kJ/h.

Mit anderen Worten ausgedrückt heißt das:

Hat ein elektrisches Heizgerät eine Leistung von 1000 W, dann können stündlich damit 3600 kJ erzeugt werden, also 1 kW ≙ 3600 kJ/h. Hat ein elektrisches Heizgerät 1000 Wh verbraucht (am Zähler abzulesen), dann wurden damit 3600 kJ Wärme erzeugt. Die 1000 Wh können sich aus einer beliebigen elektrischen Leistung ergeben haben. Hätte der Heizkörper 100 W, dann müßte er 10 Stunden brennen, um auf 1000 Wh, also 3600 kJ, zu kommen; hätte er 500 W Leistung, dann dauerte es nur 2 Stunden usw.

1 kW

1 kW ≙ 3600 kJ/h
1 kWh ≙ 3600 kJ

Bild 33 Bildliche Darstellung des elektrischen Wärmeäquivalents
(1 kWh ≙ 3600 kJ)

Es ist vornehmlich im Lernbetrieb und der technischen Literatur streng darauf zu achten, daß die Einheiten cal, kcal, kp, kpm, PS und alle davon abgeleiteten Einheiten nicht mehr verwendet werden.

Für **Arbeit, Energie** und **Wärmemenge** sind die Einheiten

Nm, J und Ws

sowie ihre Vielfachen

kJ, Wh und kWh

zu verwenden.

Für **Leistung, Energiestrom** und **Wärmestrom** (Wärmeleistung, Kälteleistung) sind die Einheiten

$$\frac{Nm}{s} ; \frac{J}{s} = W$$

sowie ihre Vielfachen

$$\frac{kJ}{s} = kW \text{ zu verwenden.}$$

Wie bei elektrischen Heizgeräten werden auch bei anderen Heizungen (Warmwasser, Warmluft u. a.) die Heizleistungen in W oder kW angegeben.

12. Gesetz von der Erhaltung der Energie

Wird eine Masse eine bestimmte Höhe hochgehoben, dann ist die aufgewendete Arbeit in Form von Energie in diese Masse übergegangen. Man kann nämlich zu einem beliebigen Zeitpunkt die Masse wieder fallen lassen und dadurch die gleiche Arbeit zurückgewinnen. Dies geschieht z. B. bei einem einfachen Rammbär, den man hochzieht und fallen läßt, um mit dem Fallgewicht Pfähle in die Erde zu treiben. Fährt z. B. ein Auto, wird die mit dem Treibstoff dem Motor zugeführte chemische Energie in Wärme umgesetzt. Diese Wärme wird zum Teil in mechanische Energie umgewandelt (innere Reibung in Motor, Lagern, Getriebe) sowie in Energie für die Fortbewegung, d. h. Zugkraft · Fahrweg, und zum Teil geht auch Wärme ungenutzt an die Umgebung über (Abgase, Abstrahlung und Ableitung von Motor, Kühler). Auch die Reibungsarbeit wird wieder in Wärme umgesetzt und geht an die Umgebung über. Demnach wird nur ein Bruchteil der zugeführten Energie als mechanische Arbeit nutzbar gemacht. Die erforderliche Zugkraft entspricht dem Fahrwiderstand des Fahrzeugs (Luftwiderstand, Reifenhaftung, Rollwiderstand).

Auch das Pferd, das den Wagen zieht, wandelt nur Energie um, nämlich die Energie, die in seiner Nahrung gebunden war und nun wieder frei wird. Ähnlich verhält es sich mit dem Treibstoff des Autos. Das Erdöl, dessen Ausgangsprodukt, wurde vor Jahrtausenden durch Einwirkung von hohem Druck und Temperatur, d. h. durch Wärmeeinwirkung gebildet wurde, enthält Energie, die über sehr lange Zeiträume aufgespeichert ist. Diese Energie wird im Motor wieder umgesetzt. Der Treibstoff kann auch synthetisch, d. h. durch chemische Umwandlungsprozesse, die etwa den Vorgängen in der Natur entsprechen, gewonnen werden. Das Auto kann physikalisch als ein Gerät angesehen werden, mit dem Energie umgeformt wird; der Arbeitsaufwand für die Bewegung ist bei dieser Betrachtung nur eines der „Produkte" der Energieumwandlung.

> **Energie geht nicht verloren, sie wird nur umgewandelt.**

Aus diesem Gesetz von der Erhaltung der Energie ergibt sich eindeutig, daß niemals unmittelbar Kälte erzeugt werden kann; dies hieße Energie vernichten. Soll mit mechanischen Einrichtungen gekühlt werden, ist das nur möglich, daß mit Energieaufwand die dem zu kühlenden Objekt entzogene Wärme auf ein höheres Temperaturniveau gepumpt und an einen anderen Wärmeträger (Kühlwasser, Umgebung) abgeführt wird. Es muß dafür gesorgt werden, daß durch ein Temperaturgefälle die Wärme von dem zu kühlenden Gut abgeführt werden kann.

Aufgaben

Lösen Sie folgende Aufgaben (Lösungen S. 201):

1. Was versteht man unter dem Druck p?

2. Was versteht man unter der gesetzlichen Druckeinheit Pascal (Pa)?

3. Was versteht man unter der Druckeinheit bar und mbar?

4. Was zeigen unsere Manometer bei normalem atmosphärischem Luftdruck an?

5. Was muß man tun, um den wirklichen (absoluten) Druck, der für die thermodynamischen Zustandsrechnungen erforderlich ist, zu kennen?

6. Wenn wir annehmen, daß der Druck in Meereshöhe etwa 1 bar beträgt, wie hoch ist dann der absolute Druck, wenn am Manometer einer R 22-Anlage folgende Drücke abgelesen werden?

   23,146 bar

   0 bar

   0,794 bar

7. In einem Verflüssiger herrscht ein Druck (mit Manometer gemessen) von 8,823 bar.

   Wieviel „psi" sind das?

8. Das Saugmanometer einer Kälteanlage, die mit R 22 arbeitet, zeigt einen Druck von 2,63 bar an. Welche Sättigungstemperatur ist nach der Dampfdrucktafel 9, S. 100, diesem Druck zugeordnet?

9. Was versteht man unter dem Begriff Arbeit?

10. Was versteht man unter dem Begriff Leistung?

11. Was bringt die Einheit 1 Nm zum Ausdruck?

12. Welche Arbeit wird verrichtet (in Nm, J und Ws), wenn ein Sack von 50 kg, 4 m hoch transportiert wird?

13. Wie lange braucht ein Motor mit einer Leistung von 4 kW, um 10 m^3 Wasser 20 m hoch zu pumpen?

14. Ein Zahnradgetriebe wird von einem Motor mit einer Leistung von $P_1 = 16$ kW angetrieben. Am Getriebeende ist noch eine Leistung von $P_2 = 14$ kW vorhanden.

Wie groß ist der Wirkungsgrad des Getriebes?

Thermodynamik

1. Allgemeines

Das Wissensgebiet der Thermodynamik wird oft auch Wärmelehre genannt. In der physikalischen Literatur ist jedoch die Bezeichnung Thermodynamik häufiger anzutreffen. Dieses Wort bezeichnet die Dinge, um die es dabei geht, besser als das Wort Wärmelehre. Bekanntlich kommt das Wort „Thermo" aus dem Griechischen und bedeutet Wärme. In den Bezeichnungen Thermosflasche, Thermosbehälter usw. ist es ebenfalls zu finden. Dynamik ist die Lehre von den Bewegungen. Die Thermodynamik befaßt sich also demnach mit „Wärmebewegungen". Es handelt sich hierbei um Vorgänge, bei denen aus Bewegungen Wärme entsteht oder Vorgänge, bei denen durch Wärme Bewegungen verursacht werden. Vielfach wird auch Wärme von einem Platz zu einem anderen bewegt. Bewegung ist überhaupt der Schlüsselbegriff für das Verständnis aller thermischen Vorgänge. Im Grunde genommen ist das, was wir als Wärme empfinden, nichts anderes als Bewegung. Die Moleküle eines Stoffes sind in Bewegung, und je schneller diese Bewegung ist, um so höher ist die Temperatur. Das Wort Thermodynamik bezeichnet also den Kern der Dinge besser als das Wort Wärmelehre.

2. Die Temperatur

Die Temperatur ist eine der wichtigsten Bestimmungsgrößen in der Thermodynamik. Zu ihrer Messung gibt es die verschiedenartigsten Instrumente und zu ihrer zahlenmäßigen Festlegung verschiedene Temperaturskalen.

Nach dem Gesetz ist die Basisgröße für die Temperatur die **thermodynamische Temperatur** (früher auch als Kelvin-Temperatur bezeichnet). Das Kurzzeichen für die thermodynamische Temperatur ist K; sprich: Kelvin (nicht mehr °K). Genannt wird diese Temperatur nach dem englischen Physiker *W. Thomsen*, nach seiner Adelung *Lord Kelvin*, 1824/1904).

Die Basiseinheit 1 Kelvin ist der 273,16te Teil der thermodynamischen Temperatur des Tripelpunktes des Wassers. Der Schnittpunkt von drei Gleichgewichtskurven wird als Tripelpunkt bezeichnet. In diesem Tripelpunkt können z. B. Eis, flüssiges Wasser und Wasserdampf im Gleichgewicht dauernd nebeneinander bestehen, was für keinen anderen Zustandspunkt der Fall ist. Für Wasser liegt der Tripelpunkt in unmittelbarer Nähe des normalen Erstarrungspunktes, nämlich bei +0,01 °C. Der Nullpunkt für die thermodynamische Temperatur liegt damit bei −273,15 °C.

> **0 K = −273,15 °C .**

Der Grad Celsius (°C) ist nach der Ausführungsverordnung bei Angabe von Celsius-Temperaturen ein **besonderer Name** für Kelvin.

Bisher wurde diese thermodynamische Temperatur als „Absolute bzw. Kelvin-Temperatur (°K) bezeichnet. Diese Bezeichnung ist nicht mehr zugelassen. Auch die Schreibweise „grd" ist nicht mehr zulässig. Für Temperaturdifferenzen ist die Einheit K zu verwenden.

> **Für technische Rechnungen genügt die Beziehung 0 K = −273 °C.**

2.1 Temperaturmeßgeräte

Das bekannteste Temperaturmeßgerät ist das Flüssigkeitsthermometer (Bild 1). In einer kleinen Glaskugel, in die ein dünnes Glasröhrchen mündet, befindet sich eine Flüssigkeit, die sich bei Erwärmung (wie alle Stoffe) ausdehnt und beim Abkühlen zusammenzieht. Aus der Längenänderung des Flüssigkeitsfadens kann man, falls eine geeichte Skala vorhanden ist, die Temperatur direkt ablesen.

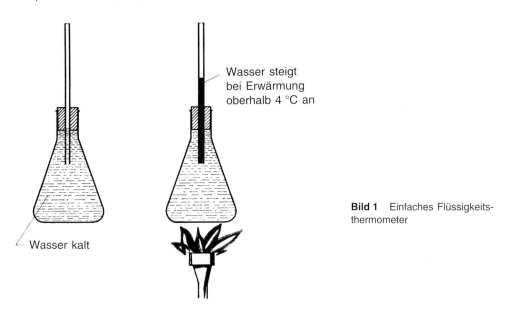

Wasser steigt
bei Erwärmung
oberhalb 4 °C an

Wasser kalt

Bild 1 Einfaches Flüssigkeitsthermometer

Diese Thermometer lassen sich jedoch nur für bestimmte Temperaturbereiche verwenden. Bei sehr tiefen Temperaturen können die Thermometerflüssigkeiten erstarren und sich daher im Glasröhrchen nicht mehr bewegen. Bei hohen Temperaturen besteht die Möglichkeit, daß die Flüssigkeitsfüllung siedet, also verdampft, so daß also auch hier das Thermometer nicht mehr zu verwenden ist.

Für normale Temperaturbereiche verwendet man meistens Quecksilber als Thermometerflüssigkeit.

Da der Erstarrungspunkt des Quecksilbers jedoch schon bei 234,25 K (−38,9 °C) liegt, sind Thermometer dieser Art nur bis rd. 243,15 K (−30 °C) zu verwenden. Der obere Anwendungsbereich liegt bei rd. 575 K (+300 °C).

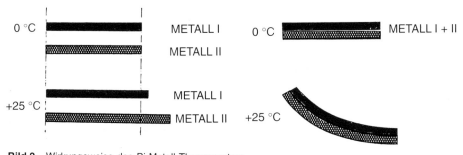

0 °C — METALL I
METALL II

0 °C — METALL I + II

+25 °C — METALL I
METALL II

+25 °C

Bild 2 Wirkungsweise des Bi-Metall-Thermometers

72

Tiefere Temperaturen bis rd. 173 K (−100 °C) kann man mit alkoholgefüllten Thermometern messen, bei denen die obere Temperaturgrenze aber schon bei 323 K (+50 °C) liegt.

Anders sind z. B. die sogenannten Bi-Metall-Thermometer (Bild 2) aufgebaut, bei denen ebenfalls temperaturbedingte Längenänderungen von Stoffen ausgenutzt werden. Es handelt sich um 2 verschiedenartige Metallstreifen, die fest miteinander verbunden sind. Steigt die Temperatur z. B. an, dann wird das Metall des einen Bestandteils sich mehr ausdehnen als das Metall des anderen. Es handelt sich dabei allerdings nur um minimale Längenänderungen und Ausdehnungsdifferenzen.

Da aber beide Metalle fest miteinander verbunden sind, entsteht im Bi-Metall-Streifen eine Spannung, so daß sich der Streifen seitlich verbiegt. Diese Ausbiegung wird über ein Hebelwerk auf einen Zeiger übertragen, der dann die Temperatur direkt anzeigt. Bi-Metall-Thermometer sind auch für relativ tiefe Temperaturen geeignet. Nach oben sind sie in ihrem Anwendungsbereich durch die verwendeten Metalle begrenzt.

Sehr hohe Temperaturen, wie sie z. B. in Hochöfen usw. vorkommen, werden mit Strahlungsthermometern gemessen, bei denen man meistens die Wärmestrahlung als Ausgangsgröße benutzt.

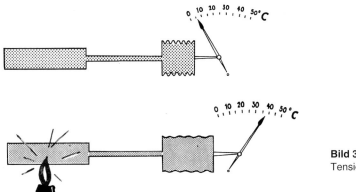

Bild 3 Wirkungsweise des Tensionsthermometers

Eine ebenfalls sehr weit verbreitete Art sind die sogenannten Tensionsthermometer (Bild 3). Hier wird die Temperatur mit Hilfe von Druckschwankungen gemessen. In einem Fühlelement befindet sich eine Dampffüllung, die ihren Druck bei Temperaturveränderungen verändert. Steigt die Temperatur an, wird der Dampfdruck größer, fällt die Temperatur, vermindert sich der Dampfdruck. Der Dampfdruck wird nun über eine Membrane oder ein Wellrohr auf ein Hebelwerk, welches den Temperaturanzeiger bewegt, übertragen. Die geeichte Skala zeigt dann direkt die Temperatur an.

Genaue Temperaturmessungen lassen sich auch mit Hilfe des elektrischen Stromes erreichen. Die elektrische Leitfähigkeit aller Metalle ändert sich nämlich mit der Temperatur. Man braucht also nur einen dünnen Draht zu nehmen, meistens Platin, und durch ihn einen elektrischen Strom zu leiten (Bild 4).

Je nach der Temperatur des Drahtes fließt − bedingt durch die Änderung der Leitfähigkeit − mehr oder weniger Strom durch ihn. Die Änderungen der Stromstärke werden verstärkt und mit Hilfe feiner Geräte gemessen. Die gemessenen Werte können auf einer geeichten Skala direkt als Temperaturwerte abgelesen werden. Temperaturmeßgeräte dieser Art lassen sich insbesondere zur Fernmessung verwenden. Auch Tensionsthermometer werden häufig als Fernthermometer benutzt.

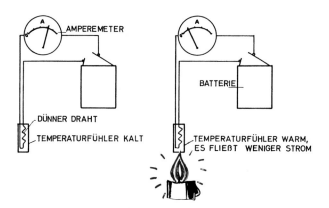

Bild 4 System des elektrischen Widerstandsthermometer

2.2 Die verschiedenen Temperaturmeßsysteme und ihre Bezugspunkte

Aus Erfahrung ist uns bekannt, daß die Temperaturen veränderlich sind. Tiefe Temperaturen bezeichnen wir als kalt, höhere als warm oder heiß. Die Bezeichnungen kalt und heiß sind jedoch rein relative Begriffe, die sich aus dem menschlichen Wärmeempfinden herleiten. So empfinden wir z. B. Temperaturen schon als sehr kalt, bei denen sich bestimmte Polartiere gerade wohlfühlen. Unsere normalen Temperaturen würden diese Tiere demgemäß als sehr warm empfinden. Die Bezeichnungen kalt und warm sind also vom Menschen geschaffen und nur durch sein Wohlbefinden bestimmt.

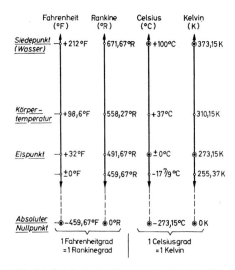

Bild 5 Die verschiedenen Temperaturskalen

Die Maßeinheit der Temperatur ist das Grad. Auch die Größe eines Grades ist eine rein willkürliche Festlegung. Dadurch kommt es, daß es in den verschiedenen Ländern der Erde verschieden große Temperaturgrade gibt (Bild 5). In den europäischen Staaten – außer England – rechnet man heute noch mit der sogenannten **Celsius-Skala**. Bei der Celsius-Skala wurde der Gefrierpunkt (Eispunkt) des Wassers als 0-Punkt angenommen. Temperaturen unter 0 erhalten ein negatives Vorzeichen, Temperaturen darüber sind positiv. Dem Siedepunkt des Wassers wurde die Temperatur + 100 °C zugeordnet. Die Strecke zwischen den beiden Punkten wurde nun auf dem Thermometer einfach in 100 gleiche Teile unterteilt, damit war die Größe eines Celsiusgrades gegeben.

Für Temperaturen, die vom Eispunkt aus gemessen werden, also für Werte, die auf der Thermometer-Skala abgelesen werden, wird die Maßeinheit der Temperatur mit „**°C**" abgekürzt

74

(z. B. Raumtemperatur +20 °C, Verdampfungstemperatur – 5 °C, usw.). Bei Temperaturänderungen, Temperaturdifferenzen und Temperaturspannungen schreibt man dagegen nur noch K (z. B. die Temperaturdifferenzen zwischen einer Raumtemperatur von + 20 °C und einer Verdampfungstemperatur von – 5 °C beträgt 25 K, nicht mehr 25 grd).

Als Formelzeichen für die Temperatur verwendet man ein kleines „t" oder den griechischen Buchstaben „ϑ" (sprich: Theta). Das Ausweichen auf den griechischen Buchstaben ist immer dann unumgänglich, wenn in einer Formel oder einem Sachgebiet die Zeit mit dem Formelzeichen t bezeichnet wird.

In Amerika und den englisch sprechenden Ländern benutzt man heute noch die **Fahrenheit-Skala**. Bei dieser Skala liegt der Temperatur-0-Punkt unter dem Gefrierpunkt des Wassers, und zwar liegt er 32 Grad Fahrenheit (das sind 17,8 Grad Celsius = 17,8 K) unter dem Gefrierpunkt. Wasser friert also nach Fahrenheit gemessen bei + 32 °F. Diesen Punkt wählte Fahrenheit, weil diese Temperatur bei der Festlegung der Fahrenheit-Skala die tiefste zu dieser Zeit gemessene Temperatur war. Der Temperaturbereich zwischen Gefrierpunkt und Siedepunkt des Wassers wurde von Fahrenheit auf seiner Skala in 180 Teile eingeteilt, so daß der Siedepunkt des Wassers bei + 212 °F liegt. Auf 5 Celsiusgrade entfallen demnach 9 Fahrenheitsgrade.

Daraus ergibt sich:

1 Grad Fahrenheit = 0,55 Grad Celsius	**1 Grad Celsius = 1,8 Grad Fahrenheit**

Temperaturangaben in °F oder °C werden nach folgenden Formeln umgerechnet:

$$°C = \frac{5}{9} \cdot (°F - 32) \qquad °F = \frac{9}{5} \cdot °C + 32$$

Beispiele:

a) eine Verflüssigereinheit arbeitet mit einer Verflüssigungstemperatur von +120 °F. Wieviel °C sind dies?

$$°C = \frac{5}{9} \cdot (°F - 32)$$

$$= \frac{5}{9} \cdot (120 - 32)$$

$$= \frac{5}{9} \cdot 88 = \mathbf{48,9 \, °C}$$

b) Die Temperatur eines Tiefkühllagerraumes beträgt –23 °C. Wieviel °F sind dies?

$$°F = \frac{9}{5} \cdot °C + 32$$

$$= \frac{9}{5} \cdot - 23 + 32$$

$$= - 41,4 + 32 = \mathbf{- 9,4 \, °F}$$

Auf dem Grad Fahrenheit als Einheit ist auch die sogenannte **Rankine-Skala** aufgebaut, bei der der im nächsten Abschnitt erläuterte absolute Nullpunkt bei 0 °R = 0 K (d. h. 0° Rankin = 0 Kelvin) liegt. Diese Skala findet man des öfteren in der Technik verwendet, wobei man aber das Zeichen °R nicht mit dem früheren, jetzt veralteten Grad Réaumur verwechseln darf.

2.3 Die thermodynamische (absolute) Temperatur

Wir haben gesehen, daß die heute verwendeten Temperaturskalen willkürlich festgelegte 0-Punkte haben. Damit liegt die Frage nahe, ob es einen tatsächlichen absoluten 0-Punkt gibt und wo derselbe liegt. In Wirklichkeit gibt es tatsächlich eine absolute untere Temperaturgrenze, die niemals unterschritten werden kann. Sie liegt bei – 273 °C (genau bei – 273,15 °C). Man nennt diesen Punkt den absoluten 0-Punkt oder auch 0 K (sprich 0 Kelvin) siehe Abschnitt 2.2).

Die absolute Temperatur ist für thermodynamische Berechnungen unentbehrlich. Die Temperaturabschnitte °C und K sind gleich groß, nur die 0-Punkte liegen verschieden.

Temperaturangaben in °C oder K werden wie folgt umgerechnet:

$$°C = K - 273 \qquad K = °C + 273$$

Bei den meisten thermodynamischen Berechnungen müssen Temperaturen in K eingesetzt werden. Als Formelzeichen verwendet man ein großes „T" oder, wenn man einen griechischen Buchstaben einzusetzen hat, den Großbuchstaben Theta „Θ". Dies erfolgt zum Unterschied gegenüber den Angaben in °C für die man wie vorstehend erwähnt die Formelzeichen „t" bzw. „ϑ" verwendet.

Beispiel:

a) In einem R 22-Verdichter wurde am Verteilerkopf eine Gastemperatur von +65 °C gemessen. Wieviel K sind dies?

$$K = °C + 273 = 65 + 273 = \textbf{338 K}$$

b) Der thermische Wirkungsgrad eines Verdichters errechnet sich nach der Formel

$$\eta_{th} = 1 - \frac{T_2}{T_1}$$

Nimmt man an, daß $T_1 = 333$ K und $T_2 = 293$ K wäre, dann ergibt sich

$$\eta_{th} = 1 - \frac{293}{333} = 1 - 0,88 = \textbf{0,12}$$

Würde man nun die Werte von T in °C einsetzen, dann ergäbe sich ein völlig falsches Ergebnis, wie man leicht nachprüfen kann (333 K = +60 °C, 293 K = +20 °C).

Steht jedoch irgendwo ein Ausdruck $T_1 - T_2$, dann kann man ihn ohne weiteres durch $t_1 - t_2$ ersetzen.

2.4 Zusammenfassung der Temperaturskalen

Nachfolgend sollen nochmals die z. Z. in Wissenschaft und Technik gebräuchlichen Temperaturskalen zusammengefaßt werden. (Das Zeichen $\cong$ bedeutet „entspricht".)

a) **Celsius-Temperaturskala**

    −273,15 °C: Absoluter Nullpunkt

        0 °C: Gefrierpunkt des Wassers (Eispunkt)

   +100 °C: Siedepunkt des Wassers

b) **Fahrenheit-Temperaturskala**

        0 °F $\cong$ −17,8 °C: Willkürlich als Thermometer-Nullpunkt gewählt

   +32 °F $\cong$ 0 °C: Gefrierpunkt des Wassers

 +212 °F $\cong$ +100 °C: Siedepunkt des Wassers

−459,67 °F $\cong$ 0 K $\cong$ −273,15 °C: Absoluter Nullpunkt

c) **thermodynamische Temperaturskala**

      0 K $\cong$ −273,15 °C: Absoluter Nullpunkt

273,15 K $\cong$ 0 °C: Gefrierpunkt des Wassers

373,15 K $\cong$ +100 °C: Siedepunkt des Wassers

d) **Rankine-Temperaturskala**

   Absoluter Nullpunkt

   0° R $\cong$ −459,67 °F $\cong$ −273,15 °C $\cong$ 0 K

Aufgaben

Lösen Sie folgende Aufgaben (Lösungen S. 202):

1. Was versteht man unter dem Begriff Wirkungsgrad?

2. Ein Hebekran hat einen Antriebsmotor von 280 kW. Mit diesem Kran werden zum Heben einer Last von 12000 kg um 10 m genau 5 Sekunden gebraucht.
   Wie groß ist der Wirkungsgrad des Hebekrans?

3. In einem Dampfkessel werden stündlich 300 kg Kohle mit einem Heizwert von Hu = 31,40 MJ/kg verbrannt. Die von dem Kessel tatsächlich abgegebene Leistung beträgt 6280,2 MJ/h.
   Wie groß ist der Kesselwirkungsgrad?

4. Ein Elektromotor nimmt 2600 Watt auf. Sein Wirkungsgrad beträgt 0,85. Wie groß ist die Wirkleistung in kW?

5. Ein Heizwiderstand von 1 kW entnimmt in 1 Std. die elektrische Arbeit 1 kWh.
   In welcher Zeit entnimmt diese Arbeit ein Heizwiderstand von
   a)   500 Watt?
   b)   2 kW?

6. Ein Verdichter hat eine Leistungsaufnahme von 3,5 kW. Wie groß ist das Wärmeäquivalent dieses Verdichters in kWh, kJ bzw. MJ?

7. Ein Raumklimagerät hat eine eingebaute elektrische Widerstandsheizung mit einer Leistung von 3000 Watt. Wieviel Wärme in Wh, kWh, kJ liefert diese Heizung stündlich?

8. Ein elektrischer Lufterhitzer hat eine Leistung von 5 kW. Wie groß ist die in 3 Std. abgegebene Wärmemenge in kWh, kJ bzw. MJ?

9. Was besagt das Gesetz von der Erhaltung der Energie?

3. Die spezifische Wärmekapazität

Die Temperatur kann man sich als ein Maß für die Intensität der Molekularbewegungen eines Stoffes erklären. Je intensiver, d. h. je schneller sich die Moleküle bewegen, um so höher ist die Temperatur. Die Molekularbewegungen können so heftig werden (bei hohen Temperaturen), daß sie die Struktur fester Stoffe auflösen, so daß die Stoffe flüssig werden. Bei noch höheren Temperaturen werden sie dann gasförmig (Bild 6). Die Temperatur ist jedoch nur eine Kenngröße für die Wärme selbst. Was ist aber nun Wärme?

> **Wärme ist eine Form der Energie**

Wärme ist immer an einen Wärmeträger, also an Materie gebunden. Im absolut leeren Raum kann es deshalb auch keine Wärme geben. Zu allen Vorgängen, die mit Wärme zu tun haben, sind demnach unbedingt Wärmeträger, also Stoffe, die die Wärme enthalten, erforderlich. Diese Stoffe können gasförmig, flüssig oder fest sein.

Wie bei jeder anderen Form der Energie, so interessiert natürlich auch bei der Wärme die Größe der Energie. Ehe wir uns nun der Bestimmung derselben zuwenden, soll uns ein Versuch einige Hinweise geben.

In zwei gleichgroßen Gefäßen (Bild 7) befinden sich Metallkugeln und Wasser. In beiden Gefäßen ist die gleiche Masse Wasser und die gleiche Masse Metall. Beide Mischungen haben die gleiche Anfangstemperatur, und beide Gefäße sind von gleicher Beschaffenheit. Jedes Gefäß wird nun auf eine elektrische Heizplatte gleicher Leistung gestellt. Wenn man

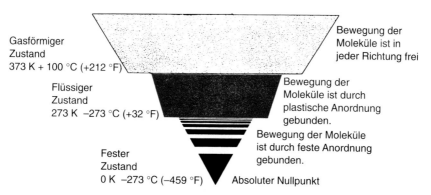

Bild 6 Die umgekehrte Pyramide illustriert die Theorie über die Natur der Wärme und ihren Einfluß auf die Temperatur. Als Substanz wurde für dieses Beispiel Wasser gewählt.

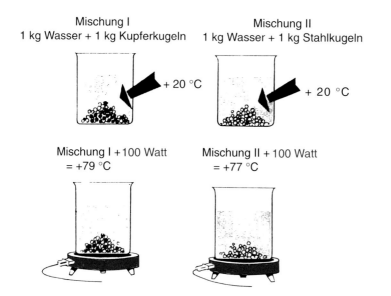

Bild 7 Bei Zuführung der gleichen Wärmemenge erhöht sich die Temperatur der Mischung I (Wasser–Kupfer) schneller als die Mischung II (Wasser–Stahl).

nun den Strom einschaltet, wird beiden Gefäßen die gleiche Energiemenge zugeführt. Mißt man die Temperaturen in beiden Gefäßen, so stellt man fest, daß sie sich unter dem Einfluß der Wärmezufuhr erhöhen. Es zeigt sich aber bald, daß sich die Temperatur der Mischung Wasser–Kupfer schneller erhöht, als die der Mischung Wasser-Stahl. Obwohl also jedem Gefäß die gleiche Energiemenge, also die gleiche Wärmemenge zugeführt wird, erhöhen sich die Temperaturen verschieden. Was besagt das?

Verschiedenen Stoffen müssen bei gleichen Massen verschieden große Wärmemengen zugeführt werden, um sie um 1 K (°C) zu erwärmen (Bild 9).

Bei der spezifischen Wärmekapazität hat man wie früher beim spezifischen Gewicht das Wasser als Normgröße benutzt. Es hat die spezifische Wärmekapazität $c = 4,19$ kJ/kg K. Alle anderen Stoffe werden mit Wasser verglichen. Hat ein Stoff z. B. die spezifische Wärmekapazität $c = 2,095$ kJ/kg K, so ist bei diesem Stoff die halbe Wärmemenge nötig, die man brau-

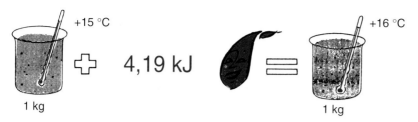

Bild 8 Führt man einer Wassermenge von 1 kg die Wärmemenge 4,19 kJ zu, erhöht sich ihre Temperatur um 1 Grad Celsius = 1 K

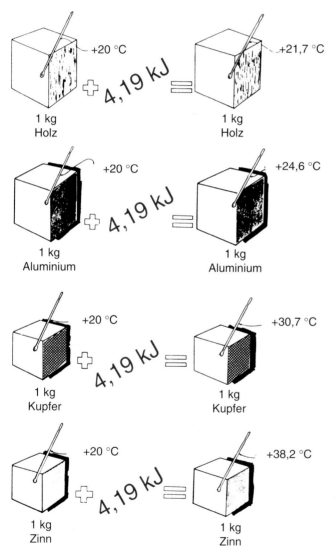

Bild 9 Führt man verschiedenen Stoffen gleich großer Gewichtsmenge (Masse) eine gleich große Wärmemenge zu, zeigt es sich, daß sich die einzelnen Stoffe unterschiedlich erwärmen.

chen würde, um die gleiche Menge Wasser um dieselbe Temperaturdifferenz zu erwärmen. Das gleiche gilt natürlich auch sinngemäß, wenn man Stoffe abkühlt. Hier gibt dann die spezifische Wärmekapazität an, wieviel Wärme im Verhältnis zu Wasser entzogen werden muß, um die gleiche Temperatursenkung zu erzielen.

Kupfer hat z. B. die spezifische Wärmekapazität $c = 0,39$ kJ/kg K. Wenn man also zur Erwärmung von beispielsweise 10 kg Wasser um eine ganz bestimmte Temperaturdifferenz 100 Wh Strom braucht, dann braucht man zur Erwärmung von 10 kg Kupfer, um dieselbe Temperaturdifferenz nur $0,39 \cdot 100 = 39$ Wh. Da die spezifische Wärmekapazität von Stahl $c = 0,46$ kJ/kg K ist, brauchte man zur Erwärmung von 10 kg Stahl, um die gleiche Temperaturdifferenz wie beim vorigen Beispiel $0,46 \cdot 100 = 46$ Wh. Aus diesem Grund erwärmte sich die Mischung Wasser–Stahl bei gleicher Wärmezufuhr langsamer, da die spezifische Wärmekapazität des Stahls größer ist als die des Kupfers.

Beispiel:

Zur Erwärmung einer Wassermenge von 50 kg von $+15\,°C$ auf $+52\,°C$ werden 2,150 Kilowattstunden benötigt. Wieviel Kilowattstunden werden gebraucht, um 50 kg Kupfer von $+15$ auf $+52\,°C$ zu erwärmen?

50 kg Wasser
    spezifische Wärmekapazität = 4,19 – 2,150 Kilowattstunden

50 kg Kupfer
    spezifische Wärmekapazität = 0,39 – ? Kilowattstunden
        $2,150 \cdot 0,39 = 0,838$ Kilowattstunden

Man sieht also, daß man zur Erwärmung des Kupfers erheblich weniger Wärmeenergie zuführen muß. Dies liegt in der niedrigen spezifischen Wärmekapazität begründet.

Je niedriger die spezifische Wärmekapazität eines Stoffes ist, um so weniger Wärmeenergie muß man diesem Stoff zuführen, um ihn um eine bestimmte Temperaturdifferenz zu erwärmen.

Je niedriger die spezifische Wärmekapazität eines Stoffes ist, um so weniger Wärmeenergie muß man diesem Stoff entziehen, um ihn um eine bestimmte Temperaturdifferenz abzukühlen (wichtig für die Bestimmung der Kälteleistung).

---

4. Die Einheit der Wärmemenge

Nach dem „Gesetz über Einheiten im Meßwesen (GEM)" ist die Einheit der Wärmemenge 1 J (1 Joule).

Da Wärme und Arbeit (Energie) gleichwertig (äquivalent) sind, ist 1 J auch die Einheit für Arbeit und Energie.

Nach der Begriffsbestimmung:

    Arbeit = Kraft · Weg,

ist 1 J gleich der Arbeit, die verrichtet wird, wenn der Angriffspunkt der Kraft 1 N (1 Newton) um 1 m verschoben wird.

      $1\,J = 1\,N \cdot 1\,m = 1\,Nm = 1\,W \cdot 1\,s = 1\,Ws$ (Wattsekunde)
    $1000\,J = 1\,kJ$

Die spezifische Wärmekapazität „c" ist diejenige Wärmemenge, die die Temperatur eines Körpers (Stoffes) mit der Masse 1 kg bzw. mit dem Volumen 1 m³ bei Gasen um 1 K zu erhöhen bzw. zu vermindern vermag. Die Einheit für die spezifische Wärmekapazität ist demnach in $\dfrac{kJ}{kg\,K}$ bzw. $\dfrac{kJ}{m^3\,K}$ einzusetzen.

5. Tabellen – Spezifische Wärmekapazität

Spezifische Wärmekapazität „c" von Metallen

	kJ/kg K		kJ/kg K
Aluminium	0,909	Nickel	0,452
Blei	0,13	Platin	0,134
Eisen und Stahl	0,478	Quecksilber	0,138
Gold	0,13	Silber	0,234
Kupfer	0,39	Zink	0,39
Messing	0,385	Zinn	0,23

Spezifische Wärmekapazität „c" fester Stoffe bei +20 °C

	kJ/kg K		kJ/kg K
Asbest	0,795	Mauerwerk	0,84 bis 1,26
Basalt	0,84	Marmor, Kalkstein	0,80
Baumwolle	1,34	Öl, gefroren	1,46
Beton	0,88	Papier	1,36
Eis bei −10 °C	2,22	Paraffin bei −20/+0 °C	1,58
Eis bei −20 °C	2,01	Paraffin bei +0/+20 °C	2,90
Eis bei −60 °C	1,64	Porzellan	0,80
Eis (Mittelwert)	2,11	Porzellan bei +100 °C	0,88
Fett	1,93	Sandstein	0,71
Glas	0,816	Schlacke	0,75
Gummi	2,01	Steinkohle	1,26
Hartgummi	1,42	Steinsalz	0,92
Holz	2,04 bis 2,72	Styropor	1,38
Holzkohle	0,75	Tannenholz	2,72
Iporka	1,38	Ton	0,88
Kalksandsteine	0,92	Torf	1,88
Koks	0,84	Trockeneis (feste CO_2)	1,38
Kork	1,68 bis 2,1	Ziegelsteine	0,80 bis 1,01
Korksteine (imprägn.)	1,38	Zement	0,84
Leder	1,51		

Spezifische Wärmekapazität „c" von Flüssigkeiten

		kJ/kg K
Äther	bei +20 °C	2,33
Alkohol:		
Äthylalkohol	bei 0 °C	2,30
Äthylalkohol	bei +40 °C	2,71
Methylalkohol	bei +10 °C	2,43
Methylalkohol	bei +18 °C	2,52
Benzol	bei +10 °C	1,42
Benzol	bei +40 °C	1,77
Benzol	bei +66 °C	2,02
Bier	bei +20 °C	3,77
Glyzerin	bei +15/50 °C	2,41
Gummimasse	bei +20 °C	3,43
Leimmasse	bei +20 °C	4,19
Maschinenöl		1,68
Olivenöl	bei + 6 °C	1,97
Petroleum	bei +20/57 °C	2,14
Rizinusöl	bei +20 °C	1,82
Schwefelsäure	bei +20 °C	1,39
Seewasser		
Dichte 1,0043	bei +18 °C	4,11
Dichte 1,0235	bei +18°C	3,93
Dichte 1,0463	bei +18 °C	3,78
Terpentin	bei 0 °C	1,72
Terpentin	bei +20 °C	1,80
Wasser	bei +13 °C	4,19
Würze	bei +20 °C	3,81

Spezifische Wärmekapazität „c" flüssiger Kältemittel bei −20 bis +20 °C

	kJ/kg K
Ammoniak	3,6 bis 3,89
R 22	1,09
Kohlendioxyd	2,01 bis 2,68
Methylchlorid	1,51 bis 1,63
Schwefeldioxyd	1,38
Sauerstoff	1,45

Beispiele:

a) 15 kg Wasser sollen von +20 °C auf +80 °C erwärmt werden. Welche Wärmemenge muß dem Wasser zugeführt werden?

Um 1 kg Wasser um 1 °C = 1 K zu erwärmen, sind 4,19 kJ erforderlich. Da das Wasser jedoch um 80−20, also 60 °C = 60 K erwärmt werden soll, sind für 1 kg 60 · 4,19 kJ also 251,2 kJ erforderlich. Nun sind aber nicht 1 kg, sondern 15 kg zu erwärmen, es müssen also 5 · 251,2 = 3768 kJ zugeführt werden, um die 15 kg Wasser von +20 °C auf +80 °C zu erwärmen. Die zuzuführende Wärmeenergie ist also von der Wassermenge (Masse) und von der gewünschten Temperaturerhöhung abhängig. Handelt es sich um einen beliebigen Stoff, ist noch die spezifische Wärmekapazität des betreffendes Stoffes in der Rechnung zu berücksichtigen. Daraus ergibt sich das Grundgesetz der Wärmelehre:

$$Q = m \cdot c \, (t_2 - t_1) \quad [kJ]$$

mit:

m = Masse des zu erwärmenden Stoffes in kg

c = spezifische Wärmekapazität des Stoffes in kJ/kg K

t_1 = Anfangstemperatur des Stoffes in °C; (T_1 in K)

t_2 = Endtemperatur des Stoffes in °C; (T_2 in K)

Q = Wärmemenge in kJ, die man zuführen oder abführen muß, um die gewünschte Temperaturdifferenz zu erzielen.

Ist Q positiv, also t_2 bzw. T_2 größer als t_1, bzw. T_1 dann muß Wärme zugeführt werden.

Ist Q negativ, also $t_2(T_2)$ kleiner als $t_1(T_1)$, dann muß Wärme abgeführt werden.

b) 100 kg Wasser sind von +25 °C auf +5 °C also um 20 K abzukühlen. Wie groß ist die Wärmemenge, die dem Wasser entzogen werden muß?

Wie groß ist die zu entziehende Wärmemenge, wenn es sich um Milch, $c = 3,93$; Wein, $c = 3,77$; Rahm, $c = 3,56$, Fisch, $c = 3,43$, Fleisch, $c = 3,14$; Fett, $c = 2,09$; Aluminium, $c = 0,91$, Eisen, $c = 0,48$, Kupfer, $c = 0,39$ oder Silber, $c = 0,23$ handeln würde?

Alle Berechnungen sind mit Hilfe der Gleichung

$$Q = m \cdot c \cdot \Delta t$$

$$Q = m \cdot c \quad (5-25)$$

zu lösen. Für die verschiedenen abzukühlenden Stoffe ändert sich immer nur der Wert „c".

Bei der Auflösung der Gleichung wird dadurch, daß die Temperaturdifferenz $\Delta t = (t_2 - t_1) = -20$ ein negatives Vorzeichen erhält, natürlich auch Q negativ. Dies weist darauf hin, daß die errechneten Wärmemengen abzuführen sind, was sich durch die Aufgabenstellung bzw. durch einfache Überlegung als selbstverständlich ergibt. Im allgemeinen rechnet man daher nur mit der Temperaturdifferenz und läßt das Vorzeichen weg. (Siehe nachstehende Tabelle)

Die Ergebnisse in der Tabelle zeigen deutlich den Einfluß der spezifischen Wärmekapazität „c" für die Gesamtwärmemenge, die abgeführt werden muß (in der Kältetechnik Kühlgutwärme genannt).

Stoff	Masse kg	$t_2 - t_1$ K	spezifische Wärmekapazität c kJ/kg K	Kühlgut-wärme Q kJ
Wasser	100	20	4,19	8375
Milch	100	20	3,93	7870
Wein	100	20	3,77	7535
Rahm	100	20	3,56	7118
Fisch	100	20	3,43	6866
Fleisch	100	20	3,14	6280
Fett	100	20	2,09	4187
Aluminium	100	20	0,91	1817
Eisen	100	20	0,48	955
Kupfer	100	20	0,39	780
Silber	100	20	0,23	470

Aufgaben

Lösen Sie folgende Aufgaben (Lösungen S. 202):

1. Nenne die vier bekanntesten Temperatur-Maßsysteme und führe ihre Kurzzeichen an.

2. Wie nennt man den Punkt der tiefstmöglichen Temperatur?

   a) Für welche Temperaturskala ist dieser Punkt der Ausgangspunkt?
   b) Bei wieviel Grad Celcius liegt dieser Punkt?

3. Bei wieviel Grad Fahrenheit liegt:

   a) der Gefrierpunkt des Wassers?
   b) der Siedepunkt des Wassers?

4. In einem Kältesystem werden folgende Temperaturen gemessen:

   a) Verdampfungstemperatur $t_0 = -15\ °C$
   b) Verflüssigungstemperatur $t = +25\ °C$

   Wie groß ist die jeweilige thermodynamische Temperatur T_0 und T?

5. In der Leistungstabelle eines amerikanischen Prospektes sind folgende Bezugswerte aufgeführt:

   a) Verdampfungstemperatur t_0

   +30 °F
   +35 °F
   +40 °F
   +45 °F
   +50 °F

   b) Verflüssigungstemperatur t

   + 95 °F
   +100 °F
   +110 °F
   +115 °F
   +120 °F

   Wieviel „°C" entsprechen die einzelnen Werte?

6. Eine bestimmte Wassermenge wird von +50 °F auf +150 °F erhöht. Wieviel Grad Celsius bzw. Kelvin entspricht diese Temperaturerhöhung?

7. Die Temperaturdifferenz zwischen Verflüssigungs- und Kühlwasseraustritts-Temperatur am Ausgang eines Verflüssigers beträgt 10 K

   Wie groß ist die Differenz in Grad Fahrenheit?

8. Ein Kühlraumverdampfer arbeitet mit einer Verdampfungstemperatur von +14 °F. Die Kühltemperatur beträgt +32 °F.

   Wie groß ist die Temperaturdifferenz in K?

6. Die latente Wärme

6.1 Erstarrungsenthalpie und Schmelzenthalpie

Mit der Formel

$$Q = m \cdot c \cdot (t_2 - t_1)$$

lassen sich sowohl für flüssige als auch für feste Stoffe, die bei Temperaturänderungen zuzuführenden oder abzuführenden Wärmemengen berechnen.

Nun zeigt aber die Tabelle der spezifischen Wärmekapazität, daß diese bei allen Stoffen für den flüssigen Zustand einen anderen Zahlenwert hat als für den festen. So ist z. B. die spezifische Wärmekapazität von Wasser $c = 4{,}19 \, \text{kJ/kg K}$. Hat das Wasser jedoch den festen Aggregatzustand, es ist also Eis, dann beträgt seine spezifische Wärmekapazität $c = 2{,}1 \, \text{kJ/kg K}$.

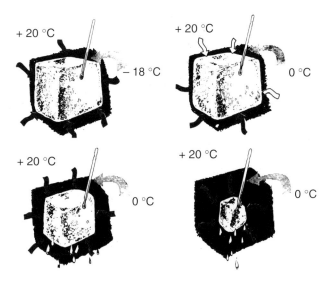

Bild 10 Eis schmilzt bei einer konstanten Temperatur von 0 °C unter ständiger Aufnahme von Wärme.

Es ergibt sich also nun die Frage, welcher Wert einzusetzen ist, wenn man Wasser beispielsweise von +15 °C auf −20 °C abkühlen will. Ehe wir diese Frage jedoch weiter verfolgen, wollen wir uns einem Versuch zuwenden, der hier wichtige Aufschlüsse geben kann.

Setzt man Eis einer Umgebungstemperatur von beispielsweise +20 °C aus (Bild 10), wird es schmelzen. War die Anfangstemperatur des Eises z. B. −18 °C, dann stellt man fest, daß es sich sehr schnell auf eine Temperatur von 0 °C erwärmt. Ist die Temperatur auf dieser Höhe angekommen, steigt sie jedoch plötzlich nicht mehr weiter an. Das Eis schmilzt ständig, so daß es immer kleiner wird, seine Temperatur bleibt jedoch konstant 0 °C. Auch die Temperatur des Schmelzwassers liegt bei 0 °C. Erst wenn alles Eis zu Wasser geworden ist, beginnt die Wassertemperatur anzusteigen. Nun ist aber anzunehmen, daß dem Eis aus der Umgebungsluft während des ganzen Versuchs gleichmäßig Wärme zugeführt wird. Am Anfang wurde diese Wärme dazu benutzt, das Eis von −18 °C auf 0 °C zu erwärmen. Später wirkte sich die Wärmezufuhr als Temperaturerhöhung des Wassers aus. Die Eistemperatur blieb sehr lange bei 0 °C stehen, wobei das Eis allerdings schmolz. Da die Umgebungsluft mit +20 °C höher lag als die Temperatur des schmelzenden Eises, muß man annehmen, daß dem Eis auch während dieser Zeit ständig Wärme zugeführt wurde.

Wo ist diese Wärme aber geblieben?

Sie wurde dazu gebraucht, das Eis in Wasser umzuwandeln. Das Eis kann also beim Schmelzen größere Wärmemengen aufnehmen, ohne daß sich dabei seine Temperatur erhöht. Diese Tatsache wird beim Kühlen mit Eis ausgenutzt. Stellt man beispielsweise eine warme Milchflasche neben ein Stück Eis (Bild 11), dann kühlt sich die Milch durch das Eis ab. Der Eisblock behält jedoch ständig seine Temperatur von 0 °C, wird aber klein und kleiner.

Genau das gleiche geschah im Eisschrank früherer Jahre. Maß man hier die Temperatur des ablaufenden Wassers – also des „Eiswassers" – dann konnte man feststellen, daß sie auch

Bild 11 Wärme fließt von der Milchflasche zum Eis. Das Eis schmilzt bei konstanter Temperatur von 0 °C und die wärmere Milch kühlt dabei ab.

bei 0 °C lag. Ein „kluger Mann", der das einmal ermittelte, hatte dadurch die Idee, dieses Eiswasser wieder zu verwenden. „Wenn man mit Eis von 0° C kühlen kann, muß man auch mit Wasser von 0 °C kühlen können", dachte er (Bild 12 u. 13).

Bild 12 Eiswasser hat auch eine Temperatur von 0 °C, ist aber zum Kühlen weniger geeignet.

Diese Überlegung war falsch. Das kalte Eiswasser erwärmte sich nämlich in kürzester Zeit, ohne daß der Eisschrank kalt blieb. Eiswasser kann also anscheinend lange nicht soviel Wärme aufnehmen wie schmelzendes Eis. Oder anders gesagt, um Eis zu schmelzen, muß man ihm erhebliche Wärmemengen zuführen.

Diese Erscheinung kann man ungefähr so erklären. Die Moleküle des Eises haben eine größere Zusammenhangskraft als die des Wassers (Eis ist ein fester Körper, Wasser flüssig). Um Eis in Wasser zu verwandeln, muß diese Haltekraft aufgelöst werden. Dazu ist Energie, also Wärme notwendig; diese Wärme wird nur zum Schmelzen gebraucht, sie wirkt sich nicht als Temperaturanstieg aus. Man kann deshalb diese Wärmezufuhr am Thermometer nicht sehen, sie bleibt gewissermaßen verborgen. Deshalb nennt man sie **latente Wärme**.

Will man umgekehrt Wasser in Eis verwandeln, so muß man dem Wasser die beim Schmelzen des Eises zugeführte Wärme wieder entziehen. Die latente Wärme eines Stoffes hat immer die

Bild 13 Eiswasser erwärmt sich, wie am Thermometer abzulesen ist, relativ rasch.

gleiche Größe, ganz gleich, ob man den Stoff von seinem flüssigen in den festen oder seinem festen in den flüssigen Zustand überführt. Je nach der Richtung des Vorganges nennt man die latente Wärme Schmelzwärme oder Erstarrungswärme bzw. Schmelz- oder Erstarrungsenthalpie. Damit ist unsere Ausgangsfrage nach dem Verbleib der dem Eis zugeführten Wärme beantwortet. Das abfließende Schmelzwasser enthält die dem Eis zugeführte Schmelzwärme (Bild 14).

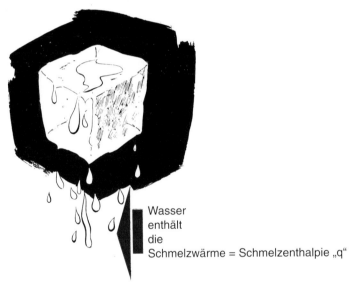

Wasser
enthält
die
Schmelzwärme = Schmelzenthalpie „q"

Bild 14 Die vom Eis beim Zustandswechsel aufgenommene Wärmeenergie ist unsichtbar im Schmelzwasser enthalten.

Durch Versuche fand man, daß man einem Kilogramm Eis von 0 °C eine Wärmeenergie von 335 kJ zuführen muß, um es in Wasser von 0 °C zu verwandeln. Würde man diesem Kilogramm Eiswasser nun nochmals 335 kJ Wärme zuführen, würde sich seine Temperatur auf +80 °C erhöhen (Bild 15). Daraus sieht man, wieviel größer der Kühleffekt der latenten Wärme gegenüber dem des Eiswassers ist.

Der Schmelzpunkt, also die Temperatur, bei der ein Stoff schmilzt, oder auch bei der er, wenn der Vorgang umgekehrt verläuft, erstarrt (Erstarrungspunkt), ist bei allen Stoffen verschieden. Manche schmelzen oder erstarren bei sehr tiefen Temperaturen. Alkohol z. B. erstarrt erst bei einer Temperatur von 158,65 K (−114,5 °C). Andere, wie beispielsweise Eisen, schmelzen erst bei sehr hohen Temperaturen. Aber nicht nur die Schmelzpunkte, auch die zum Schmelzen erforderliche latente Wärme ist bei verschiedenen Stoffen verschieden groß.

6.1.1 Tabelle: Schmelz- oder Erstarrungspunkte bei einem absoluten Druck von 980,665 mbar ≈ 1 bar

	K	°C
Aethan	89,55	− 183,6
Aethylchlorid	134,45	− 138,7
Aethylen	103,75	− 169,4
Alkohol	158,65	− 114,5
Aluminium	931,15	+ 658
Ammoniak	117,75	− 77,7
Antimonwasserstoff	181,65	− 91,5
Arsenwasserstoff	159,65	− 113,5
Äther	134,65	− 138,5
Benzin	123,15	− 150
Blei	600,45	+ 327,3
Butan	138,15	− 135
Chlor	171,15	− 102
Chlorkalziumlösung	218,15	− 55
Chlormagnesiumlösung	240,15	− 33
Chlorwasserstoffsäure	157,15	− 116
Difluordichlormethan	118,15	− 155
Fluorwasserstoffsäure	180,85	− 92,3
Flußeisen	1623,15 bis 1823,15	+1350 bis +1550
Gelatine	298,15 bis 301,15	+ 25 bis + 28
Glas	1473,15	+1200
Gold	1337,15	+1064
Gußeisen	1373,15 bis 1473,15	+1100 bis +1200
Harz (Tannen)	408,15	+ 135
Isobutan	128,15	− 145
Kautschuk	398,15	+ 125
Kochsalzlösung	252,15	− 21
Kohlendioxid	216,55	−56,6
Kohlenstoff	3813,15	+3540
Kupfer	1356,15	+1083
Leinöl	253,15	− 20
Messing	1288,15	+1015
Minenalöl	unter 233,0	unter −40
Methylchlorid	175,55	− 97,6
Monel-Metall	1633,15	+1360

Schmelz- oder Erstarrungspunkte bei 980,665 mbar ≈ 1 bar

	K	°C
Nickel	1723,15	+1450
Ozon	21,15	− 252
Paraffin	327,15	+ 54
Phosphorwasserstoff	139,65	− 133,5
Platin	1973,15	+1700
Propan	83,15	− 190
Quarz	1743,15	+1470
Quecksilber	234,26	− 38,89
Schokolade	299,15	+ 26
Schwefeldioxid	197,65	− 75,5
Seewasser	270,15 bis 267,15	− 3 bis −6
Seife	306,16	+ 33
Seifenwasserstoff	207,45	− 65,7
Silber	1233,15	+ 960
Siliziumfluorid	171,15	− 102
Stearin	316,15 bis 323,15	+ 43 bis +50
Stickstoff	33,15	− 240
Terpentinöl	263,15	− 10
Wasser	273,15	0
Zink	692,15	+ 419
Zinn	505,15	+ 232

6.1.2. Tabelle: Schmelz- bzw. Erstarrungsenthalpie (latente Wärme)

	$q = kJ/kg$
Aluminium	355,9
Ammoniak	452,2
Chlorkalzium (wasserfrei)	230,3
Chlornatrium	519,1
Eis	335,0
Gelatine	25,1
Glyzerin	178,0
Gold	67,0
Gußeisen	96,3 bis 138,2
Hochofenschlacke	209,3
Kohlendioxid	184,2
Kupfer	180,0
Neon	16,75
Öl	146,5
Palmin	121,4
Paraffin	147,0
Platin	113,9
Quecksilber	11,7

Schmelz- bzw. Erstarrungsenthalpie (latente Wärme)

	$q = kJ/kg$
Schwefeldioxid	116,8
Silber	88,3
Wasserstoff	58,6
Zink	117,6
Zinn	59,7

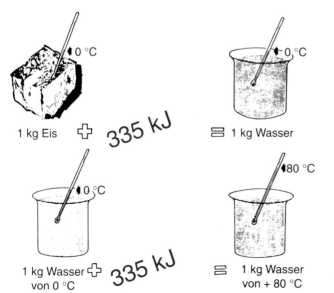

1 kg Eis ➕ 335 kJ

⊟ 1 kg Wasser

1 kg Wasser von 0 °C ➕ 335 kJ

⊟ 1 kg Wasser von + 80 °C

Bild 15 Der Kühleffekt von schmelzendem Eis ist größer als der von Eiswasser.

Wird ein Stoff vom festen in den flüssigen Zustand überführt, so muß ihm zur Zustandsänderung die latente Wärme *zugeführt* werden. Wird er hingegen vom flüssigen in den festen Zustand überführt, so muß ihm zur Zustandsänderung die latente Wärme *entzogen* werden. Die zu- oder abgeführte latente Wärme dient nur dazu, die Zustandsänderung hervorzurufen. Sie wirkt sich nicht als Temperaturänderung aus.

Beispiele:

a) In einem Eisschrank schmelzen täglich 10 kg Eis. Wie groß ist die Kälteleistung, die durch das Eis zur Verfügung steht?

$Q = m \cdot q$ [kJ/kg)

$= 10 \cdot 335 = $ **3350 kJ/Tag**

3350 kJ stehen pro Tag zum Kühlen des Eisschrankes zur Verfügung.

b) In einem Würfeleisbereiter sollen in 10 Stunden 25 kg Eis gefroren werden. Wie groß muß die stündliche Kältemaschinenleistung sein, um die Eismenge zu gefrieren?

Gesamtwärmemenge $Q = m \cdot g = 25 \cdot 335 = 8375$ kJ

Kälteleistung pro Stunde $Q = 8375 : 10 = $ **837,5 kJ/h**

(Die Abkühlung des Wassers auf 0 °C, die Unterkühlung des Eises und die Kälteverluste sind hierbei nicht berücksichtigt.)

c) An einem Verdampfer eines Tiefkühlraumes befinden sich 0,5 kg Eis von −23 °C (250,15 K). Dieses Eis soll mit Wasser von +4 °C (277,15 K) erwärmt, also abgetaut werden. Wieviel Wärme ist notwendig, um das Eis abzuschmelzen? (Die Wärmemenge, die benötigt wird, um die Verdampfermasse zu erwärmen, soll bei dieser Rechnung nicht bestimmt werden).

Der Vorgang setzt sich aus drei Teilvorgängen zusammen.

1. Erwärmen des Eises von −23 °C = 250,15 K auf 0 °C = 273,15 K

$Q = m \cdot c \cdot \Delta T$ (c für Eis = 2,1)

$= 0,5 \cdot 2,1 \cdot (273,15 - 250,15) = $ **24,15 kJ**

2. Schmelzen des Eises

$Q = m \cdot q$

$= 0,5 \cdot 335 = $ **167,5 kJ**

3. Erwärmen des Wassers auf +4 °C = 277,15 K

$Q = m \cdot c \cdot \Delta T$ (c für Wasser = 4,19)

$Q = 0,5 \cdot 4,19 \cdot (277,15 - 273,15) = $ **8,37 kJ**

Die gesamte Wärmemenge, die dem Eis zugeführt werden soll, beträgt also

$24,15 + 167,5 + 8,37 = 200,02$ kJ $\approx$ **200 kJ**

Man könnte diese 3 Teilvorgänge auch zu einer Formal zusammenziehen. Da es jedoch einfacher ist, die Teilwärmen nacheinander zu bestimmen und dann zu addieren, soll davon Abstand genommen werden.

Beginnt ein solcher Vorgang mit dem festen Zustand und endet im flüssigen, so muß die errechnete Wärmemenge Q zugeführt werden. Beginnt der Vorgang im flüssigen Zustand und endet im festen, so muß die errechnete Wärmemenge Q abgeführt werden.

d) In eine Gefrierzelle werden 100 kg zerlegtes Rindfleisch mit einer Temperatur von +25 °C eingebracht. Das Fleisch soll innerhalb von 10 Stunden eingefroren und auf −18 °C unterkühlt werden. Wie groß ist die Wärmemenge, die von der Kältemaschine aus dem Fleisch aufgenommen und abgeführt werden muß?

Auch hier handelt es sich wieder um drei Teilvorgänge:

1. Abkühlen des Fleisches von 298,15 K (+25 °C) auf 272,15 K (−1 °C) Gefrierpunkt).

Die spezifische Wärmekapazität oberhalb des Gefrierpunktes beträgt im Mittel $c = 2,93$ kJ/kg K

$$Q = m \cdot c \cdot \Delta T$$
$$= 100 \cdot 2,93 \ (298,15 - 272,15)$$
$$= 100 \cdot 2,93 \cdot 26 = \textbf{7620 kJ}$$

2. Einfrieren des Fleisches. Die Erstarrungsenthalpie beträgt im Mittel $q = 210$ kJ/kg

$$Q = m \cdot q \cdot 100 \cdot 210 = \textbf{21 000 kJ}$$

3. Unterkühlen des Fleisches von 272,15 K (−1 °C) auf 255,15 K (−18 °C).

Die spezifische Wärmekapazität beträgt im Mittel $c = 1,67$ kJ/kg K

$$Q = m \cdot c \cdot \Delta T$$
$$= 100 \cdot 1,67 \cdot (272,15 - 255,15)$$
$$= 100 \cdot 1,67 \cdot 17 = \textbf{2840 kJ}$$

Die gesamte Wärmemenge, die dem Fleisch in 10 Std. entzogen werden muß, beträgt demnach

$$Q = 7620 + 21\,000 + 2840 = \textbf{31 460 kJ}$$

> **Die latente Wärme muß immer berücksichtigt werden, wenn ein Stoff über seinen Schmelzpunkt hinaus abgekühlt oder erwärmt wird.**

6.2 Verdampfungsenthalpie und Verflüssigungsenthalpie

Ähnliche Vorgänge, wie sie beim Wechsel vom festen in den flüssigen Aggregatzustand auftreten, liegen vor, wenn vom flüssigen in den gasförmigen Zustand übergewechselt werden soll. Auch hier wollen wir durch einen Versuch neue Erkenntnisse gewinnen. Wir setzen einen Topf mit Wasser, in dem sich ein Thermometer befindet, über eine Heizflamme (Bild 16) und beobachten einmal den durch die Wärmezufuhr verursachten Temperaturanstieg. Das Thermometer steigt von der Anfangstemperatur aus gleichmäßig an. Mißt man nun die Zeit für einen Temperaturanstieg von beispielsweise 10 K, so stellt man fest, daß man zum Erwärmen von +30 °C auf +40 °C die gleiche Zeit braucht wie von +40 °C auf +50 °C oder von +80 °C auf +90 °C. Hat die Temperatur jedoch +100 °C erreicht, steigt das Thermometer trotz weiterer Zufuhr von Wärme nicht mehr an. Selbst, wenn wir jetzt die Heizflamme erheblich verstärken oder gar die Wärme mit einem Schweißbrenner zuführen würden, gelänge es uns nicht, die Temperatur des Wassers über +100 °C zu erhöhen. Den einzigen Effekt, den wir bei größerer Wärmezufuhr beobachten können, ist der, daß das Wasser heftiger kocht und sich mehr Dampf entwickelt.

Der in den Abbildungen demonstrierte Versuch legt neben allgemeinen Erkenntnissen auch wichtige exakte Werte frei. Ein Topf mit Wasser wurde innerhalb von 20 Minuten von +20 °C auf +100 °C erwärmt. Daraus läßt sich errechnen, wieviel Wärme dem Wasser zugeführt wurde, wenn sich in dem Topf 1 kg Wasser befand.

Nämlich:

$$Q = m \cdot c \, (t_2 - t_1) \quad \text{bei} \quad t \text{ in } °C$$
$$= 1 \cdot 4{,}19 \cdot (100 - 20)$$
$$= 1 \cdot 4{,}19 \cdot 80$$
$$= \mathbf{335 \ kJ} \, \text{oder}$$

$$Q = m \cdot c \, (T_2 - T_1)$$
$$= 1 \cdot 4{,}19 (373{,}15 - 293{,}15) \quad \text{bei} \quad T \text{ in } K$$
$$= 1 \cdot 4{,}19 \cdot 80$$
$$= \mathbf{335 \ kJ}$$

Dem Wasser in dem Topf wurden also 335 kJ in 20 Minuten zugeführt. Nimmt man an, daß die Heizflamme ständig mit gleicher Leistung brennt, dann werden dem Topfinhalt in 60 Minuten dreimal soviel, also 1005 kJ Wärme zugeführt. Um 13.20 Uhr hatte das Wasser eine Temperatur von +100 °C, also den Siedepunkt erreicht. Trotz gleichbleibender ständiger Wärmezufuhr erhöhte sich die Temperatur nicht weiter, aber das Wasser kochte und wurde immer weniger. Um 15.35 Uhr war alles Wasser restlos verkocht. Das Wasser brauchte also $2^1/_4$ Stunden, um sich völlig in Dampf zu verwandeln. Das heißt:

Wenn dem Kilogramm Wasser in einer Stunde 1005 kJ Wärme zugeführt wurden, dann wurde zwischen 13.20 Uhr und 15.35 Uhr – also in $2^1/_4$ Stunden –

$$Q = 1005 \cdot 2{,}25 \approx 2260 \ kJ$$

Wärme zugeführt, ohne daß sich die Temperatur erhöhte.

Wo ist diese Wärme geblieben?

Sie wurde dazu gebracht, das Wasser in Dampf zu verwandeln.
Sie ist nun unsichtbar im Dampf enthalten (Bild 17). Deshalb nennt man sie auch latente (verborgene) Wärme. Es ist die sogenannte Verdampfungsenthalpie (früher: Verdampfungswärme) oder, wenn der Vorgang umgekehrt verläuft, die Verflüssigungsenthalpie.

Der Versuch zeigt deutlich, daß sie erheblich größer ist als die Wärme, die man zum Erwärmen von Wasser auf +100 °C benötigt. Er zeigt aber auch, daß die Verdampfungsenthalpie von Wasser ≈2260 kJ/kg (genau $r = 2257$ kJ/kg bei Normalluftdruck von 1,013 bar) beträgt.

Beispiel:

Nimmt man an, daß sich in dem Topf des in Bild 16 beschriebenen Versuches 5 ltr. Wasser befanden. Wie groß ist dann die Wärmemenge, die zwischen 13.00 Uhr und 15.35 Uhr dem Topf zugeführt wurde, und wie groß ist die Heizleistung je Stunde?

Das Ergebnis läßt sich auf zwei Wegen errechnen:

1. Erwärmen des Wassers von 293,15 K auf 373,15 K

$$Q = m \cdot c \cdot \Delta T$$
$$= 5 \cdot 4{,}1868 \cdot 80$$
$$= 1675 \ kJ$$

Verdampfen des Wassers

$$Q = m \cdot r$$
$$= 5 \cdot 2257$$
$$= \mathbf{11\,285 \ kJ}$$

Gesamtwärme

$$Q = \mathbf{12\,960 \ kJ}$$

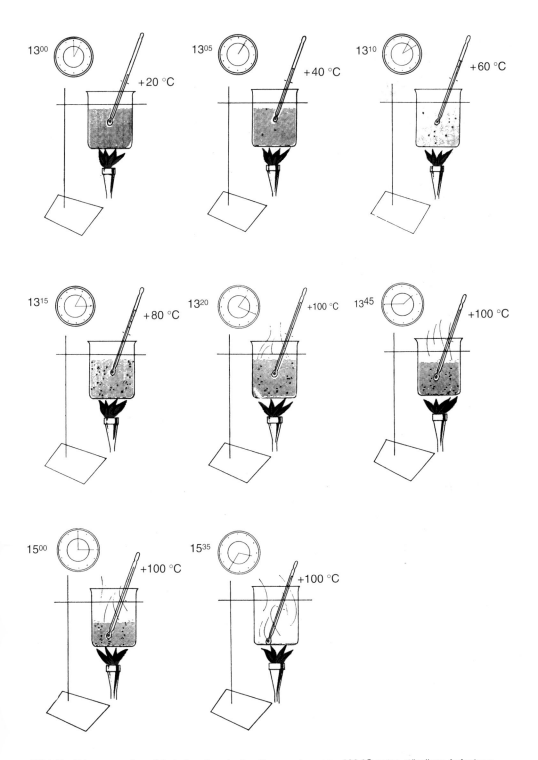

Bild 16 Wasser verdampft bei einer konstanten Temperatur von +100 °C unter ständiger Aufnahme von Wärme.

Dampf enthält die Verdampfungs-ENTHALPIE „r"

Bild 17 Die vom Wasser beim Zustandswechsel aufgenommene Wärme ist unsichtbar (latent) im Dampf enthalten.

2. Man geht zunächst von der Wärmezufuhr für 1 kg aus. Dann ergibt sich

$$Q = 335 + 2257 = 2592 \text{ kJ/kg}$$

Wenn für 1 kg 2592 kJ/kg benötigt wurden, dann beträgt die Gesamtwärme für 5 kg natürlich

$$Q = 2592 \cdot 5 = \mathbf{12\,960 \text{ kJ}}$$

Man erhält also bei beiden Methoden das gleiche Ergebnis.

Die Wärmemenge 12960 kJ wurde in der Zeit von 13 Uhr bis 15.35 Uhr – also in 155 Minuten – von der Flamme abgegeben. Demnach beträgt die stündliche Heizleistung:

$$Q = \frac{12\,970 \cdot 60}{155} = \mathbf{5017 \text{ kJ/h}}$$

> **Soll eine Flüssigkeit in den gasförmigen Zustand überführt werden, muß ihr eine bestimmte latente Wärme, die Verdampfungsenthalpie, *zugeführt* werden. Soll ein gasförmiger Stoff in den flüssigen Zustand überführt werden, muß ihm eine bestimmte latente Wärmemenge, die Verflüssigungsenthalpie *entzogen* werden. Die Verflüssigungsenthalpie eines Stoffes ist genauso groß wie seine Verdampfungsenthalpie.**

Die Temperatur des Wasserdampfes unmittelbar über der Wasseroberfläche beträgt in einem Gefäß mit kochendem Wasser ebenfalls 373,15 K (+100 °C). Fängt man den aufsteigenden Wasserdampf ein und führt ihn in einem Gefäß Wärme zu, kann man feststellen, daß er sich erwärmt. Die dem Dampf zugeführte Wärme ist also wieder fühlbar, d. h. mit dem Thermometer festzustellen. Ähnlich wie mit der Schmelz- und Erstarrungsenthalpie verhält es sich also auch mit der Verdampfungs- und Verflüssigungsenthalpie. Diese Wärmemenge ist aufzuwen-

6.2.1 Tabelle: Siedepunkte und Verdampfungsenthalpie

Stoff	Siedepunkt bei 1013 mbar in °C	Verdampfungsenthalpie „r" kJ/kg
Schwefel	445	1516
Quecksilber	357	301
Wasser	100	2257
Alkohol	78	880
Chloroform	61	243
Äther	34	377
Methylchlorid	− 23,7	419
R 22	− 40,8	234
Ammoniak	− 33,4	1369
Kohlendioxid	− 78,5	574
Sauerstoff	−183	214
Luft	−193	197
Helium	−268	21

den, um eine Flüssigkeit in den gasförmigen Zustand zu überführen, und sie ist abzuführen, um einen Stoff aus dem dampfförmigen in den flüssigen Zustand zu verwandeln.

Beispiel:

10 kg Eis von 248,15 K (− 25 °C) sollen in Dampf von 403,15 K (+130 °C) verwandelt werden. Wieviel Wärme muß zugeführt werden?

a) Erwärmen des Eises von 248,15 K (− 25 °C) auf 273,15 K (0 °C)

$$Q = m \cdot c \cdot \Delta T$$
$$= 10 \cdot 2{,}1 \cdot (273{,}15 - 248{,}15) = \mathbf{525\ kJ}$$

b) Schmelzenthalpie

$$Q = m \cdot q$$
$$= 10 \cdot 335 = \mathbf{3350\ kJ}$$

c) Erwärmen des Wassers von 273,15 K auf 373,15 K

$$Q = m \cdot c \cdot \Delta T$$
$$= 10 \cdot 4{,}19 \cdot 100 = \mathbf{4190\ kJ}$$

d) Verdampfungsenthalpie

$$Q = m \cdot r$$
$$= 10 \cdot 2257 = \mathbf{22570\ kJ}$$

e) Erwärmung des Dampfes (überhitzt) von 373,15 K auf 403,15 K

$$Q = m \cdot c \cdot \Delta T$$
$$= 10 \cdot 2{,}1 \cdot 30 = \mathbf{630\ kJ}$$

Die spezifische Wärmekapazität für den überhitzten Dampf bei einem Druck von 1 bar beträgt etwa $c = 2{,}1$ kJ/kg K.

Insgesamt muß also den 10 kg Eis von 248,15 K eine Wärmemenge

$$Q = 525 + 3350 + 4190 + 22570 + 630 = \mathbf{31\,265\ kJ}$$

zugeführt werden, um sie in Dampf von 403,15 K (Druck $p = 1$ bar) zu verwandeln.

Jede Berechnung dieser Art kann nach diesem Schema mühelos gelöst werden. Werte über die spezifische Wärmekapazität und die Schmelz- und Verdampfungsenthalpie anderer Stoffe sind in der einschlägigen Fachliteratur in Tabellen erfaßt.

Aufgaben

Lösen Sie folgende Aufgaben (Lösungen S. 203):

1. Was ist Wärme?
2. Was ist Kälte?
3. Wie kann man sich die Temperatur eines Stoffes erklären?
4. Wie heißt das Maß für die Bestimmung der Wärmemenge und wie ist seine Größe festgelegt?
5. Was versteht man unter dem Begriff spezifische Wärmekapazität?
6. Wie lautet die Formel zur Ermittlung der zu- oder abzuführenden Wärmemenge Q?
7. Wieviel Wärme ist einer jeweiligen Masse von 5 kg der nachfolgend aufgeführten Stoffe zu entziehen, um eine Temperatursenkung von 10 K zu erzielen?
   a) Milch
   b) Wein
   c) Fisch
   d) Fleisch
   e) Wasser
8. 50 ltr. Wasser sollen stündlich von +15 °C auf +90 °C erwärmt werden. Welche Wärmemenge ist hierfür erforderlich?
9. 10 kg Eis mit einer Temperatur von −10 °C nehmen soviel Wärme auf, daß sie eine Endtemperatur von −1 °C erreichen. Wie groß ist die aufgenommene Wärmemenge?
10. Eine 500 Gramm schwere Messingbüchse soll in einer Tieftemperaturtruhe von 293,15 K auf 213,15 K (+20 °C auf −60 °C) abgekühlt werden. Wieviel Wärme sind dieser Metallbüchse zu entziehen?

7. Die Enthalpie

Der Begriff der Enthalpie (frühere Bezeichnung: Wärmeinhalt) ist ein wichtiges Hilfsmittel für thermodynamische Berechnungen. Die Einheit der Enthalpie ist kJ/kg. Was bedeutet das?

> **Die Enthalpie, „h", gibt an, wieviel Wärmeenergie (kJ) in einem kg eines bestimmten Stoffes enthalten sind.**

An und für sich liegt der absolute Null-Punkt der Enthalpie bei 0 K (−273,15 °C). Bei dieser Temperatur, die übrigens nicht erreicht werden kann, enthält kein Stoff mehr Wärme. Stoffe, die auf diese Temperatur abgekühlt werden könnten, wären absolut kalt und wärmelos, d. h. die Atome wären völlig im Ruhezustand.

Aus Zweckmäßigkeitsgründen wird der Null-Punkt der Enthalpie jedoch, ähnlich wie bei der Celsius-Temperatur-Skala, auf höhere Temperaturen festgelegt.

Bei Wasserdampf wird er meist auf die Temperatur von Wasser von 273,15 K (0 °C) festgelegt. Man sagt also:

Wasser von	273,15 K (0 °C)	hat die Enthalpie	$h = 0$ kJ/kg
Wasser von	283,15 K (+10 °C)	hat die Enthalpie	$h = 41,86$ kJ/kg
Wasser von	373,15 K (+100 °C)	hat die Enthalpie	$h = 418,68$ kJ/kg

Dampf von 373,15 K (+100 °C) hätte dann die Enthalpie

$$h = 418,68 \text{ kJ/kg} + 2257 \text{ kJ/kg} = 2676 \text{ kJ/kg}.$$

Die Enthalpiewerte sind für die verschiedensten Zustände oder Temperaturen für die in der Thermodynamik bzw. Kältetechnik verwendeten Stoffe in Tabellen oder Diagrammen aufgetragen. Dadurch lassen sich viele Berechnungen wesentlich vereinfachen (vgl. Kältemaschinenregeln, Verlag C. F. Müller, Karlsruhe).

Beispiel:

100 kg Wasser von 288,15 K (+15 °C) sollen im Dampf von 403,15 K (+130 °C) bei einem Druck von $p_a = 1,96$ bar verwandelt werden. Aus einer Dampftabelle liest man ab:

h_1 = Enthalpie des Wassers bei 288,15 K (+15 °C) = 62,8 kJ/kg

h_2 = Enthalpie des Dampfes bei 403,15 K (+130 °C) = 2728,9 kJ/kg

Je kg müssen damit

$$h_1 - h_2 = 2728,9 - 62,8 = 2666,1 \text{ kJ/kg}$$

zugeführt werden.

Für 100 kg also 2666,1 · 100 = **266610 kJ.**

Sind demnach die Enthalpiewerte für den Anfangs- und Endzustand eines thermodynamischen Vorganges bekannt, dann errechnet sich die zuzuführende oder abzuführende Wärmemenge nach der einfachen Formel:

$$Q = m \ (h_2 - h_1) \quad [\text{kJ}]$$

Normalerweise handelt es sich darum, einem Stoff, z. B. einem Kältemittel Wärme zuzuführen oder zu entziehen. Es treten daher immer Enthalpiedifferenzen auf.

> **Eine Änderung der Enthalpie wird durch zu- oder abgeführte Energie in Form von Wärme oder durch mechanische Energie in Form von technischer Arbeit (z. B. Kompressionsarbeit) herbeigeführt.**
>
> **Innere Energie und Enthalpie sind Zustandsgrößen. Ihre Einheiten sind kJ/kg.**

Beispiele:

1. 15 kg flüssiges R 22 mit einer Temperatur von $T_1 = 293,15$ K (+20 °C) und einem absoluten Druck von $p_{a1} = 9,17$ bar sollen verdampft werden. Der Dampf hat am Ende des Vorganges einen Druck von $p_{a2} = 3,56$ bar und eine Temperatur von $T_2 = 263,15$ K (−10 °C). Wie groß ist die aufgenommene Wärmemenge, d. h. die Zunahme der Enthalpie?

Aus der Dampftafel für gesättigtes R 22 (siehe Tabelle Seite 100) kann abgelesen werden:

$h_1 = 444,34$ kJ/kg

$h_2 = 621,53$ kJ/kg

Damit wird:

$$Q = 15 \ (621,53 - 444,34) = 15 \cdot 177,19 = \textbf{2657,85 kJ}$$

Die 15 kg flüssiges R 22 müssen also $Q = 2657,85$ kJ aufnehmen, um sich in Kältemitteldampf zu verwandeln.

2. Eine Kälteanlage hat eine Leistung von $Q = 25\,128$ kJ/h $= 6{,}98$ kJ/s. Die Verdampfungstemperatur liegt bei $T_2 = 263{,}15$ K ($-10\,°C$) und die Temperatur des flüssigen Kältemittels vor dem Expansionsventil (also vor Eintritt in den Verdampfer) beträgt $T_1 = 293{,}15$ K ($+20\,°C$). Wie groß ist die stündlich in der Anlage zirkulierende Masse des Kältemittels für Betrieb mit R 22?

Aus der Dampftafel für gesättigte R 22 (Tab. 9, Seite 100) sind zunächst die Enthalpiewerte des Kältemittels vor und hinter dem Verdampfer abzulesen. Sie sind:

h_1 (bei $+20\,°C$) $= 444{,}34$ kJ/kg

h_2 (bei $-10\,°C$) $= 621{,}53$ kJ/kg

Die Formel zur Berechnung der Kälteleistung „Q" lautet:

$$Q = m_K \cdot (h_2 - h_1) \quad [\text{kJ}]$$

Sie ist nach dem gesuchten Wert m_K, also der in einer bestimmten Zeit innerhalb des Systems zirkulierenden Masse des Kältemittels (Kältemittel – Massenstrom), umzustellen

$$m_K = \frac{Q}{h_2 \cdot h_1} \quad \left[\frac{\text{kg}}{\text{h}}\right]$$

Mit $h_2 - h_1 = 621{,}53 - 444{,}34 = 177{,}19$ kJ/kg wird

$$m_K = \frac{6{,}98 \text{ kJ}/s}{177{,}19 \text{ kJ}/\text{kg}} = 0{,}0394 \cdot 3600 = \textbf{141,8 kg/h}$$

oder

$$m_K = \frac{25\,128 \text{ kJ}/\text{h}}{177{,}19 \text{ kJ}/\text{kg}} = \textbf{141,8 kg/h}$$

Die Enthalpie ist eine wichtige Hilfsgröße zur Vereinfachung von thermodynamischen Berechnungen. Die Enthalpiewerte zahlreicher in der Technik verwendeter Stoffe sind in Form von Tabellen und Diagrammen zusammengestellt, aus denen sie abgelesen oder ihre Differenzen direkt abgegriffen werden können. Die Enthalpie gibt an, wieviel Wärme (oder auch mechanische Energie) einem kg eines Stoffes zugeführt (oder abgeführt) werden muß, um – ausgehend vom angenommenen Null-Punkt – auf den gewünschten Zustand zu kommen.

---

8. Wärmemenge – Temperatur

Der absolute Nullpunkt der Enthalpie liegt ebenso wie der absolute Nullpunkt der Temperatur bei 0 K ($-273{,}15\,°C$). Könnte man einen Stoff auf 0 K abkühlen und würde ihm dann wieder Wärme zuführen, dann würden sowohl die Temperatur als auch die Enthalpie den Wert absolut Null verlassen und auf einen bestimmten Wert ansteigen. Offensichtlich muß zwischen dem Anstieg der Temperatur und dem der Enthalpie ein bestimmter Zusammenhang bestehen. Dieser Zusammenhang ist insbesondere für kältetechnische Berechnungen von größter Wichtigkeit.

An einem einfachen Beispiel (Bild 18) lassen sich einige wertvolle Erkenntnisse gewinnen. In einem Wasserglas befindet sich klares Wasser. Nun wird in dieses Wasser ein Tropfen blaue Tinte gegeben. Der Tropfen zerfließt in dem Wasser und hinterläßt einen kaum sichtbaren blauen Schimmer in dem Wasser. Gibt man einige weitere Tropfen in das Glas, färbt sich das Wasser leicht blau, und nachdem man eine bestimmte Anzahl Tintentropfen in das Wasser

Bild 18 Je mehr Tinte man in eine bestimmte Menge Wasser gibt, um so mehr verfärbt es sich.

gab, hat es eine tiefblaue Farbe angenommen. Man sieht also, daß die Verfärbung des Wassers von der eingegebenen Tintenmenge abhängig ist. War dieser letzte Satz ganz richtig? Nein, denn er ist unvollständig. Warum? Würde man anstelle des relativ kleinen Wasserglases ein großes Aquarium voll Wasser benutzen, dann müßte man feststellen, daß man um eine gleich starke Verfärbung zu erzielen, viel mehr Tinte braucht als bei dem mit Wasser gefüllten Glas. Richtig muß man also in diesem Fall sagen:

Die Verfärbung einer bestimmten Menge Wasser ist von der eingegebenen Tintenmenge abhängig.

Je größer die Wassermenge ist, um so weniger macht sich die in das Wasser gegebene Tinte bemerkbar.

Ein ähnlicher Zusammenhang wie der zwischen

Wassermenge – Tintenmenge und Verfärbung

besteht zwischen

Stoffmenge – Wärmezufuhr und Temperaturerhöhung.

Führt man einem kleinen Körper eine bestimmte Wärmemenge zu, dann erwärmt er sich um eine größere Temperaturdifferenz als ein großer Körper, dem man die gleiche Wärmemenge zuführt. Bei dieser Überlegung ist selbstverständlich noch der Einfluß der spezifischen Wärmekapazität zu berücksichtigen.

Beispiele:

1. 10 kg Wasser sollen von $T_1 = 288,15$ K ($t_1 = +15$ °C) auf $T_2 = 298,15$ K ($t_2 = +25$ °C) erwärmt werden. Wieviel Wärme muß zugeführt werden?

$$Q = m \cdot c \ (T_2 - T_1) \quad \text{bzw.} \quad Q = m \cdot c \ (t_2 - t_1)$$
$$= 10 \cdot 4,19 \ (298,15 - 288,15)$$
$$= 10 \cdot 4,19 \cdot 10 = \textbf{419 kJ}$$

150 kg Wasser sollen um den o. a. Betrag erwärmt werden. Wieviel Wärme muß zugeführt werden?

$$Q = 150 \cdot 4,19 \cdot 10 = \textbf{6285 kJ}$$

2. 50 kg Fleisch (spezifische Wärmekapazität $c = 2,97 \ \dfrac{\text{kJ}}{\text{kg K}}$ sollen von $T_1 = 293,15$ K ($t_1 = +20$ °C) auf $T_2 = 275,15$ K ($t_2 = +2$ °C) abgekühlt werden. Wieviel Wärme muß dem Fleisch entzogen werden?

$$Q = m \cdot c \ (T_1 - T_2) \quad \text{bzw.} \quad Q = m \cdot c \ (t_1 - t_2)$$
$$= 50 \cdot 2,97 \ (293,15 - 275,15)$$
$$= 50 \cdot 2,97 \cdot 18 = \textbf{2673 kJ}$$

1500 kg Fleisch sollen um den o. a. Betrag abgekühlt werden. Wieviel Wärme muß dem Fleisch entzogen werden?

$$Q = 1500 \cdot 2,97 \cdot 18 = \textbf{80190 kJ}$$

3. 10 kg Fleisch von 293,15 K (+20 °C) werden $Q = 418,68$ kJ entzogen. Wie groß ist die erreichte Temperatursenkung? Die Formel

$$Q = m \cdot c(T_1 - T_2)$$

wird umgestellt nach der Temperaturdifferenz

$$(T_1 - T_2) = \frac{Q}{m \cdot c}$$

$$(T_1 - T_2) = \frac{418,68}{10 \cdot 2,97} = 14,1 \text{ K} = 14,1 °C .$$

Das Fleisch kühlt sich also um 14,1 K bzw. 14,1 °C, mithin auf 79,05 K bzw. auf +5,9 °C ab.

4. 500 kg Fleisch werden bei den o. a. Bedingungen $Q = 418,68$ kJ entzogen. Wie groß ist die erreichte Temperatursenkung?

$$(T_1 - T_2) = \frac{418,68 \text{ kJ}}{500 \text{ kg} \cdot 2,97 \text{ kJ/kg K}} = 0,282 \text{ K} = 0,282 °C .$$

Das Fleisch kühlt sich um 0,282 K oder um 0,282 °C auf $T_2 = 292,868$ K bzw. auf $t_2 = +19,718$ °C ab.

9. Ausschnitte aus der Dampftafel für R 22

(siehe Tabelle Seite 101)

9.1 Kopfleiste einer Dampftafel für Kältemittel

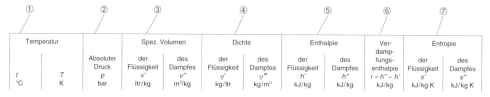

①		②	③		④		⑤		⑥	⑦	
Temperatur			Spez. Volumen		Dichte		Enthalpie		Ver-damp-fungs-enthalpie	Entropie	
		Absoluter Druck	der Flüssigkeit	des Dampfes	der Flüssigkeit	des Dampfes	der Flüssigkeit	des Dampfes		der Flüssigkeit	des Dampfes
t	T	p	v'	v''	ϱ'	ϱ''	h'	h''	$r = h'' - h'$	s'	s''
°C	K	bar	ltr/kg	m³/kg	kg/ltr	kg/m³	kJ/kg	kJ/kg	kJ/kg	kJ/kg K	kJ/kg K

Die einzelnen Einheiten in den Kopfleisten der Dampftafeln für Kältemittel bedeuten:

① **Temperatur [°C, K]**

In Grad Celsius (°C) oder in Kelvin (K), wobei die Beziehung gilt:

K = °C + 273,15

② **Druck [p]**

Hierbei handelt es sich um den absoluten Druck ($p_{abs.}$) in bar. Da Manometer bei normalem atmosphärischem Druck meist „0" anzeigen, ist um den absoluten Druck zu ermitteln, zum jeweiligen Manometerdruck 1 bar hinzuzuzählen.

③ **Spezifisches Volumen [V]**

Das spezifische Volumen zeigt an, wieviel Raum eine Masse von 1 kg eines Stoffes einnimmt

$$v = \frac{1}{\varrho} = \frac{V}{m} \left[\frac{m^3}{kg} \right] \text{ bzw. } \left[\frac{dm^3}{kg} \right]$$

Liter [Ltr] ist ein besonderer Name für dm³ und wird bei Flüssigkeitsvolumen eingesetzt.

9. Ausschnitte aus der Dampftafel für R22

Temperatur		Absoluter Druck	Spez. Volumen		Dichte		Enthalpie		Verdampfungs-enthalpie	Entropie	
t °C	T K	p bar	der Flüssigkeit v' ltr/kg	des Dampfes v'' m³/kg	der Flüssigkeit ϱ' kg/ltr	des Dampfes ϱ'' kg/m³	der Flüssigkeit h' kJ/kg	des Dampfes h'' kJ/kg	$r = h'' - h'$ kJ/kg	der Flüssigkeit s' kJ/kg K	des Dampfes s'' kJ/kg K
−10	263,15	3,56	0,7582	0,654	1,318	15,29	407,17	**621,53**	214,36	4,1440	4,9588
− 8	265,15	3,81	0,7620	0,0611	1,312	16,37	409,38	622,28	212,89	4,1525	4,9555
− 6	267,15	4,09	0,7658	0,0572	1,305	17,48	411,60	623,12	211,52	4,1608	4,9525
− 4	269,15	4,37	0,7697	0,0435	1,299	18,66	413,94	623,96	210,00	4,1696	4,9500
− 2	271,15	4,68	0,7739	0,0502	1,292	19,92	416,29	624,79	208,50	4,1780	4,9471
0	273,15	5,00	0,7785	0,0471	1,285	21,23	418,68	625,63	206,95	4,1868	4,9446
+ 2	275,15	5,33	0,7823	0,0443	1,278	22,57	421,11	626,47	205,36	4,1960	4,9425
+ 4	277,15	5,71	0,7867	0,0416	1,271	24,04	423,54	627,22	203,69	4,2048	4,9396
+ 6	279,15	6,06	0,7912	0,0390	1,264	25,64	426,09	628,06	201,97	4,2136	4,9371
+ 8	281,15	6,44	0,7957	0,0367	1,257	27,25	428,73	628,86	200,13	4,2228	4,9345
+10	283,15	6,85	0,8004	0,0346	1,249	28,90	431,32	629,53	198,45	4,2316	4,9320
+12	285,15	7,28	0,8050	0,0326	1,242	30,67	433,75	630,19	196,44	4,2404	4,9291
+14	287,15	7,72	0,8096	0,0307	1,235	32,57	436,47	631,03	194,59	4,2496	4,9270
+16	289,15	8,18	0,8145	0,0289	1,228	34,60	439,07	631,66	192,59	4,2588	4,9249
+18	291,15	8,66	0,8194	0,0273	1,220	36,63	441,71	632,20	190,50	4,2676	4,9220
+20	293,15	9,17	0,8244	0,0258	1,213	38,76	444,34	632,75	188,41	4,2764	4,9191

④ **Dichte [ϱ]**

Die Dichte zeigt an, welche Masse ein Volumen von 1 m³ eines Stoffes besitzt. Sie ist der Quotient aus Masse und Volumen

$$\varrho = \frac{m}{V} \left[\frac{kg}{m^3}\right] \quad bzw. \quad \left[\frac{kg}{Ltr}\right]$$

⑤ **Enthalpie [h]**

Die Enthalpie gibt an, wieviel Wärmeenergie (kJ) in einem kg eines Stoffes enthalten sind

$$h = \left[\frac{kJ}{kg}\right]$$

⑥ **Verdampfungsenthalpie [r]**

Die Verdampfungsenthalpie ist diejenige Wärmeenergie, die man benötigt, um 1 kg einer Flüssigkeit bei Sättigungsdruck ($p_{abs.}$), ohne Temperaturerhöhung zu verdampfen

$$r = \left[\frac{kJ}{kg}\right]$$

⑦ **Entropie [s]**

Die Entropie ist eine kalorische Zustandsgröße, d. h. nur abhängig von zwei oder drei thermischen Zustandsgrößen wie Druck, Temperatur und Volumen eines Körpers. Sie ist ein Maß für die Arbeitsfähigkeit einer Wärmemenge

$$s = \left[\frac{kJ}{kg \cdot K}\right]$$

10. Die beiden Hauptsätze der Thermodynamik

10.1 Erster Hauptsatz der Thermodynamik

Zwei wichtige Gesetze der Thermodynamik werden als erster und zweiter Hauptsatz bezeichnet. Sie sind die elementaren Grundpfeiler des ganzen Wissensgebietes. Der erste Hauptsatz besagt, daß man Arbeit in Wärme umwandeln kann und umgekehrt. Reibt man sich z. B. die Hände, dann wird die mechanische Arbeit der Muskeln in Wärme umgewandelt. Will man ein Fuhrwerk, welches bergab fährt, aufhalten, dann preßt man einen Holzklotz (die Bremse) gegen das Rad; dabei erwärmt sich der Bremsklotz, er kann sogar anfangen zu verkohlen. Die Bewegungsenergie des Fuhrwerks wird also „vernichtet", sie wird in Wärme umgewandelt. Den gleichen Effekt verwenden Naturvölker zum Anzünden eines Feuers (Bild 19).

Wärme ist eine Energieart. Aus einer Wärmemenge Q kann mechanische Arbeit W erzeugt oder diese in Wärme umgewandelt werden.

Wärme und Arbeit sind gleichwertig (äquivalent)

$$Q = W$$

Diese Erkenntnis wurde erstmals vom deutschen Arzt Julius Robert Mayer (1814/1878) gewonnen. Er berechnete aufgrund vorliegender Meßergebnisse das mechanische Wärmeäquivalent der Wärme.

Bild 19 Naturvölker zünden durch Umwandlung von Bewegungsenergie in Wärme ihr Feuer an.

Die Einheiten der Wärmemenge und Energie (Arbeit)

1 J (Joule) = 1 Nm (Newtonmeter) = 1 Ws (Wattsekunde)

$$1 \text{ J} = 1 \text{ Nm} = \frac{\text{kg m}}{\text{s}^2} \text{ m}$$

Die Einheiten J, Nm, Ws, Wh (Wattstunde) und kWh gelten sowohl für eine Wärmemenge wie für eine Energiemenge (Arbeit). Weil daher mechanische Arbeit bzw. Energie und Wärme nach dem Gesetz die gleiche Einheit haben, ist ein **mechanisches Wärmeäquivalent** als Umrechnungsfaktor überflüssig.

Dasselbe gilt, wie bereits auf S. 67 erwähnt, natürlich auch für das **elektrische Wärmeäquivalent.**

Daß Wärme und mechanische Arbeit gleichwertig sind, wird also als **1. Hauptsatz der Thermodynamik** bezeichnet. Es besteht danach keine Möglichkeit, eine Maschine zu bauen, die dauernd Arbeit verrichtet, ohne daß ein äquivalenter Betrag an gleicher oder anderer Energie verbraucht wird. Energie (Wärme, mechanische Arbeit) kann nur von der einen in eine andere Form umgewandelt werden, geht aber nicht verloren (siehe Gesetz von der Erhaltung der Energie, S. 69). Umgekehrt kann keine Energie aus dem Nichts gewonnen werden. Maschinen oder Apparate, die Arbeit oder Wärme erzeugen, ohne daß Energie zugeführt wird, werden als „Perpetuum mobile 1. Art" bezeichnet: Der 1. Hauptsatz erhält damit auch folgende Fassung:

> **Ein Perpetuum mobile 1. Art ist unmöglich.**

10.2 Zweiter Hauptsatz der Thermodynamik

Der zweite Hauptsatz der Thermodynamik klingt in seiner Allgemeinform sehr einfach und selbstverständlich. Gerade deshalb ist er von außerordentlicher Bedeutung und in seiner mathematischen Formulierung ein Schlüssel zur Lösung vieler Probleme. Der zweite Hauptsatz der Thermodynamik lautet:

> **Wärme fließt immer von einem Medium hoher Temperatur zu einem anderen mit niedriger Temperatur. Der Wärmezufluß kann niemals umgekehrt erfolgen.**

Was heißt das?

Für die Richtung des Wärmeflusses ist immer nur die Richtung des Temperaturgefälles maßgebend. Ohne Temperaturgefälle gibt es keinen Wärmefluß. Aber immer, wenn ein Temperaturgefälle vorhanden ist, findet automatisch ein Wärmefluß statt. Masse, Größe, Enthalpie, Materialbeschaffenheit usw. der beteiligten Stoffe wirken sich nicht auf die Richtung des Wärmeflusses aus. Wenn sich irgendwo zwei Medien mit verschiedenen Temperaturen nähern, fließt immer Wärme vom wärmeren zum kälteren. Stellt man beispielsweise eine Flasche Milch in die Nähe von Eis (Bild 20), dann fließt Wärme von der „warmen" Milch zum Eis, die Milch wird dadurch gekühlt.

Bild 20 Stellt man warme Milch in die Nähe von Eis, dann fließt die Wärme über zum Eis. Die Milch wird abgekühlt.

Ein gutes Beispiel zum Verständnis dieser Tatsache bildet das Verhalten des Wassers. Es fließt immer vom höheren (geografisch höheren) Niveau zum niedrigeren. Ob ein See also groß oder klein ist, spielt hierfür keine Rolle. Wenn der See höher liegt als ein anderer, wird Wasser zum niedrigeren fließen (vorausgesetzt, daß eine Verbindung vorhanden ist). Dieser Fluß währt so lange, bis sich ein gleiches Niveau eingestellt hat.

> **Wärme fließt immer zur kältesten Stelle. Kein Stoff kann Kälte ausstrahlen oder abgeben. Der Wärmefluß hört erst auf, wenn die wärmeaustauschenden Stoffe gleiche Temperaturen haben.**

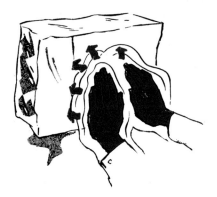

Bild 21 Faßt man mit den Händen einen kalten Gegenstand an, wird an den Händen Wärme entzogen wodurch sie kalt empfinden.

Wenn man z. B. mit der Hand einen kalten Gegenstand berührt (Bild 21) und die Hand sich abkühlt, also kalt empfindet, dann kommt das daher, daß Wärme von der Hand (höheres Temperaturniveau) abfließt und sie dadurch kalt wird. Die Richtung des Wärmeflusses geht aber – und das ist wichtig – von der Hand zum kälteren Gegenstand.

Ähnlich ist es im Kühlraum. Der Verdampfer strahlt keine Kälte aus, er gibt auch keine Kälte ab, sondern die auch im Kühlraum noch vorhandene Wärme fließt zum kältesten Punkt – also zum Verdampfer. Dadurch kühlt sich der Raum ab.

Man kann das auch mit der Wirkung eines Magneten vergleichen. So wie dieser alle Eisenteile anzieht und festhält, so zieht jeder kalte Körper Wärme an und nimmt sie in sich auf (Bild 22).

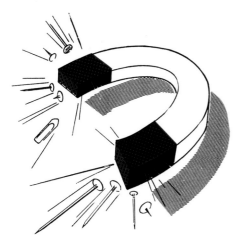

Bild 22   So wie ein Magnet Eisenteile anzieht und festhält, so zieht jeder kalte Körper Wärme an und nimmt sie in sich auf.

Aufgaben

Lösen Sie folgende Aufgaben (Lösungen S. 203):

1. Wenn man einem schmelzenden Eisblock ständig Wärme zuführt, wie verhält sich dann seine Temperatur?

2. Was ist latente Wärme?

3. Wieviel kJ Wärmeenergie muß man einem kg Eis von 0 °C zuführen, um es ganz in Wasser von 0 °C zu verwandeln.

4. Wie nennt man die latente Wärme, die man zu- bzw. abführen muß, um einen Stoff umzuwandeln:

   a) vom festen in den flüssigen Zustand?
   b) vom flüssigen in den festen Zustand?
   c) vom flüssigen in den dampfförmigen Zustand?
   d) vom dampfförmigen in den flüssigen Zustand?

5. Wieviel kJ Wärme muß man einem kg Wasserdampf von 383,15 K (+100 °C) entziehen, um ihn in einen Liter Waser von 373,15 K (+100 °C) zu verwandeln?

6. 30 kg Alkoholdampf von 351,15 K (+78 °C) sollen kondensiert werden. Wieviel kJ Wärme müssen abgeführt werden?

7. 100 Liter Wasser von 288,15 K (+15 °C) sollen zu Eis gefroren und das Eis auf 255,15 K (−18 °C) unterkühlt werden. Wie groß ist die abzuführende Wärmemenge in kJ, MJ, KWh?

8. 100 Liter Wasser von 288,15 K (+15 °C) sollen im Dampf von 373,15 K (+100 °C) verwandelt werden. Wieviel kJ bzw. kWh Wärme müssen dem Wasser zugeführt werden?

9. Wie groß ist die sensible – (fühlbare) und die latente – (verborgene) Wärme:
   a) in Aufgabe 7?
   b) in Aufgabe 8?

10. In der amerikanische Kältetechnik gibt man die Kälteleistung mitunter in „Ton" (Ton of Refrigeration) an. Die „Ton of Refrigeration" kann definiert werden als die Wärmemenge, die man braucht, um eine Tonne Eis (1 amerikanische Tonne = 2000 lbs = 907 kg) bei 0 °C innerhalb von 24 Stunden zu schmelzen. Wieviel kJ/h; W bzw. kW sind demnach 1 „Ton"?

11. Wärmeübertragungsmöglichkeiten

Bei jedem Wärmefluß, der nach dem 2. Hauptsatz der Thermodynamik immer stattfinden muß, wenn ein Temperaturgefälle vorhanden ist, gibt es drei Übertragungsmöglichkeiten:

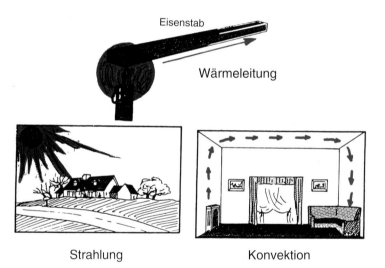

Eisenstab

Wärmeleitung

Strahlung　　　　　Konvektion

Bild 23　Die drei Wärmeübertragungsmöglichkeiten

11.1 Wärmeleitung

Man spricht von Wärmeleitung, wenn die Moleküle eines Stoffes ihre Wärmeenergie durch Schwingungen direkt an ihre Nachbarmoleküle weitergeben und diese wiederum ihre Nachbarmoleküle in Schwingungen versetzen. Wärmeleitung kann also nur innerhalb eines Stoffes erfolgen. Erwärmt man einen Eisenstab über einer Kerzenflamme, dann leitet der Stab die Wärme von einem Ende zum anderen weiter. Hält man den blanken Stab nun zwischen zwei Fingern fest, so spürt man bald die Temperaturerhöhung des anderen Stabendes, die durch den Wärmefluß entsteht. Nach kurzer Zeit wird auch dieses Stabende so heiß, daß man es nicht mehr in der Hand halten kann. Nimmt man jedoch einen Kunststoffstab und hält ihn über die Kerzenflamme, dann wird man am anderen Stabende kaum eine Erwärmung spüren (Bild 24).

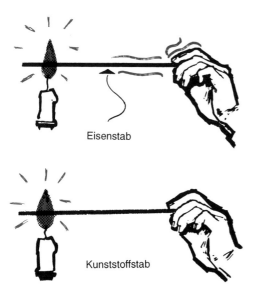

Eisenstab

Kunststoffstab

Bild 24 Ein Eisenstab leitet die Wärme besser als ein Kunststoffstab.

Wärmt man eine Wand auf einer Seite an, dann wird sich je nach Dicke und Material auch die andere Wandseite erwärmen. Durch Leitung fließt also Wärme von der einen Seite zu randeren. Werden z. B. zwei Räume, von denen einer geheizt ist, durch eine Blechwand voneinander getrennt, dann wird sich die Blechoberfläche im „kalten" Raum warm anfühlen. Nimmt man an Stelle von Blech Kunststoff für die Wand, dann wird die Oberflächentemperatur im „kalten" Raum niedriger sein (Bild 25). Diese Tatsache macht man sich beispielsweise bei jedem Zimmerofen zunutze. Die Außenwand des Ofens ist aus Metall, sie soll warm sein, damit sie gut heizt; die Türgriffe usw. macht man aber aus einem schlechten Wärmeleiter, damit die Oberflächentemperatur niedriger bleibt, um die Griffe anfassen zu können. Je nach dem verwendeten Stoff wird also die Wärme gut oder schlecht weitergeleitet.

Wärme fließt schnell   Wärme fließt langsam

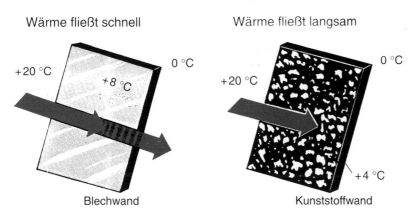

Blechwand   Kunststoffwand

Bild 25 Bei gleicher Temperaturdifferenz ($+20$ °C/0 °C) ist die Oberflächentemperatur einer Blechwand auf der „kälteren" Seite höher als bei einer Kunststoffwand.

> **Es gibt gute und schlechte Wärmeleiter.**

Je nach Verwendungszweck wird man in der Technik gut oder schlecht wärmeleitende Stoffe verwenden.

Bei den guten Wärmeleitern ist die Temperaturdifferenz zwischen „warmer" und „kalter" Seite nur gering (Stabende über Kerze ist heiß – Stabende in der Hand wird ebenfalls heiß – Temperaturdifferenz gering).

Bei den schlechten Wärmeleitern ist die Temperaturdifferenz zwischen „warmer" und „kalter" Seite groß (Kunststoffende über Kerze ist heiß – Kunststoffende in der Hand bleibt kalt – Temperaturdifferenz groß).

Diese Erkenntnis ist für die Isolierung von Kühlstellen von größter Bedeutung. Würde nämlich eine Kühlstelle mit einem guten Wärmeleiter „isoliert" werden, dann würde sich die Außenwand stark abkühlen (guter Wärmeleiter – kleine Temperturdifferenz). Um dies zu vermeiden, wählt man für die Isolierung einen schlechten Wärmeleiter (schlechter Wärmeleiter – große Temperaturdifferenz innerhalb des Stoffes).

11.2 Wärmestrahlung

Ist ein Körper wärmer als seine Umgebung, so strahlt er Wärme ab. Diese Wärmestrahlung ergibt jedoch erst bei höheren Temperaturen größere Werte. Die Wärmestrahlung wird durch die Schwingungen der Moleküle hervorgerufen und ist eine elektromagnetische Wellenbewegung. Zu diesen elektromagnetischen Wellen gehören z. B. auch die Radiowellen und das Licht. Das ist auch die Erklärung dafür, daß Körper mit starker Wärmestrahlung (glühendes Eisen z. B.) aufleuchten. Steigert man die Temperatur eines glühenden Körpers immer mehr, dann wird die Wärmestrahlung annähernd zu Licht (Glühlampe). Das Licht der Glühlampe ist also nichts anderes als eine Wärmestrahlung. Das gleiche gilt selbstverständlich auch vom Licht der Sonne.

Die Sonnenstrahlen sind umgewandelte Wärmeenergie. Diese Energie der Sonne entsteht durch nukleare Verschmelzungsvorgänge. Die Sonnenwärme kann aber nicht durch Leitung abtransportiert werden, da die Sonne im materielosen Weltraum „steht", also kein Wärmeträger vorhanden ist.

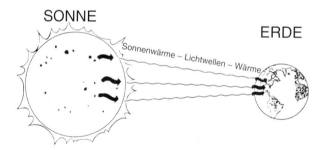

Bild 26 Die in Strahlenenergie umgewandelte Sonnenwärme wird auf der Erde zum großen Teil wieder in Wärme verwandelt.

Die Strahlen selbst sind jedoch keine Wärme, sie entstehen nur aus Wärme.

Strahlung ist wie auch die Wärme eine Form der Energie; im Gegensatz zur Wärme brauchen Strahlen keinen Energieträger, also Materie. Nur dadurch ist es möglich, daß sie auch den Weltraum oder einen anderen luftleeren Raum durchdringen können. Treffen Wärmestrahlen auf Materie, werden sie von dieser teilweise absorbiert und wandeln sich wieder in Wärme um. Die auf die Erde gelangenden Sonnenstrahlen verwandeln sich hier wieder in Wärme (Bild 26). Ein kleiner Teil wird von der Erde reflektiert und als Lichtstrahlen in den Weltraum zurückgeworfen.

Dieser Vorgang

Wärme – Strahlung – Wärme

findet zwischen allen Körpern verschiedener Temperatur statt, die sich nicht direkt berühren.

Wärmestrahlen kann man durch feste undurchsichtige Körper abschirmen.

Bei der Lufttemperaturmessung können sich „Wärmestrahlen" unliebsam bemerkbar machen. Mißt man beispielsweise die Temperatur im Strahlungsbereich eines Heizkörpers, dann erhält man Fehlergebnisse, wenn man das Thermometer nicht abschirmt. Im Strahlungsbereich des Heizkörpers mißt man nämlich nicht die Lufttemperatur, sondern die Temperatur des Thermometers, das sich durch die Bestrahlung erwärmt (Bild 27).

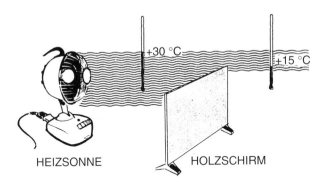

HEIZSONNE   HOLZSCHIRM

Bild 27 Thermometer sind bei Lufttemperaturmessungen gegen Strahlen abzuschirmen.

Je dunkler der von den Wärmestrahlen getroffene Körper ist, um so mehr Wärme wird von ihm absorbiert. Helle Körper reflektieren einen großen Teil der Wärmestrahlen und senden sie wieder zurück. Bei kalter Witterung schmilzt z. B. der Schnee trotz intensiver Sonnenbestrahlung nicht. Bestreut man den Schnee mit Ruß, reflektiert er die Sonnestrahlen schlechter, er absorbiert sie also und fängt dadurch an zu schmelzen. Ähnlich ist es mit einem dunklen Stein, den man auf einen zugefrorenen See legt. Er absorbiert Wärme, erwärmt sich dadurch und bringt das ihn berührende Eis zum Schmelzen; allmählich sinkt er immer tiefer in das Eis, bis er unter der Eisdecke verschwunden ist (Bild 28).

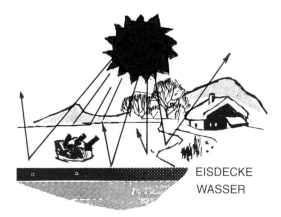

EISDECKE
WASSER

Bild 28 Dunkle Körper absorbieren Wärmestrahlen stärker als helle.

11.3 Konvektion (Strömung)

Bei der Wärmeübertragung durch Konvektion (Strömung) wird eine bekannte physikalische Gesetzmäßigkeit ausgenutzt. Erwärmt man nämlich Luft, dann steigt sie in die Höhe. Die Gebrüder *Montgolfier* nutzten diesen Effekt schon im Jahre 1783 für einen Ballonaufstieg aus. Bringt man über einer brennenden Kerze eine Papierspirale an, dann dreht sich diese durch die emporsteigende Warmluft (Bild 29).

Umgekehrt fällt Luft, wenn man sie abkühlt, nach unten. Dies spürt man beispeilsweise im Winter in der Nähe eines Fensters. Die nach unten fallende Kaltluft macht sich als Zug in der Nähe des Fußbodens bemerkbar (Bild 30).

Berührt eine Flüssigkeit eine wärmere oder kältere Fläche (Bild 31 und 32) oder ein gasförmiger Stoff eine wärmere oder kältere Fläche, dann wird an den Berührungsflächen Wärme ausgetauscht. Durch diesen Wärmeaustausch ändert sich die Dichte der Flüssigkeit oder des Gases, wodurch es zu einer Strömung kommt. Infolge dieser Strömung wird z. B. in einem Kühlraum ständig wärmere Luft an den Verdampfer herangeführt (Bild 33), so daß die gesamte Kühlraumluft ständig abgekühlt wird. Ählich ist es bei einer Heizung. Hier steigt die an den Heizflächen sich erwärmende Luft nach oben (Bild 34), im Kühlraum fällt die am Verdampfer sich abkühlende Luft nach unten.

Bild 29 Erwärmte Luft steigt stets nach oben.

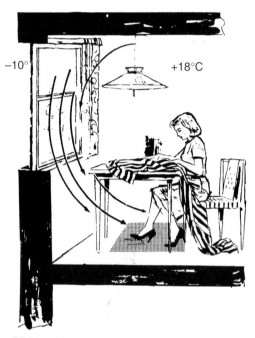

Bild 30 Kalte Luft ist spezifisch schwerer als warme Luft und fällt daher nach unten.

Man spricht in diesen Fällen von natürlicher Luftzirkulation. Um eine solche zu erhalten, müssen die Wärmeaustauscher (Verdampfer oder Heizkörper) richtig angeordnet werden. Kühlkörper muß man also an der Decke, Heizkörper am Boden anbringen. Auch bei der Erwärmung oder der Abkühlung von Flüssigkeiten sind die Heiz- oder Kühlkörper so anzubringen, daß eine natürliche Zirkulation erreicht wird. Manchmal wird die natürliche Zirkulation durch mechanische Hilfsmittel (Ventilatoren, Rührwerke usw.) unterstützt und verbessert.

Bei allen praktisch vorkommenden Wärmeübertragungen handelt es sich um kombinierte Vorgänge der drei Grundmöglichkeiten.

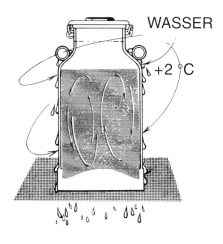

WASSER

+2 °C

Bild 31 Die Flüssigkeit im Rohrsystem beginnt durch die Wärmezufuhr zu steigen d. h. zu strömen.

Bild 32 Die warme Milch in der Kanne beginnt durch die Abkühlung an der Außenwand zu fallen, d. h. zu strömen.

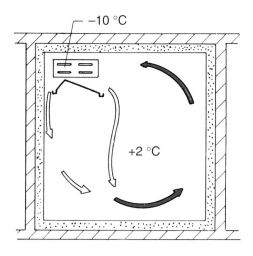

−10 °C

+2 °C

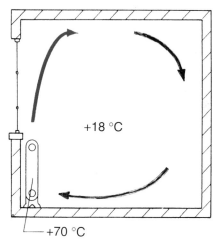

+18 °C

+70 °C

Bild 33 Natürliche Luftzirkulation in einem Kühlraum.

Bild 34 Natürliche Luftzirkulation in einem beheizten Raum.

Aufgaben

Lösen Sie folgende Aufgaben (Lösungen S. 204):

1. Was versteht man unter dem Begriff Enthalpie?

2. Wie groß ist die Enthalpie von flüssigem Kältemittel R 22 bei einer Temperatur von 293,15 K (+20 °C)?

3. Wie groß ist die Enthalpie in kJ/kg von gesättigtem Kältemitteldampf R 22 bei einem absoluten Druck von:

   a) 4,37 bar
   b) 7,72 bar

4. Eine Kälteanlage hat eine Leistung von 11,63 kW bzw. 41868 kJ/h. Die Verdampfungstemperatur beträgt 267,15 K (−6 °C) und die Temperatur des flüssigen Kältemittels vor dem Regelventil beträgt 291,15 K (+18 °C).

   Wie groß ist die stündlich in der Anlage zirkulierende Kältemittelmenge für Betrieb mit R 22?

5. a) 10 kg Olivenöl (spez. Wärmekapazität $c = 1,97$ kJ/kg K sollen von +15 °C erwärmt werden.
   Wieviel Wärme muß zugeführt werden?

   b) 150 kg Olivenöl sollen von +15 °C auf +25 °C erwärmt werden.
   Wieviel Wärme muß zugeführt werden?

6. Wie lautet der erste Hauptsatz der Thermodynamik?

7. Ein Schwungrad einer Maschine überträgt eine Leistung von 10 kW. In dem Lager des Schwungrades geht $^1/_{100}$ der Gesamtleistung als Reibung verloren.

   Wieviel kJ sind das pro Stunde?

8. In einer Dampfmaschine werden stündlich 900 kg Kohle verbraucht. Der Heizwert Hu der Kohle beträgt 27,214 MJ/kg bzw. 7,565 kWh/kg.

   Wie groß ist die durch Verbrennung erzeugte stündliche Wärmemenge und wie groß ist die Maschinenleistung in kW, wenn 13% der Brennstoffwärme in Nutzleistung verwandelt werden?

9. Wie lautet der zweite Hauptsatz der Thermodynamik?

10. Wann findet automatisch ein Wärmefluß statt und wie lange dauert er an?

12. Wärmedurchgang – Wärmedämmung

Sind zwei flüssige oder gasförmige Stoffe durch eine feste Wand voneinander getrennt, so fließt Wärme von der wärmeren zur kälteren Seite. Die Größe der Wärmemenge, die durch diese Trennwand geht, ist von der Dicke und dem Material der Wand abhängig. Beim Wärmedurchgang durch die Wand handelt es sich um einen zusammengesetzten Wärmeübertragungsvorgang:

Konvektion – Leitung – Konvektion

Auf der wärmeren Seite der Wand geht Wärme durch Konvektion von der Luft auf die Wand über. In der Wand wird diese Wärme nach der anderen Seite weitergeleitet. Auf der kälteren Seite geht Wärme aus der Wand in die Luft über (Bild 35). Da Wärme nur dann fließen kann, wenn ein Temperaturgefälle vorhanden ist, muß für jeden der drei Wärmeübertragungsvorgänge ein Temperaturgefälle vorhanden sein. Ohne diese Temperaturdifferenzen wäre kein Wärmefluß möglich.

Um die Vorgänge beim Wärmedurchgang ganz verstehen zu können, muß man sich folgendes klarmachen:

Die Temperatur der Luft oder der Flüssigkeit, die an der warmen Seite die Wand berührt, muß höher sein als die Temperatur der Wandoberfläche dieser Seite.

Die Temperatur der Wandoberfläche an der warmen Seite muß höher sein als die Oberflächentemperatur an der kalten Seite.

Die Temperatur der Wandoberfläche an der kalten Seite muß höher sein als die Temperatur der Luft oder Flüssigkeit, die die Wand an der kalten Seite berührt.

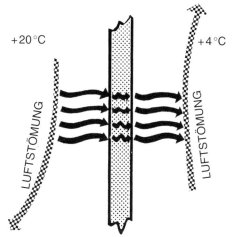

+20 °C   +4 °C

LUFTSTÖMUNG   LUFTSTÖMUNG

Bild 35 Bildliche Darstellung der Wärme-übertragung und des Wärmedurchgangs durch eine ebene Wandfläche.

KONVEKTION – LEITUNG – KONVEKTION

Verursacht durch diese Temperaturdifferenz fließt nun Wärme gleichmäßig von einer Seite zur anderen. Naturgemäß muß genausoviel Wärme aus der rechten Seite der Wand austreten, wie auf der linken Seite eintritt. Das bedeutet, daß die drei Wärmemengen, die durch Konvektion – Leitung – Konvektion übertragen werden, gleich groß sein müssen und daß diese drei Teilwärmen genauso groß sein müssen wie die Gesamtwärme, die durch die Wand fließt. Man kann dies mit dem Durchfluß einer Flüssigkeit durch ein Rohrsystem vergleichen. Am Anfang des Rohrsystems tritt genausoviel Flüssigkeit in das Rohr ein, wie am Ende herauskommt, und durch alle Einzelteile des Systems, wie Ventile, Krümmer, Düsen, Sammler usw., fließt genau die gleiche Menge wie durch das Gesamtsystem.

Zur Berechnung der Wärmemenge, die durch eine Wand hindurchgeht, braucht man einen Faktor, der den Wärmedämmwert der Wand (ähnlich wie die hydraulischen Widerstände beim Wasserfluß) ausdrückt, und die Temperaturdifferenz zwischen warmer und kalter Seite. (Die Temperaturdifferenz steht hier an Stelle des Druckes in der Hydraulik. Je höher der Druck ist, um so mehr Wasser fließt. Je größer die Temperaturdifferenz ist, um so mehr Wasser fließt.) Der Faktor, der den Materialwert einschließlich der Übergangswiderstände an den Außenflächen berücksichtigt, heißt:

Wärmedurchgangskoeffizient oder *k*-Wert

Dieser *k*-Wert wird für die gesamte Wand mit allen Einzelschichten und mit den Übergangswiderständen an den Außenflächen berechnet. Es wird angegeben in:

kJ/m² h K oder W/m² K

113

Der *k*-Wert gibt an, wieviel kJ in einer Stunde oder J/s = W durch eine Wandfläche der Größe von einem m² gehen, wenn die Temperaturdifferenz der beiden durch die Wand getrennten Stoffe 1 K beträgt. Aus dieser Erklärung läßt
sich leicht eine Formel für die Berechnung der Wärmemenge, die pro Stunde
eine beliebig große Wandfläche passiert, aufstellen.

$$Q = A \cdot k (T_2 - T_2)$$ [kJ/h bzw. W oder kW]

Darin bedeuten:

Q = Wärmemenge, die in der Sekunde oder stündlich durch die Wand geht
A = Oberfläche der Wand in m²
k = Wärmedurchgangskoeffizient in $\dfrac{W}{m^2 K}$

$(T_1 - T_2)$ = Differenz der Temperaturen der beiden Stoffe, die durch die Wand getrennt werden, in K

Beispiel:

Die Umgebungswände eines Kühlraumes haben eine Gesamtoberfläche von 27 m². Die Innentemperatur beträgt 273,15 K (0 °C); die mittlere Außentemperatur 298,15 K (+25 °C). Der *k*-
Wert der isolierten Wände ist:

$$k = 0,349 \ \frac{W}{m^2 \, K}$$

Wieviel Wärme wird täglich durch die Wand in den Kühlraum eingeleitet?

Die übertragene Wärmemenge ist

$$Q = A \cdot k \ (T_2 - T_1)$$

$$= 27 \, m^2 \cdot 0,349 \ \frac{J}{s \cdot m^2 \cdot K} \cdot (298,15 \, K - 273,15 \, K)$$

$$= 27 \cdot 0,349 \cdot 25 = 235,57 = \frac{J}{s} = 0,23557 \ \frac{kJ}{s}$$

$$Q = 235,57 \, W = 0,23557 \, kW$$

$$Q = 0,23557 \ \frac{kJ}{s} \cdot \frac{3600 \, s}{1 \, h} = 848,05 \ \frac{h}{kJ} \ .$$

Die täglich in den Kühlraum eingeleitete Wärmemenge beträgt demnach

$$Q = 0,23557 \, kW \cdot 24 \, h = \textbf{5,65 kWh}$$

oder

$$Q = 848.05 \ \frac{kJ}{h} \cdot 24 \, h = \textbf{20 350 kJ} \ .$$

Der Begriff des *k*-Wertes ist auch in den Leistungstabellen von Verdampfern und Verflüssigern
häufig zu finden. Dabei handelt es sich um Mittelwerte, die auf die Gesamtoberfläche bezogen sind. Der *k*-Wert eines Verdampfers gibt also an, wieviel kJ oder kW pro Stunde bei einem
K Temperaturdifferenz von einer 1 qm großen Verdampferoberfläche aus der umgebenden
Kühlraumluft aufgenommen werden. Bei der Temperaturdifferenz handelt es sich hier um die
Differenz zwischen der am Verdampfer vorbeistreichenden Kühlraumluft und der Temperatur
des Kältemittels, welches im Verdampfer siedet.

Der *k*-Wert ist also ein wichtiger Begriff für kältetechnische Berechnungen. Die eigentliche Berechnung des *k*-Wertes soll hier nicht erläutert werden, da es hier umfangreiches Tabellenmaterial gibt, aus dem die fertig ausgerechneten *k*-Werte für Decken und Wände aller Art, Verdampfer, Verflüssiger usw. entnommen werden können. Wichtig ist jedoch zu wissen, wie sich der *k*-Wert verändert und wie sich diese Veränderungen auswirken.

Hier spielen drei Faktoren eine wichtige Rolle:

a) **Das Material der Wand**

Je schlechter die Wärmeleitfähigkeit dieses Materials ist, um so kleiner wird der *k*-Wert; also um so besser ist der Wärmedämmwert (Isolierfähigkeit der Wand). Insbesondere trockene, poröse Stoffe haben eine schlechte Wärmeleitfähigkeit. Sie dämmen also die Wärme gut. Metalle dagegen leiten die Wärme sehr gut, sind also als Wärmedämmstoffe ungeeignet. Soll jedoch der Wärmedurchgang möglichst groß sein (Verdampfer und Heizkörper), dann wird man Metall als Baustoffe verwenden.

b) **Dicke der Wand**

Je dicker die Wand, um so größer wird ihre Wärmedämmfähigkeit; je dünner sie ist, um so kleiner wird sie. Bei dicken Wänden wird also der *k*-Wert kleiner.

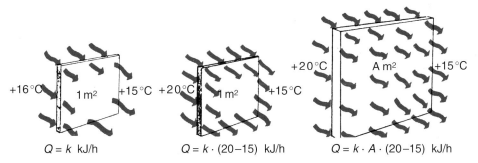

$$Q = k \ \text{kJ/h} \qquad Q = k \cdot (20-15) \ \text{kJ/h} \qquad Q = k \cdot A \cdot (20-15) \ \text{kJ/h}$$

Bild 36 Der Wärmedurchgangskoeffizient „*k*", die Temperaturdifferenz und die Flächengröße sind maßgebend für die Bestimmung der durch eine Wand tretenden Wärmemenge.

c) **Wärmeübergangskoeffizient**

Bei Übergang der Wärme aus der Luft in eine Wand liegt ein gewisser „Widerstand" vor. Dieser Widerstand muß von der Wärme bei ihrem Fluß überwunden werden. Das gleiche gilt beim Austritt der Wärme aus der Wand. Der Wärmeübergangswiderstand ist von der Beschaffenheit der Wandoberfläche und von der Bewegung der Luft oder Flüssigkeit abhängig. Sehr glatte Wandflächen haben geringere Wärmeübergangswiderstände. Wird die Luft oder die Flüssigkeit schnell an der Wand entlang bewegt, so nimmt der Wärmeübergangswiderstand ebenfalls ab.

Beispiele:

a. Das Material dieser Wand hat einen hohen Wärmedämmwert (schlechte Wärmeleitfähigkeit). Deshalb ist innerhalb der Wand eine große Temperaturdifferenz erforderlich, damit die Wärme durch die Wand gehen kann.

b. Die Wärme geht leicht durch die Wand, da das Material eine gute Wärmeleitfähigkeit hat. Innerhalb der Wand ist nur eine geringe Temperaturdifferenz erforderlich. Damit nun auch genügend Wärme an den Außenflächen übertreten kann, muß die Temperaturdifferenz an den Außenflächen größer werden. Die Wand „b" ist zur Wärmedämmung ungeeignet. An ihrer rechten Seite wird sich Eis bilden, da die Oberflächentemperatur unter 0 °C liegt.

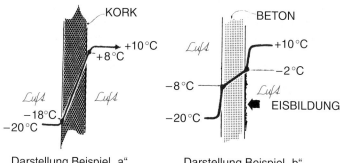

Darstellung Beispiel „a"   Darstellung Beispiel „b"

**Je besser der Wärmedämmwert, um so größer die Temperaturdifferenz inner-
halb der Wand, d. h. um so höher ist die Temperatur der wärmeren Wandseite
(wichtig für Schwitzwasser- und Eisbildung)**

**Je besser die Wärmeleitfähigkeit, um so kleiner die Temperaturdifferenz inner-
halb der Wand, d. h. um so niedriger ist die Oberflächentemperatur an der wärmeren Seite.**

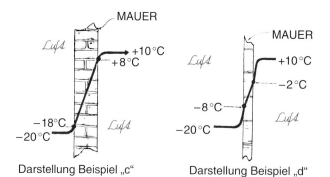

Darstellung Beispiel „c"   Darstellung Beispiel „d"

c.   Die Wand hat durch ihre Dicke einen hohen Wärmedämmwert. Deshalb ist innerhalb der
     Wand eine große Temperaturdifferenz erforderlich, damit die Wärme durchgehen kann.

d.   Die Wärme geht leichter durch die Wand, da sie dünner ist. Innerhalb der Wand ist eine
     geringere Temperaturdifferenz erforderlich. Damit nun auch genügend Wärme an der
     Außenfläche übertreten kann, muß die Temperaturdifferenz an den Außenflächen
     größer werden.

e. + f. Die Wände in Beispiel „e" und „f" sind aus dem gleichen Material und haben die glei-
     che Stärke. Die Wand in Beispiel „f" trennt jedoch zwei mit Wasser gefüllte Räume.
     Flüssigkeiten haben aber einen erheblich geringeren Wärmeübergangswiderstand als
     gasförmige Stoffe. Dadurch wird im Fall „f" die Temperaturdifferenz zwischen Wasser
     und der Wand kleiner (der Widerstand beim Übertritt der Wärme ist geringer). Die Tem-
     peraturdifferenz innerhalb der Wand wird dadurch größer, so daß also auch hier mehr
     Wärme durchgeleitet wird. Der k-Wert der Wand in Beispiel „f" ist trotz gleicher Beschaf-
     fenheit größer als der von der Wand in Beispiel „e".

g. + h. Die Fälle in Beispiel „g" und „h" zeigen die schematische Darstellung einer Verdamp-
     ferwand. Da die Wand sehr dünn und aus Metall ist, ist die Temperaturdifferenz in der
     Wand nur sehr klein. Auf der linken Seite befindet sich verdampfendes R 22, auf der
     rechten Luft.

Der k-Wert kann erheblich verbessert werden, wenn man die Luft an der Verdampfer-oberfläche in Bewegung setzt. Dadurch wird der Wärmeübergangswiderstand kleiner. Es geht mehr Wärme aus der Luft in die Wand über. (Es wird ja auch ständig neue Luft herangeführt.) Aus der Vergrößerung der Temperaturdifferenz innerhalb der Wand sieht man, daß sich der Wärmedurchgang beinahe verdoppelt hat. (Temperaturdifferenz bei „g" innerhalb der Wand 0,8 K bei „h" 1,5 K.)

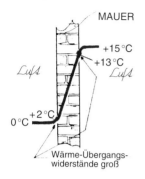

Darstellung Beispiel „e"

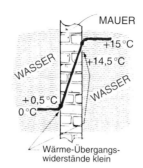

Darstellung Beispiel „f"

Darstellung Beispiel „g"   Darstellung Beispiel „h"

Der Wärmedurchgangskoeffizient k einer gleichen Wand wird größer, wenn sich auf einer oder beiden Seiten Flüssigkeiten befinden. Er wird ebenfalls größer, wenn die die Wand berührenden Flüssigkeiten oder Gase bewegt werden. Aus diesem Satz erklärt sich die Tatsache, daß ein Rohrschlangenverdampfer in Luft einen k-Wert von rd. 14 W/m^2 K hat, in bewegter Luft aber einen k-Wert von rd. 23,25 W/m^2 K und in Wasser sogar einen k-Wert von 70 W/m^2 K. Wird das Wasser bewegt, so kann der k-Wert auf 235 W/m^2 K ansteigen. Dabei handelt es sich um den gleichen Verdampfer.

Beispiel:

Ein Rohrschlangenverdampfer von $A = 25$ m^2 Oberfläche kühlt eine Kühlzelle. Der Raum hat eine Temperatur von $T_1 = 277,15$ K, die Verdampfungstemperatur liegt bei $T_2 = 263,15$ K. Wie groß ist die Verdampferleistung bei stiller Kühlung? Der Wärmedurchgangskoeffizient beträgt $k = 14$ W/m^2 K.

Die Verdampferleistung wird damit

$Q = A \cdot k \ (T_1 - T_2)$

$Q = 25$ m$^2 \cdot 14$ W/m^2 K $\cdot$ (277,15 − 263,15) K

$Q = 4900$ W = **4,9 kW**

Wie groß ist die Verdampferleistung bei gleichen Temperaturverhältnissen, wenn bewegte Luft verwendet wird? Der Wärmedurchgangskoeffizient beträgt in diesem Fall $k = 23,25$ W/m² K.

$$Q = 25 \text{ m}^2 \cdot 23,25 \text{ W/m}^2 \text{ K} \cdot 14 \text{ K} = 8137,5 \text{ W} = \textbf{8,1375 kW}$$

Wie groß ist die Verdampferleistung, wenn der Verdampfer zur Kühlung eines Wasserbades ohne Rührwerk verwendet wird?

Der Wärmedurchgangskoeffizient ist dann rd. $k = 70$ W/m² K. Die Leistung beträgt

$$Q = 25 \text{ m}^2 \cdot 70 \text{ W/m}^2 \text{ K} \cdot 14 \text{ K} = 24500 \text{ W} = \textbf{24,5 kW}$$

Aufgaben

Lösen Sie folgende Aufgaben (Lösungen S. 204/205):

1. Welches sind die drei Wärmeübertragungsmöglichkeiten?

2. Was geschieht, wenn man eine Stange Eis mit einer Temperatur von 0 °C in einen Tiefkühlraum mit −18 °C legt?

   a) Das Eis kühlt den Raum zusätzlich
   b) Das Eis gibt Wärme ab

3. Wann spricht man von Wärmeleitung?

4. Welche der nachfolgend aufgeführten Stoffe sind gute und welche schlechte Wärmeleiter?

   a) Silber   f) Blei
   b) Glas   g) Gummi
   c) Holz   h) Aluminium
   d) Kupfer   i) Wasser
   e) Steine   k) Luft

5. Die Wärmeleitfähigkeit des Silbers ist mehr als

   a)   100
   b)   1 000
   c) 10 000

   mal so groß wie die der Luft.

6. In einem kleinen Warmwasserheizungssystem zirkuliert das Wasser ohne Pumpenkraft vom Heizkessel zu den Heizkörpern und wieder zurück.

   a) Wie erklärt sich dieser Vorgang?
   b) Wie nennt man diese Art von Wärmetransport?

7. Wie nennt man die Übertragung von Wärme ohne Mitwirkung eines Stoffes?

8. Wie kommt es, daß bei einem Höhenflug trotz schönstem Sonnenschein niedrigere Außentemperaturen gemessen werden?

9. In hochgelegenen Gegenden mit kurzem Sommer streuen die Bauern im Frühjahr Asche auf die noch mit Schnee bedeckten Felder; warum?

10. Warum sind die Kühlwagen der Bundesbahn weiß angestrichen?

13. Das System der Kälteanlage

Eine Kälteanlage hat dafür zu sorgen, daß die Temperatur eines bestimmten Raumes oder einer bestimmten Zone unter die Umgebungstemperatur gesenkt wird. Da man Kälte nicht erzeugen kann, muß die Kältemaschine der zu kühlenden Stelle Wärme entziehen und diese Wärme an einen anderen Platz abtransportieren. Die Wärme muß also an einer Stelle außerhalb des Kühlraumes wieder „abgeladen" werden (Bild 36).

Man kann also sagen:

> **Eine Kälteanlage nimmt Wärme an der Kühlstelle auf, transportiert sie ab und gibt sie an anderer Stelle wieder frei.**

Oder in anderen Worten ausgedrückt:

> **Kühlung ist die Übertragung von Wärme von einem Ort wo sie unerwünscht ist, zu einem Ort, wo sie nicht stört.**

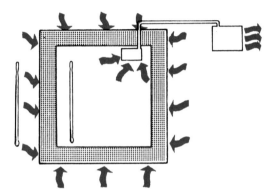

Bild 37 Die an der Kühlstelle aufgenommene Wärme wird dahin transportiert, wo sie nicht stört.

Ein ähnlicher Vorgang kann hierzu als Beispiel dienen.

Gräbt man einen tiefen Schacht, dessen Sohle unter dem Grundwasserspiegel liegt, dann muß man ständig Wasser abpumpen, um zu vermeiden, daß der Schacht sich mit Grundwasser füllt. Alles Wasser, was an den Wänden oder dem Boden einsickert, muß durch eine Pumpe entfernt werden (Bild 37). Ähnlich ist es bei einer Kühlstelle. Hier ist das Niveau der Innentemperatur unter die Umgebungstemperatur zu senken.

> **Die Kühlanlage muß also ständig Wärme abpumpen, um die Temperatur auf der gewünschten niedrigen Höhe zu halten.**

Wie geschieht das?

Wie es bei einem Eisschrank geschah, wissen wir schon. Das Eis nahm die Wärme aus dem Schrankinnern auf, benutzte sie zum Schmelzen, und die aufgenommene Wärme lief dann mit dem Eiswasser ab. Dadurch wurde ständig Wärme aus dem Eisschrank abtransportiert (Bild 39). Es ist gut, daran zu denken, daß die **Schmelzenthalpie** des Eises, also eine **latente Wärme**, für die Kühlung benutzt wurde.

Von außen dringt ständig Wärme ein, denn keine Isolierung kann den Wärmefluß völlig unterbinden. Isolierungen vermindern den Wärmefluß nur. Ohne Kältemaschine würde sich die Temperatur eines Kühlraumes bald an die Außentemperatur angleichen (siehe Grundwasserspiegel).

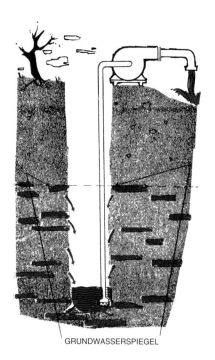

GRUNDWASSERSPIEGEL

Bild 38 Genauso wie eine Pumpe aus einem tiefen Schacht das einsickernde Grundwasser abtransportiert, um ein gewisses Niveau zu halten, genauso transportiert ein Kälteaggregat die in einen Kühlraum eindringende Wärme ab, um eine gewisse Temperatur einzuhalten.

Bild 39 Die vom Eis im Eisschrank aufgenommene Wärme fließt mit dem Eiswasser ab.

Auch in einer modernen Kühlanlage wird nämlich eine latente Wärme, hier die Verdampfungsenthalpie, für die Kühlung benutzt. Aber wieso die Verdampfungsenthalpie? Verdampfen das bedeutet doch sieden, kochen, also hohe Temperatur? Falsch gedacht? Wasser siedet zwar bei normalem atmosphärischen Druck bei +100 °C. Aber es gibt eine ganze Reihe anderer Stoffe, die bei viel niedrigeren Temperaturen sieden. Das Kältemittel R 22 z. B. siedet bei normalem Druck schon bei −40,8 °C. Was heißt das? Wenn man in eine offene Flasche R 22 füllt, dann beginnt es zu kochen. Hält man in diese Flasche ein Thermometer, dann wird es eine Temperatur von −40,8 °C anzeigen (Bild 40). Bei dieser Temperatur verwandelt sich R 22-Flüssigkeit in R 22-Dampf. Dazu wird aber Wärme, nämlich die Verdampfungsenthalpie, benötigt. Sie beträgt bei R 22 rd. 234 $\frac{kJ}{kg}$.

Diese Wärme fließt aus der Umgebungsluft, die ja wärmer ist, durch die Wandung der Flasche in das Kältemittel.

Die Umgebungsluft ist also die Wärmequelle für das siedende R 22. Das aus der Flasche dampfende Kältemittel hat eine höhere Enthalpie als das flüssige Kältemittel. Würde man nun diese Flasche mit Kältemittel in einen Kühlschrank stellen und das dampfförmige R 22 durch eine Röhre nach oben entweichen lassen, dann hätte man einen einfachen, gut funktionierenden Kühlschrank (Bild 41). Wie beim Eis die Schmelzenthalpie, so würde man hier die Verdampfungsenthalpie zur Wärmeaufnahme – also zur Kühlung – benutzen.

Das verdampfende R 22 befindet sich in der Flasche genau im gleichen Zustand wie kochendes Wasser in einem Wasserkessel (Bild 42). Beide Flüssigkeiten verdampfen unter Wärmezufuhr, sie kochen, aber die Verdampfungstemperaturen sind verschieden, bei Wasser ist sie +100 °C, bei R 22 ist sie −40,8 °C. Der Effekt ist jedoch genau der gleiche.

VERDAMPFT
BEI
−40,8 °C

Bild 40 Flüssiges Kältemittel R 22 siedet (verdampft) bei normalem Druck bei −40,8 °C.

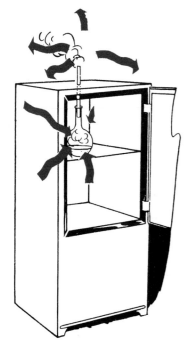

Bild 41 Eine nach außen mündende R 22-Flasche in einem isolierten Gehäuse würde einen einfachen und gut funktionierenden Kühlschrank abgeben.

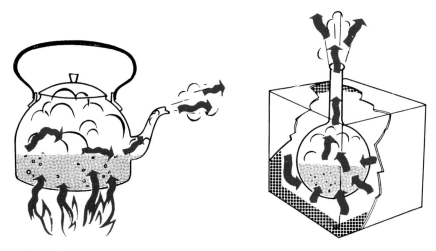

Bild 42 Siedendes Wasser von +100 °C und siedendes R 22 von −40,8 °C befinden sich physikalisch im gleichen Zustand.

Die Wärme des Innenraumes eines solchen Kühlschrankes fließt, da die Temperatur rd. +5 °C beträgt, zu dem „Verdampfer", dessen Temperatur −40,8 °C beträgt. Durch das Gehäuse des Schrankes fließt jedoch auch ständig Wärme nach innen. Je besser er isoliert ist, um so besser hemmt er diesen Wärmefluß.

Da das Kältemittel R 22 eine Verdampfungsenthalpie von 234 kJ/kg hat, kann 1 kg R 22, wenn es verdampft, 234 kJ/kg Wärme aufnehmen. Für einen mittleren Haushaltskühlschrank, der einen Kältebedarf von rd. 1,4 kWh = 1,4 · 3600 = 5040 kJ pro Tag hat, brauchte man also 5040 : 234 = 21,5 kg R 22 am Tag, um die Temperatur von +5 °C einzuhalten.

Ein solcher Kühlschrank wäre wegen seiner riesigen Betriebskosten unbezahlbar. Man suchte deshalb nach einer Einrichtung, mit der man das verdampfende Kältemittel wieder auffangen und zurückverflüssigen kann.

Das Zurückverflüssigen könnte in einem Verflüssiger geschehen, in dem man das Kältemittel auf eine Temperatur, die tiefer ist als −40,8 °C, abkühlen würde (Bild 43). Das dann kondensierte Kältemittel könnte der Kühlflasche, die man normalerweise Verdampfer nennt, wieder zulaufen.

Da aber im Verflüssiger tiefere Temperaturen als im Verdampfer benötigt würden, ist dieser Weg ungangbar, denn man brauche dann ja wieder eine Kühlanlage, um die Verflüssiger zu kühlen.

Unter Ausnutzung einiger physikalischer Gesetze gibt es jedoch eine einfache Möglichkeit, das Kältemittel wieder zu verflüssigen und es in einem ständigen Kreislauf immer wieder zu benutzen. Wenn man einen gasförmigen Stoff verdichtet, ihn also in einem Zylinder zusammenpreßt, erhöht sich seine Temperatur erheblich (Bild 44).

Durch die Druckerhöhung erhöht sich aber auch der Verflüssigungspunkt. Wird z. B. das Kältemittel R 22 von 1 bar auf 12,5 bar verdichtet, dann wird seine Überhitzungstemperatur auf ca. +90 °C ansteigen und der Verflüssigungspunkt auf +32 °C. Nun kann also im Verflüssiger Wärme vom Kältemittel zur Umgebungsluft, die meistens niedriger ist als +32 °C fließen, denn nun ist ein Temperaturgefälle vorhanden (Bild 45).

Durch diesen Wärmeabfluß kondensiert das Kältemittel wieder. Wäre die Umgebungsluft wärmer als +32 °C, müßte das Kältemittel im Verdichter auf einen noch höheren Verflüssigungsdruck verdichtet werden.

122

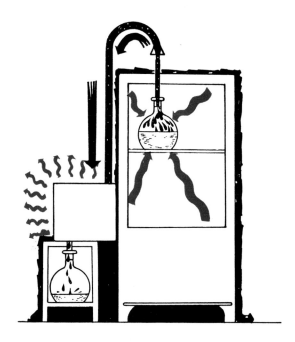

Bild 43 Eine Verflüssigung ist nur dann möglich, wenn das verdampfte Kältemittel seine Verflüssigungsenthalpie an eine Umgebungstemperatur abgeben kann, die unter der Verflüssigungstemperatur liegt.

Alle im Kühlabteil aufgenommene Wärme wird also im Verflüssiger wieder abgegeben. Da die Arbeit der „Pumpe", also des Verdichters, auch auf das Kältemittel einwirkte und ihm durch das Komprimieren Energie, also Wärme, zuführte, muß diese Wärme ebenfalls im Verflüssiger abgegeben werden.

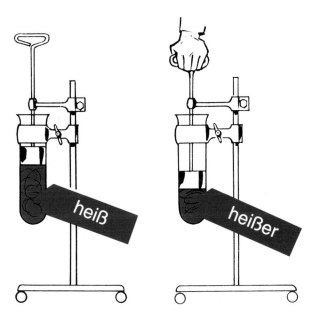

Bild 44 Komprimiert man den Kältemitteldampf, erhöht sich mit dem Druck auch seine Temperatur.

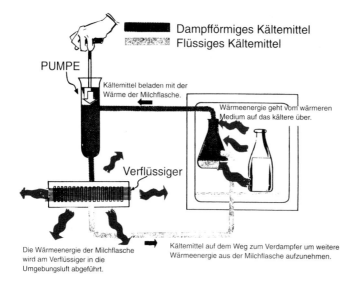

Dampfförmiges Kältemittel
Flüssiges Kältemittel

PUMPE

Kältemittel beladen mit der
Wärme der Milchflasche.

Wärmeenergie geht vom wärmeren
Medium auf das kältere über.

Verflüssiger

Die Wärmeenergie der Milchflasche
wird am Verflüssiger in die
Umgebungsluft abgeführt.

Kältemittel auf dem Weg zum Verdampfer um weitere
Wärmeenergie aus der Milchflasche aufzunehmen.

Bild 45 Einfache Darstellung
eines Kältesystems.

> **Die Verflüssigerarbeit einer Kältemaschine ist die Summe aus der Verdampfer-
> arbeit und der in Wärme (J, kWh) umgerechneten Arbeit des Antriebsmotors
> des Verdichters. Am Verflüssiger wird also mehr Wärme abgegeben als im Ver-
> dampfer aufgenommen wird.**

Dem vorbeschriebenen Kreislauf fehlt jedoch noch ein wichtiges Organ, ohne das eine Kälteanlage nicht funktionieren kann:

Das Drosselorgan

Betrachten wir einmal die Drücke innerhalb eines Kühlsystems. Im Verdampfer ist der Kälte-
mitteldruck niedrig, nach der Kompression, also im Verflüssiger, ist er hoch. Im Verdampfer
soll der Druck jedoch wieder niedrig sein, damit das Kältemittel auch bei tiefen Temperaturen
verdampfen kann. Aus diesem Grunde muß zwischen Verflüssiger und Verdampfer eine Drosselorgan eingebaut werden, in dem der hohe Verflüssigerdruck auf den niedrigen Verdampferdruck expandiert wird. Dieses Drosselorgan kann ein einfaches Ventil, ein Kapillardrosselrohr oder auch ein einstellbares Expansionsventil sein (siehe Kap. 10, S. 197).

Im Kreislauf des Kältemittels wird das Kältemittel in seinem physikalischen Zustand ständig
verändert. Dabei läuft es durch folgende Stationen:

Verdampfer: Es verdampft bei niedrigem Druck und nimmt Wärme auf. Dabei wird die
Kühlstelle gekühlt.

Verdichter: Es wird durch Verdichtung auf einen höheren Druck gebracht und erwärmt,
nimmt dabei Energie auf.

Verflüssiger: Es gibt bei hohem Druck Wärme an das Verflüssigerkühlmittel (Luft oder
Wasser) ab und kondensiert dadurch.

Drosselorgan: Das flüssige, unter Hochdruck stehende Kältemittel wird auf den Niederdruck
des Verdampfers entspannt.

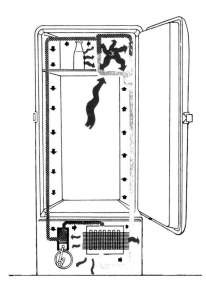

Dampfförmiges Kältemittel
Flüssiges Kältemittel
Wärmefluß

Bild 46   Das Kältekreislaufsystem in einem Haushaltkühlschrank.

Bild 47 zeigt das Prinzipschema eines Kältekreislaufsystems in einem Raumklimagerät.

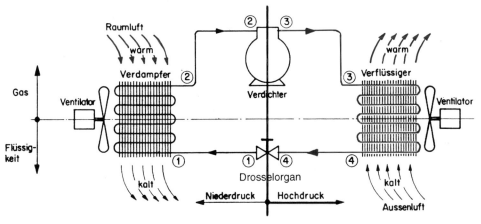

Bild 47   Kältekreislaufsystem in einem Raumklimagerät.

Verhältnismäßig warme Raumluft strömt über den Verdampfer und führt den sich darin befindlichen Kältemittel Wärme zu.

Dadurch verdampft die vom Drosselorgan eingespritzte Flüssigkeit ① bei einer dem Verdampfungsdruck entsprechenden Temperatur.

Bevor der gebildete Dampf den Verdampfer verläßt ②, wird er noch ein wenig überhitzt.

Der Verdichter saugt das überhitzte Gas an ② und bringt es auf einen höheren Druck ③ und somit höhere Temperatur.

Das verdichtete Gas kommt in den Verflüssiger über den die verhältnismäßig kalte Außenluft streicht. Die Außenluft kühlt das Kältemittelgas soweit ab, bis die dem Verflüssigungsdruck entsprechende Sättigungstemperatur erreicht ist.

Danach verwandelt sich das Gas, unter Abgabe der latenten Wärme (Verflüssigungsenthalpie) in Flüssigkeit.

125

Zum Schluß wird die Flüssigkeit, bevor sie den Verflüssiger verläßt, noch ein wenig unterkühlt, was zur Erhöhung der Kälteleistung beiträgt ④.

Die unterkühlte Flüssigkeit fließt jetzt zur Drosselvorrichtung in welcher ein Druckabfall von ④ auf ① stattfindet. Damit fällt die Temperatur des Kältemittels von der unterkühlten Flüssigkeitstemperatur auf die Verdampfungstemperatur.

Der Kreislauf wiederholt sich.

Das im Kreislaufsystem zirkulierende Kältemittel ist also ein Stoff, der von einer besonderen Apparatur (dem Kältesystem) als Wärmeträger benutzt wird. Theoretisch wäre beinahe jeder Stoff als Kältemittel geeignet. Man könnte z. B. auch Wasser als Kältemittel benutzen. Dabei würde man jedoch mit Dampfdrücken arbeiten müssen, die außerordentlich niedrig wären. Die dazu erforderlichen Maschinen wären deshalb sehr kompliziert und teuer.

Deshalb haben sich in der Praxis nur einige Stoffe als brauchbare Kältemittel erwiesen. Neben den rein thermodynamischen Eigenschaften sind natürlich auch eine Reihe anderer Punkte von ausschlaggebender Bedeutung. Kältemittel sollen nicht giftig, nicht brennbar, nicht explosiv, geruchlos und umweltfreundlich sein. Ferner dürfen sie die Materialien, aus denen Kälteanlagen gebaut werden, nicht angreifen (siehe Kapitel 12, S. 181).

Aufgaben

Lösen Sie folgende Aufgaben (Lösungen S. 205):

1. Was geschieht, wenn zwei Räume mit verschiedener Temperatur durch eine Zwischenwand getrennt sind?

2. Aus welchen Wärmeübertragungsarten (Reihenfolge) setzt sich der Wärmedurchgang durch eine ebene Wand zusammen?

3. Wie nennt man:

   a) Den Koeffizient, der den Materialwert, einschließlich der Übergangswiderstände an den Außenflächen, berücksichtigt?
   b) Welche Einheiten hat er?
   c) Wie wird er definiert?

4. Von welchen Größen ist der Wärmedurchgang durch eine Wand abhängig?

5. Wie heißt die Gleichung zur Ermittlung der durch eine Wand hindurchgehenden Wärmemenge?

6. Welche drei Faktoren üben auf den Wärmedurchgangskoeffizienten einen wichtigen Einfluß aus?

7. Wenn Wärme leicht durch eine Wand hindurchgeht, wie ist dann die Temperaturdifferenz

   a) innerhalb der Wand?
   b) an den Außenflächen?

8. Wenn zwei Wände aus gleichem Material bestehen und gleiche Stärke haben, jedoch die eine auf beiden Seiten von Wasser und die andere von Luft, mit gleicher Temperatur bzw. Temperaturdifferenz, begrenzt wird, wie verhält es sich dann mit dem Wärmedurchgangskoeffizienten?

9. Für einen Kühlraum wurde eine stündliche Kälteleistung von $Q = 3,00$ kW = 10800 kJ/h ermittelt. Die Kühlraumtemperatur soll 275,15 K (+2 °C) betragen, die Verdampfungstemperatur (Kühloberflächentemperatur) 265,15 K (−8 °C). Wie groß muß die Oberfläche des Verdampfers sein für:

a) einen Verdampfer für stille Kühlung

$$k = 12,0 \, \frac{W}{m^2 \, K}$$

b) einen Ventilator-Verdampfer $k = 24,0 \, \frac{W}{m^2 \, K}$

10. An der Außenwand eines isolierten Kühlabteils bildet sich Schwitzwasser. Was kann die Ursache sein?

Kälteanlagen

1. Die Hauptteile einer Kälteanlage

Mit Hilfe einer Kälteanlage wird Wärme von einer Stelle mit niedrigem Temperaturniveau zu einer Stelle mit höherem Temperaturniveau transportiert. Die Wärme muß also entgegen der natürlichen Flußrichtung (siehe 2. Hauptsatz der Thermodynamik) bewegt werden. Dazu sind besondere Einrichtungen erforderlich, die man Kälteanlage nennt.

Die Aufgabe einer Kälteanlage kann man auch mit der Aufgabe einer Pumpstation vergleichen. Verbindet man z. B. zwei Gewässer mit verschiedenem Höhenniveau, dann fließt das Wasser des höheren Beckens von selbst in das tiefere. Soll jedoch Wasser aus dem tieferen See in den höheren gebracht werden, dann sind dazu maschinelle Hilfsmittel erforderlich (Bild 1).

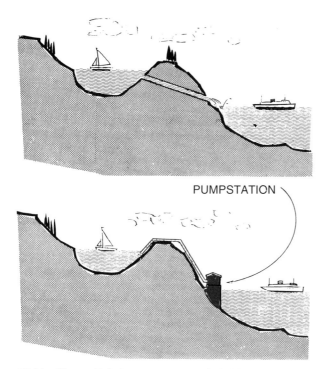

Bild 1 Wasser fließt immer vom geografisch höheren Niveau zum niederen. Für den umgekehrten Vorgang muß man Energie einsetzen.

Ähnlich ist es bei einer Kälteanlage. Am Kühlkörper herrscht die niedrigste Temperatur, während der Verflüssiger die höchste Temperatur hat. Um die tiefe Temperatur der Kühlstelle konstant zu halten, muß nun dort dauernd Wärme aufgenommen und zum Verflüssiger transportiert werden. Am Verflüssiger wird die aufgenommene Wärme wieder freigegeben.

Soll beispielsweise die Temperatur eines geschlossenen Raumes +2 °C betragen, dann fließt im Winter Wärme aus dem Raum ab und im Sommer muß Wärme nach außen gepumpt werden (Bild 2).

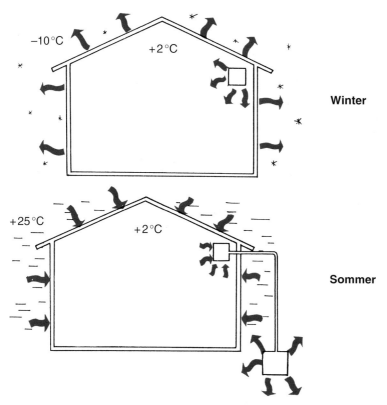

-10 °C

+2 °C

Winter

+25 °C

+2 °C

Sommer

Bild 2 Im Winter wird dem Raum Wärme zugeführt (oben). Soll im Sommer eine Temperatur eingehalten werden, die unter der Außentemperatur liegt, muß ständig Wärme aus dem Raum nach draußen transportiert werden (unten).

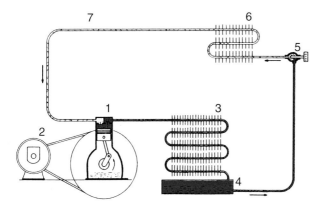

Bild 3 Die Hauptteile einer Kälteanlage.

Eine Kälteanlage hat also die Aufgabe, Wärme an einer Stelle wegzunehmen und an einer anderen wieder freizugeben. Sie hat folgende Hauptteile (Bild 3):

1. Verdichter
2. Motor
3. Verflüssiger

4. Flüssigkeitssammler
5. Drosselorgan
6. Verdampfer
7. Rohrleitungen

Zu diesen Hauptteilen kommt noch das im System zirkulierende Kältemittel.

2. Der Verdichter

Im Verdichter wird das dampfförmige Kältemittel mit niedrigem Druck angesaugt und auf einen höheren Druck verdichtet. Es gibt Verdichter mit hin- und hergehenden (Hubkolbenverdichter) und solche mit rotierenden Kolben. Letztere werden auch Rotations- oder Umlaufverdichter genannt. Rotationsverdichter werden hauptsächlich im Bereich der Kleinkälte angewandt, wie z. B. für Kühlschränke, Tiefkühltruhen, Kühlmöbel und Raumklimageräte. In der gewerblichen Anwendung wird jedoch der Verdichter mit hin- und hergehenden Kolben am häufigsten verwendet.

Die Unterscheidung in offene-, halbhermetische und hermetische Verdichter hat mit der Art des Kolbens nichts zu tun. Die Bezeichnung bezieht sich nur auf das Verhältnis Verdichter-Antriebsmotor.

2.1 Offene Kolbenverdichter

Der offene Verdichter wird so genannt, weil an einem Ende die Kurbelwelle aus dem Kurbelgehäuse herausragt (Bild 4). Dadurch ist der Verdichter für eine Vielzahl von Antriebsmöglichkeiten geeignet.

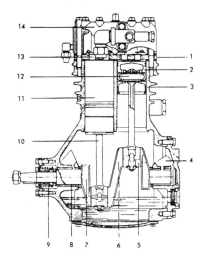

Bild 4   Schnitt durch einen offenen Kolbenverdichter

1 Ventilplatte	8 Hauptlager
2 Kolben	9 Wellenabdichtung
3 Gehäuse	10 Pleuelstange
4 Öltaschen	11 Zylinderbohrung
5 Pleuellager	12 Kolbenbolzen
6 Öl-Schauglas	13 Saug- und Auslaßventile
7 Kurbelwelle	14 Zylinderkopf

An der Austrittstelle der Kurbelwelle aus dem Gehäuse sitzt entweder eine Stopfbuchse oder eine Gleitringdichtung, die verhindert, daß Kältemittel oder Öl aus dem System ausströmt, und andererseits dafür sorgt, daß keine Luft eindringen kann. Die meisten offenen Verdichter werden von Elektromotoren angetrieben. Zum Antrieb eignen sich ebenfalls Verbrennungs- oder Dampfmaschinen (Bild 7).

Als Antriebsart kommen in Frage:

Riemenantrieb
oder
Direktantrieb.

Bild 5 zeigt eine Verdichtereinheit mit Keilriemenantrieb. Der Antrieb setzt sich zusammen aus einer großen Keilriemenscheibe, die auf dem Kurbelwellenende sitzt und gleichzeitig als Schwungrad dient, einer kleinen Keilriemenscheibe auf dem Motorwellenende und einem oder mehreren Keilriemen. Die Anzahl der Riemen hängt von der zu übertragenden Leistung ab.

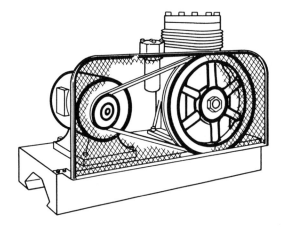

Bild 5 Offener Kolbenverdichter mit Riemenantrieb

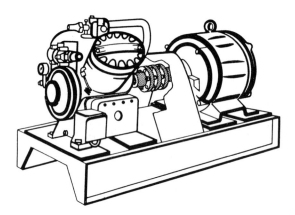

Bild 6 Offener Kolbenverdichter mit Direktantrieb

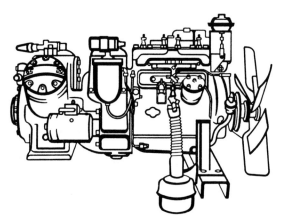

Bild 7 Antrieb durch Verbrennungsmotor

Eine Änderung der Drehfrequenz des Verdichters kann durch entsprechende Wahl der Riemenscheibendurchmesser erzielt werden.

Bild 6 zeigt eine Verdichtereinheit mit Direktantrieb. Verdichter und Motor sind durch eine elastische Kupplung direkt miteinander verbunden, so daß beide Teile mit gleicher Drehfrequenz laufen.

Verwendet man zum Antrieb einen Verbrennungsmotor oder eine Kolbendampfmaschine, so werden diese meist direkt gekuppelt. Antriebsmotoren bzw. Maschinen mit veränderlichen Drehfrequenzen kommen dann zum Einsatz, wenn eine feinstufige oder gar stufenlose Leistungsregelung der Kältemaschine verlangt wird. Diese Antriebsart wird selten verwirklicht, da sie teuer in der Anschaffung ist.

2.2 Halbhermetische Kolbenverdichter

Beim halbhermetischen Verdichter sind Motor und Verdichter in einem Gehäuse untergebracht (Bild 8).

Normalerweise kann bei diesem Verdichter Zylinderkopf, Lagerdeckel und Bodenplatte entfernt werden, um Reparaturen an inneren mechanischen Bauteilen vorzunehmen.

Der Verdichter ist auf der linken Seite genauso aufgebaut wie der offene, lediglich Motor und Verdichter haben eine gemeinsame Welle innerhalb des Gehäuses.

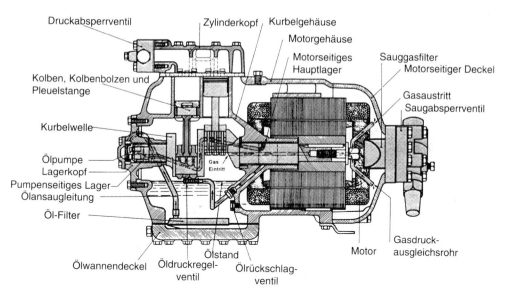

Bild 8 Schnitt durch einen halbhermetischen Kolbenverdichter

2.3 Hermetische Kolbenverdichter

Der hermetische Verdichter, auch Kapselverdichter genannt, besitzt ein verschweißtes und versiegeltes Gehäuse, das nicht ohne weiteres geöffnet werden kann. Reparaturen sind also nur bedingt möglich und nicht üblich. Gewöhnlich sind diese Verdichter stehend gebaut, d. h. die Kurbelwelle steht senkrecht (Bild 9).

Der grundsätzliche Unterschied zum halbhermetischen Verdichter besteht darin, daß weder Motor noch Verdichterteil zugänglich sind.

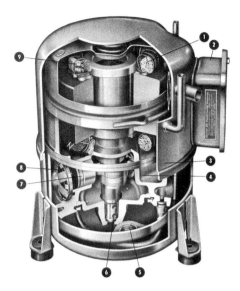

1. Motorwicklung
2. Klemmenkasten (mit Klixon)
3. Hermetisch abgeschlossenes Gehäuse
4. Inneres Gehäuse
5. Stützfeder
6. Umlaufschmierung ohne Ölpumpe
7. Kolben
8. Saug- und Druckventil
9. Wicklungsthermostat

Bild 9   Schnitt durch einen hermetischen Kolbenverdichter

3. Wirkungsweise eines Kolbenverdichters

Die Skizzen a bis f in Bild 10 zeigen die Wirkungsweise eines Verdichters mit hin- und hergehendem Kolben.

Der zurückgehende Kolben erzeugt im Zylinder einen Unterdruck gegenüber der Saugleitung. Dadurch öffnet sich das Einlaßventil und es strömt Kältemittel mit Niederdruck in den Zylinder ein (a).

Hat der Kolben seinen Totpunkt (der Punkt, an dem er seine Bewegungsrichtung ändert) überschritten, beginnt der Zylinderdruck durch Verdichtung des Kältemittels wieder anzusteigen. Das Einlaßventil schließt sich; es wird also kein Kältemittel mehr angesaugt. Das Auslaßventil bleibt aber auch noch geschlossen, da der Druck der Hochdruckseite (Verflüssigerdruck) noch erheblich höher ist als der Zylinderdruck (b).

Der nun erfolgende Vorgang wird Kompression genannt. Das Kältemittel wird hierbei in dem völlig geschlossenen Zylinder vom Niederdruck (Verdampferdruck) auf den Hochdruck (Verflüssigerdruck) komprimiert (c).

Wenn der Zylinderdruck den Verflüssigerdruck leicht überschritten hat (um den Ventilfederdruck), öffnet sich das Auslaßventil und die hochgespannten Gase im Zylinder werden ausgestoßen (d).

Da die Flatterventile einen gewissen Raum beanspruchen, kann der Kolben nicht alle hochgespannten Gase hinausdrücken. Ein Teil bleibt in dem sogenannten schädlichen Raum zurück (e).

Der zurückgehende Kolben erzeugt im Zylinder einen Unterdruck gegenüber der Saugleitung. Diese Gasmenge entspannt sich nun wieder, wenn der Kolben seinen oberen toten Punkt überschritten hat und sich nach unten bewegt (f). Erst wenn der Zylinderdruck wieder unter den Druck der Saugleitung gefallen ist, beginnt der Ansaugvorgang von neuem. Aus dieser Arbeitsweise lassen sich leicht einige Erkenntnisse ablesen:

1. **Je niedriger der Saugdruck ist, um so weniger Kältemitteldampf (gewichtsmäßig) wird angesaugt.**

2. **Je höher der Verflüssigungsdruck ist, um so weniger Kältemitteldampf wird ausgestoßen.**

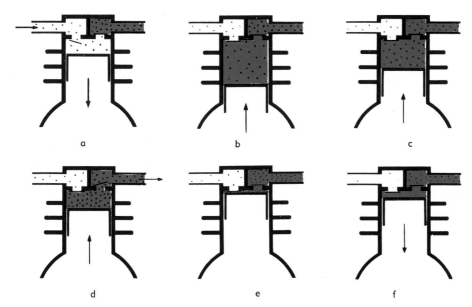

Bild 10 Wirkungsweise eines Hubkolbenverdichters.
Saughub (a), unterer Totpunkt (b), Verdichtungshub (c), Ausschieben (d), oberer Totpunkt (e), Rückexpansion (f).

3. Je größer der Druckunterschied zwischen Hoch- und Niederdruck ist, um so weniger Kältemitteldampf wird befördert.

   Die geförderte Kältemittelmenge ist aber ein direktes Maß für die Kälteleistung eines Verdichters. Je mehr Kältemittel befördert wird, um so größer ist die Kälteleistung.

4. Je höher der mittlere Kolbendruck ist, um so größer muß die Antriebsleistung des Verdichters sein.

Diese Erkenntnisse gelten für Verdichter aller Systeme, also auch für die nachfolgend beschriebenen Rotationsverdichter.

4. Wirkungsweise der Rotationsverdichter

In Bild 11 sind zwei verschiedene Rotationsverdichter im Schnitt gezeigt. Der linke Verdichter besteht im wesentlichen aus dem Gehäuse, dem exzentrisch gelagerten Rotor A und einem Trennschieber, der zusammen mit einer Schraubenfeder innerhalb des Gehäuses sitzt. Die Feder sorgt dafür, daß der Trennschieber stets gegen den Rotor gedrückt wird. Der Rotor läuft entgegen dem Uhrzeigersinn und schiebt das durch exzentrisches Abrollen komprimierte Gas oberhalb des Trennschiebers in die Druckleitung aus. Gleichzeitig strömt unterhalb des Trennschiebers angesaugtes Gas in den Zylinder ein. Der Trennschieber bewegt sich im Takt des umlaufenden Rotors hin und her und dichtet dabei jeweils die Saugseite gegenüber der Druckseite ab.

Die rechte Darstellung zeigt einen Mehrkammer-Rotationsverdichter (auch Umlauf- oder Zellenverdichter genannt), bei dem der Rotor A ebenfalls exzentrisch gelagert ist, aber mehrere Schieber angeordnet sind. Die Trennschieber bilden untereinander Zwischenräume, deren Rauminhalte sich beim Drehen des Läufers verändern. Das Kammervolumen wächst auf der Saugseite (B = Ansaugöffnung) bis zu einem Größtwert und verkleinert sich wieder auf der Druckseite (Kammer C und D), bis das komprimierte Gas über den Druckstutzen E ausgeschoben wird.

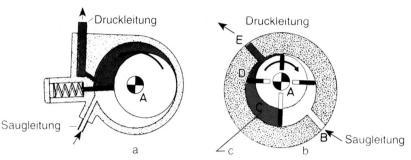

Bild 11 Schnittbilder zweier Rotationsverdichter.
a = Roll- oder Drehkolbenverdichter
b = Umlauf- oder Zellenverdichter

Die Trennschieber werden in eingefrästen Führungsschlitzen geführt und sind, je nach Konstruktion, mit oder ohne Federn ausgestattet. Im letzteren Fall werden sie bei laufendem Rotor durch die Fliehkraft nach außen an die Zylinderwand gedrückt.

Bild 12 zeigt im Schnitt einen hermetischen Rotationsverdichter (Rollkolbenverdichter) wie er vielfach heute in kleinen Raumklimageräten anzutreffen ist.

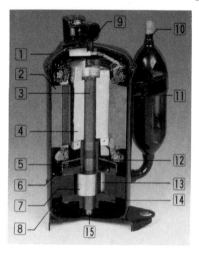

1	Gehäuse	9	Druckauslaß
2	Stator	10	Sauggaseinlaß
3	Exzenterwelle	11	Saugseitiger Muffler/
4	Rotor		Flüssigkeitsabscheider
5	Motorlager	12	Druckventil
6	Druckseitiger Muffler	13	Trennschieber
7	Rollkolben	14	Pumpenlager
8	Zylinder	15	Öl-Leitung

Bild 12 Schnitt durch einen Rollkolbenverdichter.

Der Kompressionsvorgang wird in den nachfolgenden Darstellungen (Bild 13) demonstriert.

Pos. 1 zeigt den Beginn des Verdichtungsvorgangs im sogenannten Totpunkt. Das Sauggas strömt durch den Einlaß in den Zylinderraum.

Pos. 2 Dreht sich die Exzenterwelle um 90°, gelangt der Rollkolben in Stellung (A).
Das Sauggasvolumen entspricht nun dem Raum zwischen Punkt (A) und dem Kopf des Trennschiebers. Das Gas im verbleibenden Raum wird komprimiert und liegt über dem Druck des Sauggasvolumens.

Pos. 3 Nach einer weiteren Drehung der Exzenterwelle um 90° auf 180° befindet sich der Rollkolben in Stellung (B).
Saug- und Druckgasvolumen sind nun nahezu gleich.

Pos. 4 Bei einer weiteren Drehung der Exzenterwelle um 90° auf 270° hat das komprimierte Gas einen Druck erreicht, der zum Öffnen des Druckventils führt, so daß es in den Zylinder im Verdichtergehäuse austreten kann.
Nach einer weiteren Drehung um 90° beginnt der Vorgang wieder von vorn.

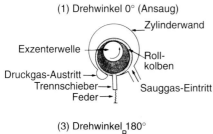

(1) Drehwinkel 0° (Ansaug)

Zylinderwand
Exzenterwelle
Roll-kolben
Druckgas-Austritt
Trennschieber
Feder
Sauggas-Eintritt

(2) Drehwinkel 90°

Druck-gas-volumen
A
Sauggasvolumen

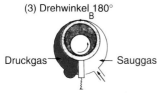

(3) Drehwinkel 180°
B
Druckgas
Sauggas

(4) Drehwinkel 270° (Austritt)

Bild 13 Wirkungsweise eines Rollkolbenverdichters.

Aufgaben

Lösen Sie folgende Aufgaben (Lösungen S. 206):

1. Welche Art latenter Wärme wird bei modernen Kälteanlagen für die Kühlung benutzt?
2. Welche Aufgabe erfüllt das Kältemittel in einer Kälteanlage?
3. Bei welcher Temperatur siedet R 22 bei normalem atmosphärischem Druck und wie groß ist etwa die Verdampfungsenthalpie?
4. Was geschieht im Kältesystem, um verdampftes Kältemittel zu verflüssigen?
5. Was versteht man unter der Verflüssigerleistung einer Kältemaschine?
6. Welches Organ grenzt den Hochdruckteil eines Kältesystems und den Niederdruckteil vor dem Verdampfer ab?
7. In welchem Druckteil liegt:
   a) der Verdampfer?
   b) der Verflüssiger?
8. Welcher Vorgang spielt sich im Verdampfer ab?
9. Welche Eigenschaften soll ein Kältemittel besitzen?
10. Warum verwendet man nicht Wasser als Kältemittel?

5. Der Antriebsmotor

Zum Antrieb der Verdichter benötigt man Spezialmotoren. Während halb- und vollhermetische Verdichter vom Hersteller mit erprobten Elektromotoren ausgerüstet sind und geliefert werden, also Fehler durch den Planer bzw. Installateur bei der Motorauswahl normalerweise ausgeschlossen sind, besteht bei der Wahl des Motors für offene Verdichter ohne weiteres eine solche Gefahr.

In dieser Abhandlung wird daher ausschließlich der elektrische Antriebsmotor für offene Verdichter behandelt.

5.1 Der elektrische Antriebsmotor für offene Verdichter

Beim offenen Verdichter treibt der Antriebsmotor den Verdichter direkt oder mittels Keilriemen an. Bei Keilriemenantrieb ist die Drehfrequenz des Verdichters von der Motordrehfrequenz und dem Durchmesser der beiden Riemenscheiben abhängig. Die Motordrehfrequenz kann vom Leistungsschild des Motors abgelesen werden. Sie beträgt meistens rd. 1450 min^{-1}. Die Verdichterdrehfrequenz errechnet sich dann wie folgt:

$$n_2 = \frac{d_1 \cdot n_1}{d_2} \qquad [min^{-1}]$$

Darin bedeuten:

d_1 = wirksamer Durchmesser der Motorriemenscheibe in mm
n_1 = Drehfrequenz des Motors in min^{-1}
d_2 = wirksamer Durchmesser der Verdichterriemenscheibe in mm (die wirksamen Durchmesser der Keilriemenscheibe erhält man, indem man von den Außendurchmessern der Riemenscheiben die Keilriemendicke abzieht).

Wird eine bestimmte Verdichterdrehfrequenz gewünscht, so errechnet sich bei gegebenem Motor und Verdichter der Durchmesser der Motorriemenscheibe wie folgt:

$$d_1 = \frac{d_2 \cdot n_2}{n_1} \qquad [mm]$$

Darin bedeuten:

d_2 = wirksamer Durchmesser der Verdichterriemenscheibe in mm
d_1 = wirksamer Durchmesser der Motorriemenscheibe in mm
n_2 = gewünschte Verdichterdrehfrequenz in min^{-1}
n_1 = gegebene Motordrehfrequenz in min^{-1}

Die Länge des Keilriemens hat auf die Drehfrequenz keinen Einfluß.

Die erforderliche Leistung des Antriebsmotors ist von verschiedenen Faktoren abhängig.

Je größer der Zylinderdurchmesser und der Kolbenhub ist (also je größer der Verdichter ist), um so stärker muß der Antriebsmotor sein, um die Kolben gegen den Druck des zu komprimierenden Gases zu bewegen. Je höher der Saugdruck ist, um so größer ist die Kraft, die bei der Kompression den Kolben entgegenwirkt, um so stärker muß also der Antriebsmotor sein.

Je höher der Verflüssigerdruck ist, um so größer ist die Kraft, die der Kolben beim Ausschub der hochgespannten Gase aufwenden muß, um so stärker muß also der Antriebsmotor sein (Bild 14).

Je höher die Drehfrequenz des Verdichters ist, um so öfter muß der Kolben gasförmiges Kältemittel komprimieren und ausschieben, um so stärker muß also der Antriebsmotor sein.

> **Für ein und denselben Verdichter können je nach Drehfrequenz und Betriebsbedingungen verschieden starke Antriebsmotoren erforderlich sein.**

5.2 Der Anlauf

Durch die Antriebsweise der Kältemaschine bedingt, muß der Antriebsmotor, falls keine konstruktiven bzw. regeltechnischen Maßnahmen (Starthilfen) getroffen werden, stets gegen Vollast anlaufen.

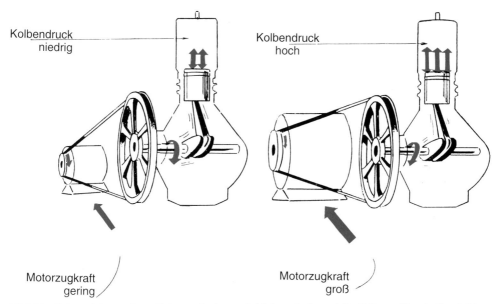

Bild 14 Neben vielen anderen Faktoren ist hauptsächlich auch der auf die Kolben wirkende Druck (Verflüssigungsdruck) für die Antriebsleistung des Motors ausschlaggebend.

Was heißt das?

Nehmen wir an, die Kältemaschine würde durch den Thermostatschalter mitten im Ausschubvorgang abgeschaltet. Im Zylinder befinden sich also hochgespannte Gase. Schaltet sich nun nach einer gewissen Zeit die Anlage wieder ein, dann muß der Kolben sofort gegen höchstmöglichen Druck anlaufen. Dies ist eine der ungünstigsten Anlaufbedingungen, die es in der Technik gibt. Man nennt das: Anlauf gegen Vollast. Diese Anlaufbedingung stellt an den Antriebsmotor und an das Stromnetz hohe Anforderungen. Als Antriebsmotor für Kältemaschinen sollen deshalb nur speziell dafür hergestellte Motoren mit hoher Anlaufkraft (Anlaufmoment) verwendet werden. Bei fachgerechter Planung werden deshalb die Motoren für Kältemaschinen für die Beanspruchung beim Anlauf ausgewählt. Für den eigentlichen Betrieb würde meistens schon ein erheblich kleinerer Motor ausreichen. Bei Tiefkühlanlagen wird z. B., wenn die Betriebsbedingungen erreicht sind, also wenn die Kühlstelle ihre tiefe Temperatur erreicht hat, nur noch eine geringe Antriebsleistung benötigt. Die volle Leistung des Motors wird nur bei Inbetriebnahme der Anlage benötigt, wenn der Saugdruck noch sehr hoch ist. Hat die Kühlstelle ihre tiefe Temperatur erreicht, ist der Saugdruck entsprechend niedrig, so daß der Motor nur noch einen Bruchteil leisten muß. Bei größeren Anlagen oder bei Tiefkühlanlagen lohnt es sich deshalb, manchmal eine Startregelung vorzusehen. Die Startregelung hat eine ähnliche Aufgabe, wie z. B. die Kupplung eines Autos. Würde man versuchen, ein Auto gegen Vollast, also mit eingeschalteter Kupplung anzufahren, würde der Motor dazu nicht ausreichen. Der Motor des Autos ist für den normalen Betriebszustand berechnet. Im Anfahren wird er durch Auskuppeln entlastet. Wenn der Motor auf Touren gekommen ist, läßt man die Kupplung langsam eingreifen und bringt so den Wagen in Fahrt. Startregelanlagen bei Kältemaschinen sorgen dafür, daß die Kühlanlage beim Anlaufen druckentlastet ist. Hierzu werden besondere Ventile und Regelgeräte benutzt.

> **Kältemaschinen müssen normalerweise gegen Vollast anlaufen. Das ist eine der ungünstigsten Anlaufbedingungen.**
>
> **Der Antriebsmotor einer Kältemaschine erfährt deshalb beim Anlauf seine stärkste Belastung. Die Motorbelastung während des normalen Laufs ist erheblich kleiner als beim Anlauf.**

5.3 Motorgröße – Kälteleistung

Oft findet man bei nicht fachgerecht ausgeführten Kleinkälteanlagen verhältnismäßig starke Antriebsmotoren. Durch diese stärkeren Motoren, wird die Gesamtanlage optisch wertvoller. Der Käufer erliegt dem Eindruck, eine Kälteanlage größerer Leistung zu erwerben. Dieser Eindruck ist völlig falsch. Die Leistung einer Kälteanlage ist nämlich nicht von der Motorstärke abhängig. Wenn man beispielsweise einen Verdichter, der einen 1,5 kW Motor benötigt, mit einem 3 kW Motor ausstattet, vergrößert sich die Leistung nicht um ein Watt. Durch den größeren Motor aber braucht diese Anlage mehr Strom, um die gleiche Kälteleistung zu erzielen. Die Anlage mit dem stärkeren Motor ist in Wirklichkeit schlecht geplant und teuer.

> **Die Kälteanlage ist die beste, die zur Erzielung einer ganz bestimmten Kälteleistung die kleinste Antriebsenergie benötigt.**
>
> **Bei einer Kälteanlage kommt es nicht auf die Motorleistung in kW, sondern auf die Nutzkälteleistung in kW und auf den Strom, der zur „Erzeugung" einer bestimmten Leistung verbraucht wird, an.**

Um den Energiebedarf (Stromverbrauch) einer Kälteanlage möglichst gering zu halten, hat man Spezialdrehstrommotoren für den Antrieb von Kälteverdichtern entwickelt. Diese Motoren haben eine besonders starke Zugkraft beim Anlaufen (Anlauf-Drehmoment). Unmittelbar beim Anlaufen beträgt ihre Zugkraft ungefähr das Vierfache der Normalkraft (Bild 16). Mit steigender Drehfrequenz fällt die Anlaufkraft auf die normale Zugkraft ab.

Gewöhnliche Drehstrommotoren haben beim Anlauf eine Zugkraft, die nur beim Zweieinhalbfachen der Normalkraft liegt (Bild 15). Was bedeutet das?

Benutzt man zum Antrieb einer Kältemaschine einen teuren Spezialmotor, dann kann man einen wesentlich kleineren Motor benutzen, da ja die Hauptbeanspruchung beim Anlauf liegt.

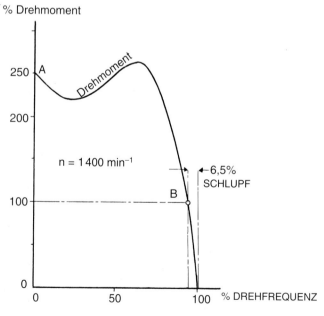

Bild 15 Anlaufkurve eines gewöhnlichen 2-kW-Drehstrommotors. Die Anlaufkraft hat im Punkt „A" die **zweieinhalbfache** Stärke wie im Normalzustand bei Punkt „B".

Dieser Motor wird im Betrieb wesentlich weniger Energie verbrauchen, wodurch die höheren Anschaffungskosten nach kürzester Zeit wettgemacht werden.

Benutzt man zum Antrieb einer Kältemaschine einen billigeren normalen Motor, dann muß man wegen der geringeren Anlaufleistung einen wesentlich stärkeren Motor wählen. Dieser Motor verbraucht jedoch im Betrieb wesentlich mehr Strom, wodurch die niedrigeren Anschaffungskosten nach kürzester Zeit aufgezehrt sind.

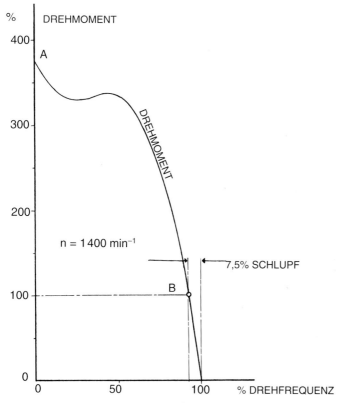

Bild 16   Anlaufkurve eines Spezial-Drehstrommotors (2 kW) für Anlauf gegen Vollast. Die Anlaufkraft hat im Punkt „A" die **vierfache** Stärke wie im Normalzustand bei Punkt „B".

Kältemaschinen kleinerer Leistung werden meistens mit einphasigem Wechselstrom (in der Praxis einfach Wechselstrom genannt) betrieben. Die für den Kältemaschinenantrieb geeigneten Wechselstrommotoren benötigen in jedem Fall eine Anlaufeinrichtung, um ein magnetisches Kraftfeld, welches den Motor bewegt, aufzubauen. Anlaufkondensatoren oder Hilfswicklungen, die nach dem Anlauf selbsttätig abgeschaltet werden, sind die am häufigsten verwendeten Einrichtungen dieser Art.

Weitaus die meisten Kältemaschinen mit Antriebsleistungen über $1/2$ bis 1 kW werden mit dreiphasigem Wechselstrom (in der Praxis Drehstrom genannt) betrieben. Diese Stromart hat eine Reihe von Vorzügen. Durch die Verschiebung der Phasen in den einzelnen Leitern braucht der Drehstrommotor keine besondere Einrichtung, um bei Anlauf ein magnetisches Kraftfeld aufzubauen. Dieses Kraftfeld ist sofort vorhanden, wenn der Strom eingeschaltet wird. Ein Drehstrommotor läuft deshalb ohne weiteres an, wenn er unter Strom gesetzt wird.

Beim Wechselstrommotor hingegen ist im Stillstand, auch wenn der Motor unter Strom steht, kein magnetisches Kraftfeld vorhanden. Erst beim Lauf entsteht durch Induktion eine Erregung der Rotorwirkung, so daß sich ein magnetisches Kraftfeld aufbauen kann. Wechselstrommotoren brauchen deshalb unbedingt eine Anlaufeinrichtung.

6. Das Schütz

Drehstrommotoren brauchen für ihre drei Leiter selbstverständlich eine dreipolige Zuleitung. Diese drei Leiter sind bei Ein- und Ausschalten des Motors in Kontakt zu bringen bzw. zu unterbrechen. Dazu sind dreipolige Schalter erforderlich. Da Kältemaschinen auch automatisch schalten müssen, ist es erforderlich, daß diese dreipoligen Schalter automatisch geöffnet und geschlossen werden können. Dies geschieht wie folgt:

In einer Spule ist ein beweglicher Eisenkern. Wird die Spule durch Strom erregt, dann wird der Eisenkern angezogen (elektromagnetisches Prinzip). Die Bewegung des Eisenkerns wird dazu benutzt, die drei Kontakte für die Motorzuleitung zu schließen oder zu öffnen. Fließt in der Spule Strom, dann sind die Kontakte geschlossen, der Drehstrommotor läuft also; ist die Spule stromlos, ist auch die Stromzuführung zum Motor unterbrochen. Man nennt einen solchen Schalter ein Schütz (Bild 17).

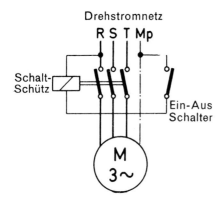

Bild 17 Schaltschütze dienen gewöhnlich dazu, einen Betriebsstromkreis direkt ein- oder abzuschalten.

> **Jeder Drehstrommotor braucht zum automatischen Betrieb ein Schütz.**

Beim Schütz kann man also mit einem Strom geringer Stärke und durch Schalten eines einzigen Leiters (Thermostatschalter, Pressostat, Hygrostat usw.) einen mehrpoligen Strom größerer Stärke ein- und ausschalten.

7. Gleichstrommotoren

Die hier und da noch anzutreffenden Gleichstrommotoren werden immer seltener und werden nur noch da verwendet, wo keine andere Stromversorgung vorhanden ist. Auch auf Schiffen, früher ein Hauptanwendungsgebiet von Kältemaschinen mit Gleichstrommotoren, geht man immer mehr zu Drehstrommotoren über.

142

Aufgaben

Lösen Sie folgende Aufgaben (Lösungen S. 206/207):

1. Welche Aufgabe hat eine Kälteanlage?
2. Worin besteht der Hauptzweck eines Verdichters?
3. Den Verdichter bezeichnet man oft als das Herz der Kälteanlage. Warum?
4. Aus welchen Hauptteilen setzt sich eine Kälteanlage zusammen?
5. Welche Verdichterbezeichnungen beziehen sich ausschließlich auf das Verhältnis Verdichter – Antriebsmotor?
6. Welches sind die Vor- und Nachteile offener Verdichter?
7. Welches sind die Vor- und Nachteile hermetischer Verdichter?
8. Wo werden Rotationsverdichter in der Hauptsache angewandt?
9. Kann man zum Antrieb offener Verdichter außer Elektromotoren noch andere Maschinen verwenden? (Welche?)
10. Welche zwei Antriebsarten kennt man beim offenen Verdichter?

8. Der Verflüssiger

Mit einem Kältesystem wird Wärme von einem Ort, an dem sie unerwünscht ist, zu einem Ort transportiert, wo sie nicht stört. Jenes Bauelement im Kältesystem, an dem die im Verdampfer aufgenommene Wärme einschließlich des Wärmewertes der Verdichterarbeit abgegeben wird, nennt man Verflüssiger. Im Verflüssiger wird das gasförmige, überhitzte Kältemittel auf die Verflüssigungstemperatur gekühlt und verflüssigt. Da dem Kältemittel, wie jedem anderen Stoff beim Verflüssigen Wärme entzogen wird, muß der Verflüssiger diese Wärme an ein ihn umgebendes Kühlmedium (Luft oder Wasser) abgeben. Der Kältemitteldampf durchströmt dabei drei Zonen (Bild 18):

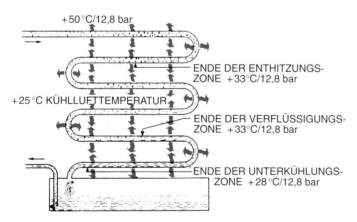

+50 °C/12,8 bar

ENDE DER ENTHITZUNGS-ZONE +33°C/12,8 bar

+25 °C KÜHLLUFTTEMPERATUR

ENDE DER VERFLÜSSIGUNGS-ZONE +33°C/12,8 bar

ENDE DER UNTERKÜHLUNGS-ZONE +28 °C/12,8 bar

Bild 18 Wirkungsweise eines luftgekühlten Verflüssigers (für R 22)

1. In der ersten Zone wird das überhitzte gasförmige Kältemittel durch Abführung der Überhitzungswärme auf die Verflüssigungstemperatur abgekühlt (Enthitzungszone).
2. In der zweiten Zone wird es durch Abführung der Verflüssigungswärme bei konstanter gleichbleibender Temperatur in den flüssigen Zustand überführt (Verflüssigungszone).

3. In der letzten Zone wird das flüssige Kältemittel unter die Verflüssigungstemperatur abgekühlt; es wird unterkühlt (Unterkühlungszone).

In allen drei Zonen ist der Druck (Verflüssigungsdruck) konstant. Das Kältemittel verläßt den Verflüssiger im flüssigen Zustand und kann somit wieder im Kältekreislauf benutzt werden. Im allgemeinen gibt es drei Verflüssigerarten, die zur Verflüssigung des Kältemittels eingesetzt werden können (Bild 19):

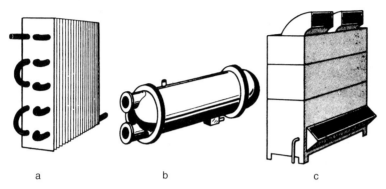

a   b   c

Bild 19 Allgemeine Verflüssigerarten.
  a) Luftgekühlte Verflüssiger
  b) Wassergekühlte-Verflüssiger
  c) Verdunstungs-Verflüssiger

8.1 Luftgekühlte Verflüssiger

Im luftgekühlten Verflüssiger wird die Verflüssigungsenthalpie des Kältemittels plus der Verdichtungsenthalpie an die Umgebungsluft abgegeben (Bild 18). Der Verflüssigungsdruck – also damit auch die Verflüssigungstemperatur – ergibt sich aus dem Zusammenwirken verschiedener Faktoren. Immer muß jedoch der Verflüssigungsdruck so hoch sein, daß die Verflüssigungstemperatur über der Umgebungstemperatur der Luft liegt, da sonst keine Wärme aus dem Verflüssiger in die Umgebungsluft abfließen kann. Ist die Umgebungstemperatur der Luft z. B. +25 °C dann muß die Verflüssigungstemperatur höher sein als +25 °C. Aus der Kältemitteltabelle für R 22 kann man ablesen, daß der Verflüssigungsdruck bei diesen Bedingungen mindestens bei 10,41 bar liegen muß, denn 10,41 bar ist der Verflüssigungsdruck, der zu einer Temperatur von +25 °C gehört. Je größer die Verflüssigeroberfläche ist, desto näher liegt die Verflüssigungstemperatur über der Umgebungstemperatur und um so niedriger ist der Verflüssigungsdruck. Je niedriger aber der Verflüssigungsdruck ist, um so günstiger arbeitet die gesamte Kälteanlage.

> **Eine große Verflüssigungsoberfläche vergrößert die Leistung der Kälteanlage und hält den Verflüssigungsdruck niedrig.**

Nun kann man allerdings die Verflüssigungsoberfläche nicht unbegrenzt vergrößern, denn das würde die Anlage sehr verteuern, ohne daß noch erheblich an Leistung gewonnen wird. Man wählt deshalb in der Praxis die Verflüssigeroberfläche so, daß sich eine Verflüssigungstemperatur ergibt, die rd. 10 K über der Temperatur der Umgebungsluft liegt.

Wählt man die Oberfläche kleiner, dann wird diese Temperaturdifferenz größer; die Verflüssigungstemperatur steigt also an, und der Verdichter muß gegen einen sehr hohen Gegendruck arbeiten. Die gesamte Anlage hat dann eine geringere Kälteleistung.

> **Eine ungenügend große Verflüssigungsoberfläche vermindert die Kälteleistung der Gesamtanlage, da der Verdichter gegen einen sehr hohen Druck arbeiten muß.**

Da Wärme bekanntlich nur von einer Stelle höherer Temperatur zu einer mit niedriger Temperatur fließen kann, muß, wie schon angeführt, die Verflüssigungstemperatur immer höher sein als die Temperatur der Umgebungsluft. Da man aber die Verflüssigungstemperatur wegen der Kälteleistung der Gesamtanlage möglichst niedrig halten will, muß man dafür sorgen, daß die Temperatur der Verflüssigerkühlluft möglichst niedrig ist.

> **Der luftgekühlte Verflüssiger muß an einem Platz aufgestellt werden, an dem die Kühlluft möglichst niedrige Temperaturen hat und wo die sich am Verflüssiger erwärmende Luft gut abströmen kann.**

Es ist also ungünstig, luftgekühlte Verflüssiger in sehr warmen Räumen oder in der Sonne aufzustellen; es ist ferner falsch, sie in niedrigen Ecken und Nischen, unter Treppen oder in sehr kleinen Räumen ohne ausreichende Lüftungsmöglichkeiten zu installieren. Keller sind oftmals zum Aufstellen luftgekühlter Verflüssiger ungeeignet, da nicht genügend Kühlluft vorhanden ist. Falls jedoch keine günstigeren Räume vorhanden sind, kann man durch zusätzliche Ventilatoren, die den Aufstellungsraum mit Kühlluft versorgen, abhelfen.

8.1.1 Arten und Bauformen

Die Zirkulation der Luft über einen luftgekühlten Verflüssiger kann sowohl mittels natürlicher Strömung (statisch belüftet) als auch zwangsweise durch Ventilatoren (zwangsbelüftet) erfolgen. Eine natürliche Zirkulation der Luft über die Verflüssigeroberfläche ergibt sich durch den sogenannten thermischen Auftrieb. (Warme Luft hat eine geringere Dichte und steigt nach oben. Kalte Luft fällt nach unten.)

Für Verflüssiger mit natürlicher Zirkulation verwendet man in der Hauptsache zwei Bauarten, und zwar:

a) Lamellen-Verflüssiger
b) Platten-Verflüssiger

Bild 20 zeigt beide Bauarten.

Der Lamellen-Verflüssiger besteht aus Rohren mit aufgesetzten Lamellen, während der Platten-Verflüssiger allgemein aus zwei Plattenhälften besteht, in die man Vertiefungen einprägt, die beim Zusammenlöten der Platten Kanäle bilden, durch die, genau wie bei den Rohren des Lamellen-Verflüssigers, das Kältemittelgas bzw. das verflüssigte Kältemittel strömen kann. Luftgekühlte Verflüssiger mit natürlicher Luftzirkulation beschränken sich auf kleinere Leistungen. Sie finden hauptsächlich Anwendung bei Haushaltskühlschränken und Kühlmöbeln.

Die Leistung eines luftgekühlten Verflüssigers kann enorm gesteigert werden, wenn die Kühlluft, wie in Bild 21 dargestellt, mittels Ventilator über die Oberfläche geblasen wird. Bei zwangsbelüfteten Verflüssigern handelt es sich in den meisten Fällen um Lamellen-Verflüssiger. Entsprechend den Anforderungen im Hinblick auf Luftwiderstand, Geräuschentwicklung, Platzverhältnisse und Kanalanschluß setzt man entweder Axial- oder Radialventilatoren ein.

Durch eine zusätzliche Unterkühlungs-Rohrschlange am luftgekühlten Verflüssiger läßt sich die Verdichterleistung etwa um 1% pro 1 K Flüssigkeits-Unterkühlung steigern. Die Unterkühlung erhöht die Kälteleistung, d. h. es kann im Verdampfer pro kg Kältemittel mehr Wärme aufgenommen werden, und zwar praktisch ohne Steigerung der Verdichter-Leistungsaufnahme. Eine Unterkühlung der Flüssigkeit erlaubt auch etwas höhere Flüssigkeitssäulen in der Flüssigkeitsleitung sowie etwas mehr Druckabfall ohne die Bildung von sogenannten „flash gas", d. h. ohne vorzeitige Teilverdampfung und Blasenbildung im Kältemittel.

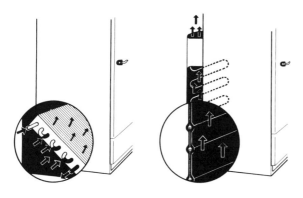

Lamellenverflüssiger Plattenverflüssiger

Bild 20 Luftgekühlte Verflüssiger, statisch belüftet.

In Grenzfällen kann man durch Flüssigkeits-Unterkühlung oftmals den Verdichter eine Nummer kleiner wählen. Unterkühlungsrohre werden meist für eine Unterkühlung von 5 bis 10 K ausgelegt. Dies bedeutet bis zu max. 10% Steigerung der Verdichterleistung.

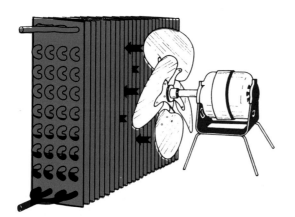

Bild 21 Luftgekühlter Verflüssiger mit Zwangsbelüftung.

8.1.2 Anwendung

Der luftgekühlte Verflüssiger ist im unteren Leistungsbereich, bis etwa 12 kW mit dem Verdichter- und Antriebsmotor auf dem gleichen Grundrahmen angeordnet. Er kann jedoch auch an anderer Stelle, also getrennt vom Verdichtersatz angeordnet werden. Soll der Verflüssiger im Freien aufgestellt werden, kann er auf der Erde, dem Dach oder einer Außenwand-Konsole Aufstellung finden. Am häufigsten findet man Dachinstallationen. Verflüssiger sollten so aufgestellt werden, daß die in der jeweiligen Gegend vorherrschenden Winde im Sommer den Ventilator unterstützen können. Darüber hinaus gibt es Verflüssiger mit Sonnen- und Wetterschutzhauben sowie Windumlenkblechen, die einen nachteiligen Sonneneinfall bzw. Windeffekte möglichst weitgehend verhindern oder verringern sollen (Bild 22). Der gewählte Aufstellungsort sollte verhältnismäßig sauber sein, d. h. Blätter, Papier, Schmutz, Staub usw. sollten den Luftstrom durch den Verflüssiger und die Wärmeübertragung nicht behindern, da sich sonst Verflüssigungstemperatur und Verdichter-Leistungsaufnahme unnötig erhöhen würden.

146

Bild 22 Luftgekühlter Verflüssiger mit Sonnen- und Wetterschutz.

Für eine Aufstellung im Gebäudeinnern kommen wegen der erforderlichen Kühlluftmengen generell nur luftgekühlte Verflüssiger kleinerer Leistung in Betracht. Es ist, wie vorstehend schon einmal erwähnt wurde, allerdings auch möglich, den Aufstellungsraum zwangszubelüften oder einen Verflüssiger mit Zentrifugal-Ventilatoren und statischer Pressung einzusetzen, die es gestatten, Kanäle anzuschließen, die dem Verflüssiger Außenluft zuführen und die erwärmte Luft anschließend nach draußen leiten. Bei solchen Installationen ist besonders darauf zu achten, daß zwischen Ausblas- und Ansaugöffnung kein Luftkurzschluß entsteht.

8.2 Wassergekühlte Verflüssiger

Beim wassergekühlten Verflüssiger wird die Wärme des kondensierenden Kältemittels durch das Kühlwasser aufgenommen. Genau wie im luftgekühlten Verflüssiger kühlt sich auch hier das gasförmige Kältemittel zunächst auf die Verflüssigungstemperatur ab und kondensiert erst dann. Auch hier ergibt sich der Verflüssigungsdruck und damit die Verflüssigungstemperatur aus dem Zusammenwirken verschiedener Komponenten. Sie liegt jedoch immer höher als die Kühlwasser-Eintrittstemperatur. Da die Kühlwasser-Eintrittstemperatur in den meisten Fällen niedriger ist als die Lufttemperatur bei luftgekühlten Verflüssigern, ist der Verflüssigungsdruck bei wassergekühlten Verflüssigereinheiten in der Regel niedriger als bei luftgekühlten. Dadurch haben sonst völlig gleiche Verflüssigereinheiten bei Verwendung eines wassergekühlten Verflüssigers eine höhere Kälteleistung. Der Verflüssigungsdruck ergibt sich aus der Kühlwasser-Eintrittstemperatur, der Kühlwasser-Austrittstemperatur, der Verflüssigeroberfläche und der zu kondensierenden Kältemittelmenge. Die Verflüssigergröße muß also der Leistung der Gesamtanlage angepaßt sein. Ist die Verflüssigeroberfläche zu klein, arbeitet die Anlage mit einem ungünstig hohen Verflüssigungsdruck.

> **Eine große Verflüssigeroberfläche hält den Verflüssigungsdruck niedrig und vergrößert dadurch die Leistung der Kälteanlage, vorausgesetzt, daß genügend Kühlwasser durch den Verflüssiger fließt.**

Genau wie beim luftgekühlten Verflüssiger wäre es jedoch sinnlos, die Verflüssigeroberfläche unbegrenzt zu vergrößern. Die Anlage würde sich zu sehr verteuern, ohne daß der Leistungsgewinn dies noch rechtfertigen würde. Man wählt in der Praxis die Verflüssigeroberfläche so, daß die Verflüssigungstemperatur rd. 10 K über der mittleren Wassertemperatur liegt. Wählt man die Oberfläche kleiner, wird eine zu große Temperaturdifferenz benötigt, um die abzuführende Verflüssigungswärme zu übertragen. Die Verflüssigungstemperatur würde zu hoch ansteigen. Der Verdichter müßte gegen einen sehr hohen Druck arbeiten, die Kälteleistung der Anlage würde also abfallen.

> Eine kleine Verflüssigeroberfläche vermindert die Kälteleistung der Gesamtanlage, weil der Verdichter gegen einen sehr hohen Druck arbeiten muß. Auch eine Erhöhung der durchfließenden Wassermenge kann hier keine wesentliche Verbesserung mehr schaffen.

8.2.1 Die Wassermenge

Das den Verflüssiger durchfließende Kühlwasser nimmt die Verflüssigungsenthalpie des Kältemittels und die Verdichtungsenthalpie auf; es erwärmt sich also beim Durchfließen des Verflüssigers. Fließt sehr viel Wasser durch den Verflüssiger, dann genügt schon eine geringe Temperaturerhöhung des Wassers, um die Verflüssigungsenthalpie aufzunehmen. Fließt sehr wenig Wasser, ist die Temperaturerhöhung erheblich größer.

> Drosselt man die Wassermenge, die durch den Verflüssiger fließt, dann erhöht sich die Temperatur, mit der das Wasser den Verflüssiger verläßt.

Läßt man mehr Wasser durch den Verflüssiger fließen, fällt die Temperatur des ablaufenden Wassers. Normalerweise soll die Differenz zwischen der Kühlwasser-Eintritts- und Austrittstemperatur bei Verwendung von Stadtwasser bei rd. 10 K liegen und bei Verwendung von Kühlturmwasser bei rd. 6 K.

Durch die Verminderung der durchfließenden Wassermenge erhöht sich aber auch die mittlere Wassertemperatur und damit die Verflüssigungstemperatur, d. h. drosselt man die durchfließende Wassermenge, verschlechtert sich die Kälteleistung. Umgekehrt verbessert sich die Kälteleistung, wenn man die Wassermenge vergrößert. Wird der Verflüssiger mit Stadtwasser gekühlt, ist es wegen der relativ hohen Wasserkosten wichtig, die durchfließende Wassermenge so zu regulieren, daß der günstigste Kompromiß hinsichtlich der Betriebskosten erreicht wird. Läuft sehr viel Wasser durch, wird zwar Leistung gewonnen, die Wasserkosten steigen jedoch an. Läuft sehr wenig Wasser durch, wird zwar Wassergeld eingespart, die Kälteleistung fällt aber ab. Die günstigste Wassermenge kann durch ein Kühlwasser-Regulierventil (Bild 23) eingestellt werden. Dieses Ventil wird in die Wasserzulaufleitung unmittelbar vor dem Verflüssiger eingebaut. Es ist mit der Hochdruckseite der Kälteanlage verbunden und regelt die Kühlwassermenge in Abhängigkeit vom Verflüssigungsdruck. Steigt der Verflüssigungsdruck unzulässig hoch an, läßt das Ventil mehr Wasser durch, wodurch der Druck wieder abfällt. Fällt der Verflüssigungsdruck unter die eingestellte Größe, drosselt das Ventil den Wasserdurchfluß, wodurch der Verflüssigungsdruck wieder auf den eingestellten, günstigsten Wert ansteigt. Schaltet sich die Kältemaschine ab, schließt das Ventil die Wasserzulaufleitung völlig ab.

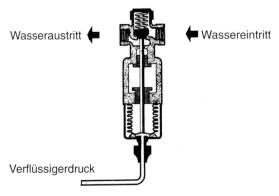

Wasseraustritt ⬅   ⬅ Wassereintritt

Verflüssigerdruck

Bild 23   Kühlwasserregler.

Ist jedoch billiges Wasser in unbeschränkten Mengen vorhanden (Wasser aus Flüssen, Seen, Brunnen etc.), dann kann man auf ein Wasserregulierventil verzichten. Man wird dann immer die Höchstmenge Wasser durchlaufen lassen, um dadurch die höchstmögliche Kälteleistung aus der Kälteanlage zu gewinnen. Die erforderliche Wasserpumpe wird dann so geschaltet, daß sie gleichzeitig mit der Kältemaschine läuft.

Ist das Verflüssigerkühlwasser sehr unsauber, müssen besondere Filter in die Zulaufleitung eingebaut werden. Dies gilt besonders bei Verwendung von Brunnen- und Flußwasser. Der Schmutz würde sich nämlich an den Verflüssigerrohren absetzen und dadurch den Wärmeübergang, also die Verflüssigerleistung, verschlechtern. Es sei ferner darauf hingewiesen, daß bei jeder Auswahl wassergekühlter Verflüssiger, selbst bei Frischwasser guter Qualität oder aufbereitetem Kühlturmwassser, eine wasserseitige Verschmutzung und Verkalkung der Verflüssigerrohre berücksichtigt werden sollte (Verschmutzungsfaktor).

Unabhängig von der Qualität des Wassers sollte man nie mit ganz sauberen Rohren rechnen.

Normalerweise wird für einen Verflüssiger, der mit Frischwasser guter Qualität betrieben wird oder mit gut aufbereitetem Kühlturmwasser, ein Verschmutzungsfaktor von 0,000025 m² hK/kJ angenommen.

Wenn das Frischwasser von schlechter Qualität oder ungewöhnlich hart ist oder die Aufbereitung bei Kühlturmbetrieb etwas zweifelhaft ist, dann wird gewöhlich ein Verschmutzungsfaktor von 0,00005 bis 0,0001 m² hJ/kJ benutzt.

Der Verschmutzungsfaktor berücksichtigt einen Verschmutzungszustand, der die Verflüssigerleistung noch nicht beeinträchtigt. Wenn ein zu niederer Wert gewählt wurde, muß eine häufige Reinigung in Kauf genommen werden. Er sollte auf Grund der im Einsatzgebiet gemachten Erfahrungen so gewählt werden, daß eine chemische oder mechanische Reinigung der Rohre nicht mehr als einmal im Jahr erforderlich wird. Ein entsprechender Wartungsvertrag ist anzustreben.

8.2.2 Berechnung der Leistung wassergekühlter Verflüssiger

Die Leistung wassergekühlter Verflüssiger läßt sich mit Hilfe einfacher Messungen sehr leicht errechnen. Man mißt die Temperatur des Eintrittswassers t_{we} und die des Austrittswassers t_{wa}, dann läßt man das ablaufende Wasser in ein Gefäß mit bekanntem Inhalt (Konservendose, Eimer oder ähnliches) laufen und stoppt mit der Uhr die zum Füllen des Behälters erforderliche Zeit. Aus der Zeit und dem Behälterinhalt kann man die stündliche Durchflußmenge G_w ausrechnen. Die Leistung des Verflüssigers ist dann:

$$Q = G_w (t_{wa} - t_{we}) \quad \textbf{[kJ/h]}$$

Beispiel:

Bei einem wassergekühlten Verflüssiger beträgt die Kühlwasser-Eintrittstemperatur +14 °C. Am Verflüssigeraustritt wurde eine Temperatur von +25 °C gemessen. Eine Konservendose mit einem Inhalt von 1 ltr. war in 9 sec. vollgelaufen. Wie groß ist die Verflüssigerleistung?

Die stündliche Wassermenge beträgt:

$$G_w = \frac{1 \cdot 3600}{9} = 400 \, \text{ltr/h}.$$

Dann wird die Verflüssigerleistung:

$$Q = G_w \cdot c \, (t_{wa} - t_{we})$$
$$Q = 400 \cdot 4,19(25 - 14)$$
$$= 400 \cdot 4,19 \cdot 11$$
$$= \textbf{18436 kJ/h}$$

Aufgaben

Lösen Sie folgende Aufgaben (Lösungen S. 207):

1. Von welchen Komponenten ist die Leistung des Antriebsmotors bei Kolbenverdichtern abhängig?
2. Wann erfährt der Antriebsmotor seine stärkste Belastung und warum?
3. Warum ist es technisch nicht einwandfrei, wenn jemand die Leistung einer Kältemaschine nur in kW angibt?
4. Welcher Unterschied besteht zwischen einem normalen Drehstrommotor und einem Spezialmotor für Anlauf gegen Vollast?
5. Bei welchem Verdichter ist eine Wellenabdichtung erforderlich?
6. Welche Angaben benötigt man zur Berechnung der Verdichterdrehfrequenz bei Keilriemenantrieb?
7. Wofür benützt man im allgemeinen Schütze?
8. Welche Motoren verwendet man für Verdichter kleinerer Leistung?
9 Um wieviel W erhöht sich die Kälteleistung, wenn man an einen offenen Verdichter, der einen 2 kW Motor benötigt, einen 4 kW Motor anschließt?
10. Wie groß muß der wirksame Verdichterriemenscheibendurchmesser sein, um eine Verdichterdrehfrequenz von 725 min^{-1} zu erreichen?
Die Motordrehfrequenz beträgt 1450 min^{-1} und der Motorriemenscheibendurchmesser 200 mm.

8.2.3 Arten und Bauformen

Die meisten wassergekühlten Verflüssiger, die heute betrieben werden, sind

a) Rohrschlangen-Verflüssiger (Shell and Coil)
b) Bündelrohr-Verflüssiger (Shell and Tube)
c) Doppelrohr-Verflüssiger (Tube in Tube)

Der Rohrschlangen-Verflüssiger (Bild 24) besteht aus einem völlig zugeschweißten Stahlmantelgehäuse, in dessen Innern sich ein oder mehrere spiralförmige Rippenrohre befinden. Die Rohrspiralen sind fortlaufend und ohne Verbindungsstücke. Verflüssiger dieser Art können sowohl vertikal als auch horizontal angeordnet werden.

Das Verflüssiger-Kühlwasser fließt innerhalb der Rohre, während der vom Verdichter kommende überhitzte Kältemitteldampf (Heißgas) oben in den Behälter eintritt und in engem Kontakt zu den Rohren durch Wärmeentzug verflüssigt wird. Das verflüssigte Kältemittel sammelt sich am Boden des Behälters in einer Auffangschale. Rohrschlangen-Verflüssiger besitzen einen guten Wirkungsgrad und werden wegen ihrer kleinen Abmessungen und kompakten Bauweise vornehmlich bei anschlußfertigen Klimageräten eingesetzt. Die oberste Leistungsgrenze dieser Verflüssigerart dürfte bei etwa 70 kW liegen. Eine Reinigung der Rohre muß auf chemischem Wege erfolgen.

Der Bündelrohr-Verflüssiger (Bild 25) besteht aus einem zylindrischen Mantel, der in seinem Innern eine Anzahl gerader Rohre aufnimmt, die von Endplatten auf jeder Seite gehalten werden. Der Zylinder (Röhrenkessel) wird auf beiden Seiten durch Wasserumlenkdeckel abgeschlossen. Das Verflüssiger-Kühlwasser zirkuliert innerhalb der Rohre, und der vom Verdichter kommende Kältemitteldampf füllt den Raum zwischen den Rohren und dem Mantel. Die Wasserumlaufdeckel besitzen einen Anschluß für Kühlwasser-Zu- und Ablauf und sind durch Stege in einzelne Kammern unterteilt, die es erlauben, das Wasser umzulenken, so daß es in

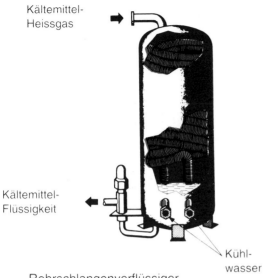

Kältemittel-
Heissgas

Kältemittel-
Flüssigkeit

Kühl-
wasser

Rohrschlangenverflüssiger

Bild 24 Wassergekühlter Rohrschlangen-
Verflüssiger (Shell and Coil)

mehreren Gängen (Pässen) den Verflüssiger durchfließen kann. Das verflüssigte Kältemittel wird am Boden des Mantels aufgefangen und gesammelt. Durch Abschrauben der stirnseitigen Deckel können die Rohre auch mechanisch gereinigt werden.

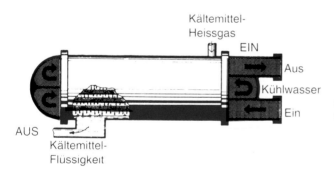

Kältemittel-
Heissgas

EIN

Aus

Kühlwasser

Ein

AUS

Kältemittel-
Flüssigkeit

Bündelrohrverflüssiger

Bild 25 Wassergekühlter Bündelrohr-Verflüssiger (Shell and Tube).

Der Doppelrohr-Verflüssiger (Bild 26 und 27) besteht aus zwei Rohren. Das äußere Rohr ist ein Stahlrohr und das innere Rohr besteht aus Kupfer und besitzt eingewalzte Rippen. Im Innenrohr fließt das Kühlwasser während im Zwischenraum zwischen Innen- und Außenrohr das Kältemittel zirkuliert. Wasser und Kältemittel zirkulieren dabei im Gegenstrom (Bild 26).

Die durch die eingewalzten Rippen vergrößerte Oberfläche des Kupferrohres (Bild 27) erhöht die Wärmeübertragung und reduziert den Wasserverbrauch auf ein Minimum.

Ein zusätzlicher Vorteil liegt noch darin, daß das Außenrohr durch die Umgebungsluft mitgekühlt wird.

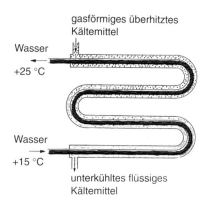

gasförmiges überhitztes Kältemittel

Wasser
+25 °C

Wasser
+15 °C

unterkühltes flüssiges Kältemittel

Bild 26 Wassergekühlter Doppelrohrverflüssiger.   **Bild 27**   Teilstück eines Doppelrohrverflüssigers.

8.2.4 Kühlwasser-Rückkühler (Kühltürme)

Um den Wasserverbrauch zu reduzieren und Abflußprobleme zu vermeiden, verwendet man für wassergekühlte Verflüssiger vielfach auch rückgekühltes Wasser von sogenannten Kühltürmen (Bild 28). Kühltürme ermöglichen es, das Kühlwasser in Umlauf zu halten und durch Verdunstung abzukühlen, so daß sich im Durchschnitt eine Wasserersparnis von rd. 95% gegenüber einem Frischwassersystem ergibt. Der anfallende Wasserverbrauch von rd. 5% setzt sich zusammen aus der verdunsteten Wassermenge, einem Teil Abschlämm- bzw. Überschußwasser sowie den Windverlusten. Beim Kühlturmbetrieb wird das vom Verflüssiger kommende warme Wasser zum oberen Teil des Kühlturms gepumpt. Dort wird es verteilt und, nach einer von vielen Methoden, als Sprüh-bzw. Rieselwasser mit der im Gegenstrom geführten Außenluft in Verbindung gebracht. Da der Dampfdruck der Luft niedriger ist als der des Wassers, verdunstet ein kleiner Prozentsatz des Wassers. Die benötigte latente Wärmeenergie wird dem verbleibenden Wasser entzogen, so daß es abkühlt. Das gekühlte Wasser wird am Boden des Kühlturms in einer Wanne gesammelt und zur Aufnahme der Verflüssigungswärme wieder in den Verflüssiger gepumpt. Obwohl ein sensibler Wärmeübergang von Wasser zu Luft stattfindet, wird der Kühleffekt vornehmlich durch die Verdunstung eines Teils des Umlaufwassers bewirkt.

Die Wärmeübertragung von Wasser an Luft ist in der Hauptsache abhängig von der Enthalpie und der Eintritts-Feuchtkugeltemperatur der Luft und ist unabhängig von der Lufteintritts-Trockenkugeltemperatur. Der Wirkungsgrad eines Kühlturms wird von den Faktoren beeinflußt, die auch für die Verdunstung des Wassers maßgebend sind.

Typische Faktoren sind:
a) Die Geschwindigkeit, mit der die Luft durch den Kühlturm geführt wird.
b) Die Richtung des Luftstromes in bezug auf den Wasserstrom.
c) Die mit der Luft in Berührung kommende Wasseroberfläche.
d) Die Dampfdruckdifferenz zwischen Luft und Wasser.

Bei der Aufstellung eines Kühlturmes sind folgende Punkte besonders zu beachten:
a) Der Aufstellungsort ist so zu wählen, daß genügend freier Raum für eine ungehinderte Luftzirkulation vorhanden ist. Hindernisse reduzieren den Luftstrom und somit die Leistung.
b) Kühltürme sollten stets so aufgestellt werden, daß sich die von der Luft oder dem Wasser verursachten Geräusche nicht störend auswirken.
c) Es ist darauf zu achten, daß die aus dem Kühlturm austretende Luft keine Kondensation auf benachbarten Flächen hervorruft oder sich durch die normale Abdrift dort Feuchtigkeit ansammelt.
d) Ein Kühlturm sollte nicht in einem Warmluftstrom oder in stark verschmutzter Luft zur Aufstellung gelangen.

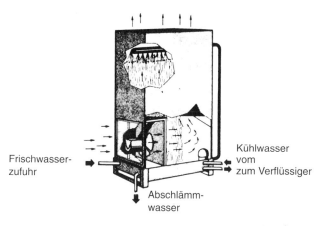

Frischwasser-zufuhr

Kühlwasser
vom
zum Verflüssiger

Abschlämm-wasser

Bild 28 Kühlturm mit Zwangsbelüftung (Ventilator-Kühlturm).

In Großbetrieben (Brauereien, Kraftwerke etc.) werden meist Kühltürme mit natürlicher Luftbewegung eingesetzt, also ohne Ventilatoren. Ihre Aufstellung erfolgt demnach im Freien.

Da die Luftbewegungen langsam sind, haben diese Türme verhältnismäßig große Abmessungen. Erinnert sei nur an die haushohen Türme nahe bei Atom-Kraftwerken (Bild 29). Man nennt sie Kühltürme mit statischer Belüftung oder auch Naturzug-Kühltürme.

Bild 29 Kühlturm mit statischer Belüftung (Naturzug-Kühlturm) für ein Atomkraftwerk.

8.3 Der Verdunstungs-Verflüssiger

Der Verdunstungs-Verflüssiger (Bild 30) ist eine Vereinigung von luftgekühltem Verflüssiger, Rückkühlwerk und Zirkulationssystem. Verdunstungs-Verflüssiger sind sehr wassersparend und gelangen oft anstelle eines wassergekühlten Verflüssigers mit Kühlturmbetrieb zur Anwendung. Im Verdunstungs-Verflüssiger wird das Wasser aus einer Sammelwanne zu einem Düsenstock oder einer perforierten Verteilerschale gepumpt und von dort läßt man es über die Verflüssiger-Rohrschlangen rieseln. Eine Vielzahl winziger Wasserteilchen benetzt den Verflüssiger und bildet eine große Wasseroberfläche, wie sie ja zur intensiven Verdunstung nötig ist.

Das abfließende Wasser wird am Boden in einer Sammelwanne aufgefangen und von da wieder in den Kreislauf gepumpt. Die Außenluft wird meist im Gegenstrom zu dem Wasserregen über die Verflüssigerrohre geleitet und dann nach außen abgeführt. Verschiedene Hersteller

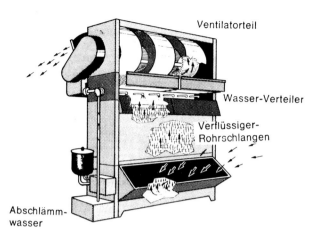

Ventilatorteil

Wasser-Verteiler

Verflüssiger-
Rohrschlangen

Abschlämm-
wasser

Bild 30　Verdunstungs-Verflüssiger

setzen an den Luftaustritt Tropfenabscheider, die das Mitreißen von Wasser verhindern sollen. Um den Widerstand des Verflüssigers zu überwinden, ist eine Zwangsbelüftung bei solchen Systemen unumgänglich. Der vom Verdichter kommende heiße Kältemitteldampf gelangt über die Heißgasleitung zu dem Verflüssiger, wo durch Abgabe der Verflüssigungsenthalpie das Kältemittel verflüssigt und unterkühlt wird. Die Verflüssigungsenthalpie wird von dem verdunsteten Wasser aufgenommen. Jedes kg Wasser entzieht beim Verdunsten dem Kältemittel etwa 2500 kJ. Die Verdunstungsmenge ist abhängig von der Enthalpie der Eintrittsluft und diese wiederum von der Luftaustritts-Feuchtkugeltemperatur. Um die Ablagerungen auf ein Minimum zu beschränken und die Reinigung zu erleichtern, wird der Verflüssiger meist durch oberflächenbehandelte glatte Rohre anstelle von berippten Rohren gebildet. Man verwendet meist feuerverzinkte Stahl- oder Kupferrohre. Kupferrohre sind korrosionsbeständiger, jedoch teuer. Die Wahl, ob Stahl oder Kupferrohr, hat keinen bedeutenden Einfluß auf die Wärmeübertragung, da der Wärmeübergangswiderstand der Rohrwandung nur einen sehr geringen Teil des Gesamt-Wärmeübergangswiderstandes beim Wärmeübertragungsprozeß ausmacht.

Wie beim Kühlturm setzt sich der Wasserverbrauch zusammen aus den Wassermengen für die Verdunstung, die Windverluste (Abdrift) und das Abschlämmen (Überschußwasser). Verbrauchtes Wasser wird durch einen entsprechenden Frischwasserzulauf ersetzt. Die Steuerung erfolgt über ein Schwimmerventil, welches eine genau eingestellte Wasserhöhe in der Sammelwanne einhält. Der Wasserverbrauch eines Verdunstungs-Verflüssigers beträgt nur etwa 5% des Verbrauchs der Durchfluß-Verflüssiger(Frischwassersysteme).

8.3.1 Anwendung

In einem Kälteanlagensystem mit Kühlturm muß bekanntlich das benötigte Kühlwasser sowohl durch den Verflüssiger als auch den Kühlturm gepumpt werden. Die Antriebsleistung der Pumpe ist aus diesem Grund relativ groß. Bei einem Verdunstungs-Verflüssiger wird nur soviel Wasser umgewälzt, wie zum Benetzen der Verflüssigerrohre erforderlich ist. Die benötigte Antriebsleistung für die Pumpe ist demnach geringer als bei einem Kühlturm gleicher Leistung.

Was nun die Antriebsleistung der Ventilatoren betrifft, kann man sagen, daß sie für beide etwa gleich ist. Verdunstungs-Verflüssiger sind für eine Aufstellung im Freien konstruiert; es gibt horizontale und vertikale Ausführungen. Die Größen variieren je nach Hersteller in einem Leistungsbereich zwischen 35 bis 105 kW Verflüssigerleistung. Der Hauptzweck eines Verdunstungs-Verflüssigers besteht darin, Kältemittel zu verflüssigen. Sie können aber ohne weiteres auch zu anderen Kühlzwecken eingesetzt werden, wie z. B. zum Abkühlen von Kühlemulsionen in Bearbeitungsmaschinen oder von Öl bei ölgekühlten Transformatoren. Wenn

154

die Aufstellung im Freien erfolgt, sind Luftführungskanäle nicht erforderlich. Verdunstungs-Verflüssiger werden normalerweise ebenerdig, auf einem Betonsockel oder auf einem Dach aufgestellt; eine hängende Anordnung ist mitunter auch möglich.

Soll das Gerät auch im Winter arbeiten, muß dem Problem des Einfrierens besondere Aufmerksamkeit geschenkt werden. Am zweckmäßigsten ist es, das Gerät im Winter zu entleeren, d. h. es trocken zu legen, und es dann wie einen luftgekühlten Verflüssiger arbeiten zu lassen. Die Leistung eines solchen trocken arbeitenden Verflüssigers im Winter z. B. bei −1 °C und einer Verflüssigungstemperatur von +40 °C beträgt etwa 50% der Leistung, die der Verflüssiger im Sommer bei Verdunstungsbetrieb hätte, wenn die Eintritts-Feuchtkugeltemperatur +24 °C und die Verflüssigungstemperatur ebenfalls +40 °C betragen würde.

Werden mehr als 50% Leistung während des Winters verlangt, müßte man die Größe nach der Leistung bei trockenem Betrieb bestimmen. In einem solchen Fall wäre dann aber das Gerät für den Sommerbetrieb überdimensioniert, so daß eine Verflüssiger-Leistungsregulierung erforderlich wäre.

Als zweite Lösung für den Winterbetrieb und Einschränkung der Einfriergefahr käme das Aufstellen in einem frostsicheren Raum in Betracht.

Bei derartigen Installationen empfiehlt es sich allerdings, die Zu- und Abluft des Verflüssigers über Luftkanäle zu führen. Zur Vermeidung eindringender Kaltluft bei Stillstand des Gerätes sollte man entsprechende Sicherheitsklappen in den Kanälen vorsehen. Eine Hochdruck-Kontrolle zur Regelung des Verflüssigungsdrucks sollte ebenfalls nicht fehlen. Es gibt verschiedene Möglichkeiten für die Verflüssigungsdruck-Regelung. Die Regelung mittels Reduzierung der Verflüssiger-Kühlluftmenge durch Luftklappen oder Änderung der Ventilatordrehfrequenz, jeweils in Abhängigkeit vom Verflüssigungsdruck, sind die bekanntesten.

8.4 Der Kältemittelsammler

Im Kältemittelsammler wird das im Verflüssiger verflüssigte Kältemittel gesammelt. Der Kältemittelsammler dient beim Betrieb der Kälteanlage als Puffer, um den Kältemittelbedarf der einzelnen Kühlstellen auszugleichen. Bei Kundendienstarbeiten kann die gesamte Kältemittelfüllung in den Kältemittelsammler gedrückt werden, was verschiedene Kundendienst-Arbeiten, insbesondere am Verdampfer, erleichtert und verbilligt. Wassergekühlte Verflüssiger sind meistens für Flüssigkeitsspeicherung angelegt, so daß man hier auf einen gesonderten Behälter verzichten kann.

Das Fehlen eines Sammlers in einem Kältesystem bedeutet also nicht, daß das System kein Kältemittel speichern kann. Die Installation eines Sammlers erlaubt lediglich größere Toleranzen bezüglich der Betriebsfüllmenge, wodurch die Wartung vereinfacht wird.

8.5 Wirtschaftlichkeit der einzelnen Verflüssigerarten

In den vorstehenden Kapiteln wurden sowohl wassergekühlte Verflüssiger, die Frischwasser oder rückgekühltes Umlaufwasser eines Kühlturms benutzen als auch verdunstungs- und luftgekühlte Verflüssiger behandelt.

An dieser Stelle soll nun eine Zusammenfassung erfolgen. Tabelle 8.5.1 zeigt die Einwirkung des Verflüssiger-Kühlmediums bzw. der Verflüssigungsmethode auf die Verflüssigungstemperatur.

Bei der Auswahl eines Verdichters oder einer Verflüssigereinheit muß der Planer stets eine voraussichtliche Verflüssigungs- bzw. Verdichtungstemperatur annehmen, um den Verdichter gegen den Verflüssiger ausbalancieren zu können. Die vorstehende Tabelle kann dazu benutzt werden, eine solche voraussichtliche Verflüssigungstemperatur mit Rücksicht auf die Art des Verflüssiger-Kühlmediums festzulegen.

Die Tabelle 8.5.2 zeigt welche Einwirkung der Verflüssigungstemperatur auf die Verdichterleistung und dessen Leistungsaufnahme (Klemmenleistung) hat.

Tabelle 8.5.1   Verflüssigungstemperatur – Verflüssiger-Kühlmedien

Verflüssigerart	Temperatur des Kühlmediums		Verflüssigungstemperatur
wassergekühlt	Brunnenwasser	+12 °C	+26 bis +29 °C
		+20 °C	+34 bis +37 °C
	Stadtwasser	+15 °C	
		+25 °C	+36 bis +39 °C
Verdunstungs- verflüssiger oder Kühlturmbetrieb	Feuchtkugeltemperatur	+18 °C	+33 bis +35 °C
	Feuchtkugeltemperatur	+20 °C	+35 bis +37 °C
	Feuchtkugeltemperatur	+22 °C	+37 bis +39 °C
	Feuchtkugeltemperatur	+24 °C	+39 bis +43 °C
luftgekühlt	Trockenkugeltemperatur	+25 °C	+34 bis +44 °C
	Trockenkugeltemperatur	+30 °C	+39 bis +49 °C
	Trockenkugeltemperatur	+32 °C	+41 bis +51 °C
	Trockenkugeltemperatur	+34 °C	+43 bis +53 °C

Tabelle 8.5.2   Verflüssigungstemperatur – Verdichterkälteleistung und Leistungsaufnahme

Verflüssigungs- temperatur	Verdichter-Kälteleistung		Leistungs- aufnahme des Verdichters	Verhältnis Leistungsaufnahme zur Kälteleistung	
°C	kW	%	kW	kW/kW	%
+30	55,0	100	9,85	0,18	100
+35	52,0	94,5	10,80	0,21	117
+40	49,3	89,6	12,00	0,24	133
+45	46,6	84,7	13,00	0,28	156
+50	44,0	80,0	14,15	0,32	178
+55	40,8	74,2	15,30	0,37	206

Die Werte beziehen sich auf einen halbhermetischen Motorverdichter bei einer Verdampfungs- temperatur von +5 °C und bei Betrieb mit R 22.

Bei +30 °C Verflüssigungstemperatur beträgt die Verdichter-Kälteleistung 55,0 kW und die Lei- stungsaufnahme 0,18 kW je kW Kälteleistung. Kälteleistung und Leistungsaufnahme wurden für diesen Betriebszustand zu Vergleichszwecken mit 100% angenommen. Bei steigender Ver- flüssigungstemperatur und somit steigendem Verflüssigungsdruck ist es augenscheinlich, daß die Kälteleistung ab- und die Leistungsaufnahme zunimmt.

Beträgt die Verflüssigungstemperatur anstelle +30 °C z. B. +45 °C, sinkt die Kälteleistung auf 46,6 kW, d. h. auf 84,7% und die Leistungsaufnahme in kW je kW steigt auf 156%.

Aus der Tabelle geht also eindeutig hervor, daß die Verflüssigungstemperatur einen wesent- lichen Einfluß auf die Verdichterleistung und den Leistungsbedarf hat. Bei sehr hohen Ver- flüssigungstemperaturen kann die Antriebsleistung derart ansteigen, daß ein stärkerer Motor erforderlich wird. Dazu ist allerdings zu bemerken, daß bei wassergekühlten Verflüssigerein- heiten die höheren Stromkosten durch geringe Wasserkosten oftmals ausgeglichen werden können.

Die relativen Vorzüge und Kosten einer Verflüssigungsmethode gegenüber einer anderen soll- te man allerdings nicht verallgemeinern. Dazu sind zu viele Varianten im Spiel, wie z. B. Außen- bedingungen, vorhandenes Wasser und dessen Qualität sowie die relativen Wasser- und Strompreise. Jede Gegebenheit sollte auf ihre Vorzüge hin analysiert werden, um in Überein- stimmung mit den gestellten Forderungen die beste und wirtschaftlichste Lösung zu finden.

Aufgaben

Lösen Sie folgende Aufgaben (Lösungen S. 207):

1. Welche Zonen durchströmt das Kältemittel normalerweise in einem Verflüssiger?
2. Fällt oder steigt der Druck des Kältemittels beim Durchströmen dieser Zonen?
3. Welches sind die drei wichtigsten Verflüssigerarten?
4. Welche Wärme wird im Verflüssiger abgeführt?
5. Was ist bei der Standortwahl luftgekühlter Verflüssiger zu beachten?
6. Weshalb strebt man eine Unterkühlung des flüssigen Kältemittels an?
7. Was tritt ein, wenn man beim wassergekühlten Verflüssiger die Kühlwassermenge zu stark drosselt?
8. Wie wirkt sich eine Erhöhung der Verflüssigungstemperatur auf die Kälteleistung aus?
9. Durch welche Maßnahme läßt sich bei Frischwassersystemen ein günstiger Verflüssigerkühlwasserverbrauch erzielen?
10. Bei einem wassergekühlten Verflüssiger beträgt die Kühlwasser-Eintrittstemperatur +20 °C und die Austrittstemperatur +30 °C. Eine Konservendose mit 1 ltr. Inhalt war in 10 sec. vollgelaufen.
    Wie groß ist die Verflüssigerleistung in kJ/h bzw. in kW?

9. Der Verdampfer

Im Verdampfer wird flüssiges Kältemittel eingespritzt und in den gasförmigen Zustand überführt; es verdampft also. Wenn man diesen Vorgang verstehen will, muß man sich darüber im klaren sein, daß das Kältemittel im Verdampfer siedet, und zwar bei Temperaturen, die weit unter dem Gefrierpunkt liegen können. Das Kältemittel benimmt sich also innerhalb des Verdampfers wie kochendes Wasser; es brodelt im Verdampfer, Blasen steigen hoch, das Kältemittel wirbelt turbulent durcheinander. Die Wärme, die das Kältemittel zum Verdampfen braucht (die Verdampfungsenthalpie) entzieht es seiner Umgebung. Am Ende des Verdampfers tritt das Kältemittel als Dampf aus. Damit die durch die Turbulenz eventuell mitgerissenen Flüssigkeitsbläschen Zeit finden zu verdampfen, wird der eigentliche Verdampfer noch etwas verlängert. Diese Verlängerung nennt man Nachverdampfer (Bild 31).

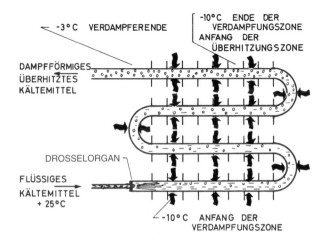

Bild 31 Wirkungsweise eines Verdampfers (für R 22)

9.1 Die wichtigsten Bauformen

Der Verwendungszweck liefert die Grundlage für die Konstruktion des Verdampfers. Bevor man nichts über die Anwendung weiß, kann kein bestimmter Typ als überlegen bezeichnet werden.

Grundsätzlich gibt es drei Bauformen:

1. Glattrohr-Verdampfer
2. Lamellen-Verdampfer
3. Platten-Verdampfer

In Bild 32 werden diese drei Bauformen dargestellt. Daneben gibt es viele Abarten dieser Grundformen.

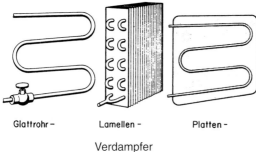

Glattrohr –   Lamellen –   Platten –

Verdampfer

Bild 32   Verdampfer Bauformen

9.1.1 Der Glattrohr-Verdampfer

Die einfachste Form des Verdampfers ist ein glattes Rohr für ein- oder mehrere Kreisläufe, welches je nach Verwendungszweck gebogen oder gewunden ist (Bild 33). In dieses Rohr wird das Kältemittel eingespritzt, wo es verdampft. Glattrohr-Verdampfer, auch Rohrschlangen-Verdampfer genannt, können sowohl in Luft, also in Kühlabteilen und Kühlräumen, als auch in Flüssigkeiten verwendet werden. Die letztgenannte Anwendungsform kann als die vorherrschende angesprochen werden (Bierkühlwannen, Milchkühler, Speiseeisbereiter usw.). Auch in Tiefkühltruhen werden Verdampfer dieser Art, die um den Innentank gewickelt sind, häufig verwendet. Daneben findet man sie auch noch in Tiefkühllagerräumen und Kühlfahrzeugen, wo man sie als Glattrohrsysteme bezeichnet und an Decken und Wänden anbringt.

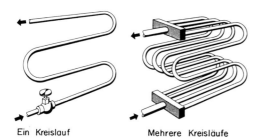

Ein Kreislauf   Mehrere Kreisläufe

Bild 33   Glattrohr-Verdampfer mit verschiedenen Kreisläufen

9.1.2 Der Lamellen-Verdampfer

Bei den Lamellen-Verdampfern sind auf parallelen Rohrbündeln Metall-Lamellen aufgezogen (Bild 34). Man setzt die Rippen oder Lamellen auf die Rohrschlangen aus Glattrohr, um die wirksame Verdampferoberfläche zu vergrößern. Eine größere Oberfläche hat einen größeren Kontakt zur kühlenden Luft und damit eine bessere Wärmeübertragung.

158

Bei diesen Verdampfern ist eine feste Verbindung zwischen den Rohren und den Lamellen von besonderer Wichtigkeit. Lamellen, die sich auf den Rohren verschieben lassen, verhindern einen guten Wärmefluß von den Lamellen auf die Rohre, was zu einer schlechten Verdampferleistung führt.

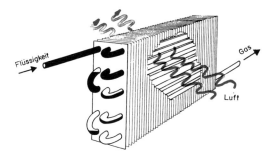

Bild 34   Lamellen-Verdampfer

Lamellen-Verdampfer werden heute fast in allen Arten von Kühl- und Tiefkühlräumen, Kühlabteilen, Kühlvitrinen usw. verwendet. Als Luftkühler in Klimaanlagen sind sie unentbehrlich.

Ein wichtiger Punkt ist der richtige Lamellenabstand. Je kleiner der Lamellenabstand ist, desto gedrungener wird der Verdampfer. Es erhebt sich die Frage, wie klein darf der Lamellenabstand für einen bestimmten Verwendungszweck sein? Bei einem Klimaverdampfer z. B., wo die Lufttemperaturen meistens über +15 °C liegen und die Verdampfungstemperaturen bzw. Verdampferoberflächentemperaturen einige Grad über dem Gefrierpunkt, kann sich kein Reif an den Lamellen ansetzen, es besteht also keine Gefahr, daß der Luftdurchgang durch Reifbildung behindert wird. Deshalb kann man hier auf einen Lamellenabstand bis etwa 3,5 mm heruntergehen. Ist mit der Möglichkeit zu rechnen, daß der Verdampfer bereift, muß man mit größerem Lamellenabstand arbeiten, denn die Reifbildung erfolgt in der in Bild 35 gezeigten Art und Weise. Obwohl nur verhältnismäßig wenig Reif vorhanden ist, wird der gesamte Verdampfer wirkungslos, weil die Luft nicht mehr zwischen die Lamellen gelangen kann.

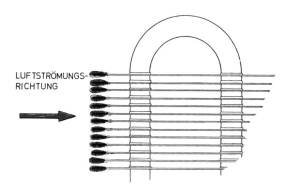

Bild 35   Typische Reifbildung an den Lamellen engflossiger Verdampfer.

Bei Kühlräumen mit Temperaturen knapp über 0 °C, d. h. mit Verdampfungstemperaturen im Minusbereich werden die Verdampfer immer Reif ansetzen. Aus diesem Grund muß der Lamellenabstand hier mindestens 10 mm betragen; bei Ventilatorverdampfern, wo man die Luft durch die Lamellen preßt, kann man auf niedrigere Werte bis etwa 4 mm heruntergehen. In allen Fällen ist aber dafür zu sorgen, daß der Reif in den Stillstandzeiten der Kältemaschine abtaut. Dies ist durch entsprechenden Aufbau der Kühlanlage möglich. Geschieht das nicht, werden die Verdampfer mit der Zeit völlig mit Eis zuwachsen und in ihrer Leistung immer mehr abfallen.

Bei Tiefkühlräumen muß der Lamellenabstand noch größer sein, denn hier bildet sich ständig mehr Reif, weil auch in den Stillstandszeiten der Kältemaschine die Temperatur immer unter 0 °C liegt, so daß der Reif nicht abtauen kann.

> **Lamellen-Verdampfer in Tiefkühlräumen müssen in jedem Fall von Zeit zu Zeit mit Hilfe einer besonderen Einrichtung abgetaut werden. Je länger die Zeit zwischen den Abtauperioden ist, desto größer muß der Lamellenabstand sein. Verwendet man automatische Abtaueinrichtungen, die täglich mehrere Male in Tätigkeit treten, kann man auch für Tiefkühlräume Verdampfer mit engem Lamellenabstand wählen.**

9.1.3 Der Platten-Verdampfer

Unter Platten-Verdampfern versteht man solche, die aus zwei hermetisch verbundenen Blechplatten bestehen. Bild 36 zeigt eine solche Bauart. Der Kanal für das Kältemittel wird durch Ausprägungen in der einen oder in beiden Platten gebildet. Platten-Verdampfer werden auch auf andere Art hergestellt, z. B. durch Auflöten einer Rohrschlange auf eine Platte oder indem man eine Rohrschlange zwischen zwei Platten preßt.

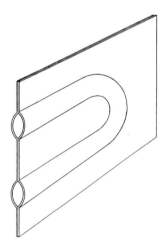

Bild 36   Platten-Verdampfer mit beiderseits eingeprägten Kanälen.

Platten-Verdampfer werden besonders in Gefrier- und Tiefkühleinrichtungen verwendet. Durch ihre äußere Form und die relativ glatte Oberfläche läßt sich der angesetzte Reif leichter entfernen als bei anderen Verdampfer-Bauformen. Bei waagerechter Anordnung in Tiefkühlmöbeln kann man sie gleichzeitig als Lagerfläche verwenden. Die zu kühlende Ware wird direkt auf den Verdampfer gelegt und durch den engen Kontakt der Wärmeübergang sehr stark verbessert. In Tiefkühlräumen werden Platten-Verdampfer batterieweise verbunden an der Decke aufgehangen.

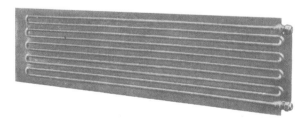

Bild 37   Platten-Verdampfer für Tiefkühlräume.

U- und b-förmig gebogene Platten-Verdampfer werden in Haushaltkühlschränken benutzt. Auch in kleineren Tiefkühltruhen findet man sie als Innentank.

Bild 37 zeigt einen Platten-Verdampfer, wie er vorwiegend in Tiefkühlräumen verwendet wird. Die Verdampfer werden senkrecht oder schräg so nebeneinander an der Decke montiert, daß man den angesetzten Reif mechanisch gut entfernen kann.

9.2 Sonstige Bauformen und Zusatzeinrichtungen

9.2.1 Rippenrohr-Verdampfer

Bei Rippenrohr-Verdampfern ist die Rohroberfläche durch radiale Scheiben- bzw. Spiral-Rippen oder auch durch Längsrippen vergrößert (Bild 38). Die aufgezogenen Rippen gestatten nicht immer eine Verformung, weshalb Rippenrohr-Verdampfer meist aus geraden berippten Rohren mit unberippten Rohrkrümmern bestehen.

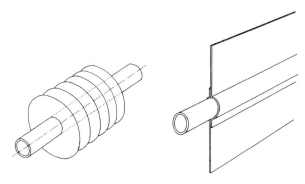

Bild 38 Rippenrohr-Verdampfer.
Links: Spiral- oder Scheibenrippen.
Rechts: Längsrippen.

9.2.2 Eismacher-Verdampfer

Eismacher-Verdampfer (Bild 39) sind gebogene Platten-Verdampfer, in die Eiswürfelschalen eingesetzt werden können. Die Außenflächen dieser Verdampfer kühlen die Umgebungsluft, also die Kühlstellen, die Innenflächen, die Eiswürfelschalen.

Eismacher-Verdampfer werden in Gewerbekühlschränken, Kühlabteilen von Büfetts u. a. verwendet. Neben der Kühlung der eigentlichen Kühlstelle können sie auch noch gewisse Mengen Eis erzeugen.

Bild 39 Eismacher-Verdampfer.

9.2.3 Rohrbündel-Verdampfer

Eine weitere gebräuchliche Bauart sind die sogenannten Rohrbündel-Verdampfer, auch Durchlaufkühler genannt.

Der Verdampfer besteht aus mehreren, als Bündel innerhalb eines Mantels angeordneten Rohren, die an ihren beiden Enden in einem Rohrboden münden (Bild 40).

Das zu kühlende Medium (Wasser, Sole, Milch, Wein und andere Flüssigkeiten) strömt innerhalb des Mantels um die Rohre während das Kältemittel durch die Rohre strömt.

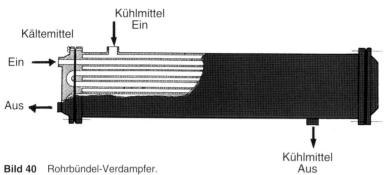

Bild 40 Rohrbündel-Verdampfer.

9.2.4 Überflutete Verdampfer

Alle vorbeschriebenen Verdampfer werden heute meistens als sogenannte Expansions- oder Trockenverdampfer hergestellt.

Was heißt das?

Dem Verdampfer wird stets nur soviel Kältemittel zugeführt, wie gerade verdampft werden kann. Im gesamten Verdampfer befindet sich also keine nennenswerte Menge flüssigen Kältemittels. Am Beginn der Entwicklung der Kältetechnik (z. B. mit Ammoniak als Kältemittel) kannte man nur überflutete Verdampfer. Heute werden sie nur noch für ganz bestimmte Spezialzwecke verwendet.

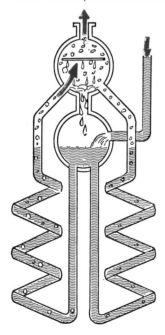

Bild 41 Schematische Darstellung eines überfluteten Steilrohr-Verdampfers.

Überflutete Verdampfer sind völlig mit flüssigem Kältemittel gefüllt. Aus diesem Grund kann man sie nicht einfach als ein durchgehendes Rohr herstellen, denn dann müßten sich die beim Verdampfen bildenden Dampfbläschen auf ihrem Weg zum Verdampferende durch die gesamte Flüssigkeit durchzwängen. Die dabei entstehenden Leistungsverluste (Druckverluste) würden die Kälteleistung ungünstig beeinflussen. Überflutete Verdampfer müssen deshalb völlig anders aufgebaut werden als trockene Verdampfer. Bild 41 zeigt das System eines überfluteten Verdampfers im Querschnitt. Die Dampfbläschen steigen in den kurzen, möglichst steilen Rohren nach oben, mitgerissenes Kältemittel läuft wieder zurück. Die im Dampfdom eingebaute Prallplatte sorgt dafür, daß keine Flüssigkeitsteilchen in den Verdichter mitgerissen werden können.

> **Überflutete Verdampfer können nur einwandfrei funktionieren, wenn sie auch richtig, d. h. ganz mit flüssigem siedenden Kältemittel gefüllt sind.**

9.2.5 Luftleitwände-Ventilatoren

Die Wärmeaufnahme eines Verdampfers erfolgt durch Konvektion. Je gleichmäßiger und wirbelfreier dabei die Strömung der zu kühlenden Luft ist, um so günstiger wird die Verdampferleistung. Eine einwandfreie Luftströmung ist deshalb von großer Wichtigkeit. Aus diesem Grund bringt man sogenannte Luftleitwände an, die die Zirkulation verbessern. Noch wichtiger ist aber die Wahl des richtigen Platzes für die Installation des Verdampfers. Zur Unterstützung der Luftzirkulation können Ventilatoren dienen. Diese Ventilatoren können entweder an geeigneter Stelle im Raum oder direkt am Verdampfer angeordnet werden. Entsprechende Luftleitwände sind hier unbedingt erforderlich. Wählt man sehr starke Ventilatoren und sorgt für richtige Luftführung, kann man die Luftströmung in jeder gewünschten Weise erzwingen und braucht sich nicht an die Richtung der natürlichen Luftzirkulation zu halten. Nebenschlüsse sind dabei zu vermeiden.

9.2.6 Leitbleche – Rührwerke

Sollen Verdampfer größere Flüssigkeitsbehälter kühlen, wird es meistens erforderlich sein, Rührwerke einzubauen. Diese Rührwerke haben die gleiche Aufgabe wie die Ventilatoren von Luftkühlern. Sie sollen die Flüssigkeitsströmung über dem Verdampfer und im gesamten Behälter intensivieren. Zur Erzielung einer möglichst wirbelfreien, gleichmäßigen Strömung baut man in die zu kühlenden Behälter Leitbleche ein, die man auch Schikanen nennt, weil durch sie die Flüssigkeit gezwungen wird, einen längeren Weg zu gehen, wodurch ein besserer Wärmeaustausch erfolgt.

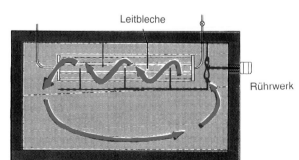

Leitbleche

Rührwerk

Bild 42 Verdampfer in einem Flüssigkeitsbassin mit Rührwerk und Leitblechen

9.2.7 Ventilatorverdampfer

An Stelle von normalen Lamellen-Verdampfern mit Luftleitwänden und Ventilatoren verwendet man immer häufiger komplette Einheiten, die man Ventilatorverdampfer nennt. Dabei handelt es sich um Lamellen-Verdampfer, die in einem Metallgehäuse untergebracht sind und bei denen der oder die Ventilatoren fest mit eingebaut sind. Auch der Tauwasserfang mit Ablaufrohr ist bereits vorhanden, so daß diese Verdampfer sehr einfach zu montieren sind. Das Verdampfergehäuse und die Tauwasserfangschale dienen gleichzeitig zur gleichmäßigen Luftführung. Ventilatorverdampfer werden in den verschiedensten Formen hergestellt, so daß sie sich äußerst vielseitig anwenden lassen (Bild 43).

Bild 43 Ventilator-Verdampfer für Decken- bzw. Wandanordnung.

9.3 Druckverluste im Verdampfer – Flüssigkeitsverteilung

Das verdampfende Kältemittel, welches durch das Verdampferrohr strömt, verursacht dabei Reibungsverluste. Diese Reibungsverluste führen dazu, daß der Verdampferdruck am Ende der Verdampfer niedriger ist als am Anfang. Je länger das Verdampferrohr ist und je kleiner sein Durchmesser, um so größer ist dieser Druckverlust (Bild 44). Infolge des Druckverlustes muß der Verdichter mit einem niedrigeren Saugdruck arbeiten; die Anlage verliert also an Leistung. Dieser Leistungsverlust kann erheblich sein. Je mehr Kältemittel also durch einen Verdampfer strömt, je größer also die Kälteleistung ist, um so weiter oder kürzer müssen die Verdampferrohre sein. Da man aus fertigungstechnischen Gründen möglichst für alle Verdampfer die gleichen Rohre verwenden möchte, dürfen die Rohre gewisse Längen nicht überschreiten. Für große Verdampferleistungen braucht man aber nun große Oberflächen; also lange Rohrschlangen. Das ist zwar richtig, aber man muß ja die Gesamtrohrlänge nicht hintereinander schalten, sondern man kann die benötigte Rohrlänge in viele kurze Rohre unterteilen. Dazu ist ein Expansionsventil mit Verteilerkopf und Druckausgleichsleitung erforderlich (Bild 45).

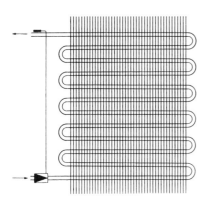

Bild 44 Verdampfer mit langem Verdampferrohr – Großer Druckverlust.

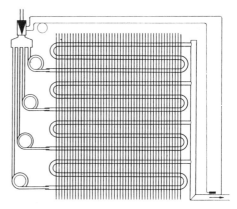

Bild 45 Verdampfer mit kurzen Verdampferrohren – Geringer Druckverlust.

164

Das Kältemittel hat in diesem Falle nur einen sehr kurzen Weg durch ein kurzes Rohr zurückzulegen. Alle Kältemittelrohre münden in ein gemeinsames Sammelrohr.

> **Die Flüssigkeitsverteilerleitungen (Kapillaren) zwischen Expansionsventil und Verdampfer müssen alle gleich lang sein.**

Aufgaben

Lösen Sie folgende Aufgaben (Lösungen S. 208/209):

1. Um die wasserseitige Verschmutzung und Verkalkung der Verflüssigerrohre wassergekühlter Verflüssiger zu berücksichtigen, gibt es einen Faktor, den man bei der Verflüssigerauswahl berücksichtigen sollte. Wie heißt er und wie groß sollte er bei den verschiedenen Wasserqualitäten gewählt werden?

2. Welches sind die drei wichtigsten Bauformen wassergekühlter Verflüssiger und wo zirkuliert bei ihnen das Kühlwasser?

3. Welche Verflüssiger-Bauform gestattet eine mechanische Reinigung und warum?

4. Wie groß ist der Wasserverbrauch bei Kühlturmbetrieb gegenüber einem Frischwasserbetrieb?
   Wodurch entsteht er?

5. Wodurch wird bei Kühltürmen in der Hauptsache der Kühleffekt erwirkt?

6. Von welchen beiden Hauptfaktoren ist die Wärmeübertragung von Wasser an Luft abhängig?

7. Von welchen Faktoren wird der Wirkungsgrad eines Kühlturms beeinflußt?

8. Welche Punkte sind bei der Aufstellung eines Kühlturms zu beachten?

9. Was ist ein Verdunstungs-Verflüssiger?

10. Um einer Einfriergefahr im Winter zu begegnen, bieten sich bei Verdunstungs-Verflüssigern in der Hauptsache zwei Lösungen an. Welche?

11. Welche Hauptaufgaben erfüllt ein Kältemittelsammler?

9.4 Die Verdampferleistung

In jeder Kälteanlage muß die Leistung des oder der Verdampfer genauso groß sein wie die Leistung der Kältemaschine, d. h. Verdampfer und Kältemaschine müssen sich bei der geplanten Verdampfungstemperatur das Gleichgewicht halten. Die für die Leistungsbestimmung maßgebenden Faktoren werden nachstehend erläutert.

9.4.1 Die Verdampferoberfläche

Die Oberfläche von Verdampfern wird aus der Summe aller Außenflächen errechnet und gewöhnlich in m² angegeben. Bei Rohrschlangen wird sie aus dem Rohraußendurchmesser mal $\pi = 3{,}14$ und der Rohrlänge errechnet. Die Lamellenoberfläche ist aus der Oberfläche beider Lamellenseiten zu ermitteln, sie wird bei Lamellen-Verdampfern zur Rohroberfläche addiert. Auch bei Platten-Verdampfern sind die Oberflächen beider Plattenseiten zu berücksichtigen.

9.4.2 Der *k*-Wert von Verdampfern

Da der *k*-Wert, also der Wärmedurchgangskoeffizient von Verdampfern, neben der Materialart und Dicke auch vom Wärmeübergang an den Außenflächen abhängig ist, kann man den *k*-Wert stets nur für ganz bestimmte Verhältnisse angeben. Wiederholend sei der *k*-Wert hier nochmals erklärt.

> **Der *k*-Wert gibt an, wieviel Wärme in W von einem Quadratmeter Verdampferoberfläche aufgenommen wird, wenn die Verdampfungstemperatur 1 K unter der Temperatur der Verdampferumgebung liegt.**

$$k = \frac{Q}{A \cdot \Delta T} \qquad [\text{W}/\text{m}^2\text{K}]$$

Darin ist:

Q = Verdampferleistung in W
A = Verdampferoberfläche in m^2
ΔT = Temperaturdifferenz in K

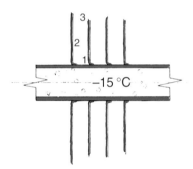

Bild 46 Erläuternde Skizze zur Bestimmung des *k*-Wertes 1, 2, 3 = verschiedene Meßstellen von der Lamellenwurzel am Kernrohr bis zum Lamellenende.

Je nachdem, ob der Wärmeübergang an der Oberfläche besser oder schlechter ist, wird auch der *k*-Wert des gleichen Verdampfers besser oder schlechter.

Die Bilder 47, 48 und 49 zeigen, daß ein Verdampfer mit gleichen Maßen und von gleicher Bauart die verschiedensten *k*-Werte haben kann. Je größer und gleichmäßiger die Bewegung des am Verdampfer vorbeiströmenden und zu kühlenden Mediums ist, um so günstiger ist der *k*-Wert. Vereiste Oberflächen verschlechtern den *k*-Wert. Aus Flüssigkeiten geht die Wärme besser in die Verdampferoberfläche über. Deshalb haben gleiche Verdampfer in Flüssigkeiten einen erheblich größeren *k*-Wert als in Luft.

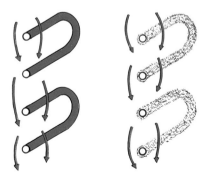

Bild 47 Verdampferrohre mit natürlicher Luftzirkulation.
Links bei eisfreier Oberfläche, *k*-Wert ≈ 19 W/m^2 K.
Rechts bei bereifter Oberfläche, *k*-Wert ≈ 14 W/m^2 K.

166

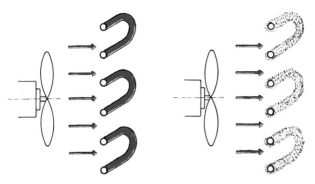

Bild 48   Verdampferrohre mit stark bewegter Luft.

Links bei eisfreier Oberfläche, k-Wert ≈ 23 W/m² K.
Rechts bei bereifter Oberfläche, k-Wert ≈ 19 W/m² K.

> **Der k-Wert eines Verdampfers ist keine absolut feste Größe. Er verändert sich mit verschiedenen Faktoren, insbesondere auch mit der Verdampfungstemperatur, und gilt deshalb immer nur für ganz bestimmte Verhältnisse.**

Die bei Verdampfern angegebenen k-Werte sind Mittelwerte, die auf die Gesamtoberfläche des Verdampfers bezogen sind. Bild 46 mag dies erläutern. Es zeigt den Querschnitt durch einen Lamellen-Verdampfer. Die Wärme fließt von außen nach innen, wo sie vom verdampfenden Kältemittel aufgenommen wird. Es ist offensichtlich, daß der k-Wert zwischen der Innenseite und der Stelle 1 größer ist als zwischen der Innenseite und der Stelle 2 oder gar 3. Dies kommt dadurch, daß die Wärme zwischen 1 und dem Verdampferinnern einen kürzeren Weg zurückzulegen hat. Somit ist es erklärlich, daß eigentlich an jeder Stelle eines Verdampfers mit Lamellen oder Rippen ein anderer k-Wert herrscht. Die in den Tabellen angegebenen Werte sind die Mittelwerte, die experimentell ermittelt wurden und mit denen man nun so rechnen kann, als ob die gesamte Oberfläche den gleichen k-Wert hätte.

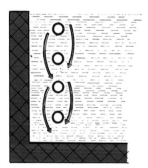

Bild 49   Verdampferrohre zur Flüssigkeitskühlung bei natürlicher Zirkulation. Bei Einsatz von Rührwerken, d. h. also bei mechanisch bewegter Flüssigkeit erhöhen sich die k-Werte um etwa das Dreifache.

Links eisfreie Oberfläche, k-Wert ≈ 87 W/m² K.
Rechts vereiste Oberfläche, k-Wert ≈ 50 W/m² K.

9.4.3 Die Verdampferleistung und die Grundleistung

Ein Verdampfer hat, wie wir wissen, die Aufgabe, Wärme aus seiner Umgebung aufzunehmen und sie dem Kältemittel zuzuführen. Seine Leistung muß sich also durch die aufgenommene Wärmemenge pro Stunde ausdrücken lassen, d. h. je mehr Wärme ein Verdampfer stündlich aufnehmen kann, um so größer ist seine Kälteleistung. Aus einfacher Überlegung ergibt sich, daß sich die Verdampferleistung vergrößert, wenn die Oberfläche größer wird. Die Verdampferleistung wird sich aber auch vergrößern, wenn der k-Wert gut ist, denn ein guter k-Wert bedeutet doch eine gute Wärmeübertragung zwischen der Verdampferumgebung und dem im Verdampfer siedenden Kältemittel. Aber es gibt noch einen 3. Faktor, der die Verdampferleistung wesentlich beeinflußt, und zwar ist das die Temperaturdifferenz zwischen der Verdampferumgebung und dem verdampfenden Kältemittel. Ist diese Differenz groß, dann hat die fließende Wärme einen größeren Niveauunterschied. Sie hat sozusagen einen größeren „Bewegungsdruck". Ein Verdampfer nimmt also mehr Wärme auf, wenn die Temperaturdifferenz größer wird.

Je größer die Verdampferoberfläche, um so größer ist die Verdampferleistung.

Je größer der k-Wert eines Verdampfers, um so größer ist die Verdampferleistung.

Je größer die Temperaturdifferenz zwischen Verdampfungstemperatur und Umgebungstemperatur des Verdampfers, um so größer ist seine Leistung.

Aus dieser Überlegung kann man leicht eine Formel für die Berechnung der Verdampferleistung aufstellen.

Diese Formel lautet:

$$Q_0 = A \cdot k \, (T_a - T_i) \qquad [W]$$

Darin bedeuten:

A = Verdampferoberfläche in m^2
k = Wärmedurchgangskoeffizient in $W/m^2\,K$
T_a = Temperatur des den Verdampfer umgebenden Stoffes in K (oder t_a in °C)
T_i = Verdampfungstemperatur in K (oder t_i in °C)

Verdampferleistung = Oberfläche · k-Wert · Temperaturdifferenz

Da die Oberfläche eines Verdampfers einen unveränderlichen Wert hat und da der k-Wert für bestimmte Verhältnisse ebenfalls festliegt, kann man das Produkt $A \cdot k$ zusammenfassen und als Grundleistung q_0 bezeichnen.

$$q_0 = A \cdot k \qquad W/K$$

Die Grundleistung gibt an, wieviel Wärme in einer Zeiteinheit von einem bestimmten Verdampfer aufgenommen wird, wenn die Verdampfungstemperatur 1 K unter der Umgebungstemperatur liegt.

Die Verdampferleistung bei verschiedenen Temperaturdifferenzen errechnet sich dann zu:

$$Q_0 = q_0 \, (T_a - T_i) \qquad [W]$$

bzw.

$$Q_0 = q_0 \cdot (t_a - t_i) \qquad [W]$$

Verdampferleistung = Grundleistung · Temperaturdifferenz

Beispiele:

Ein Verdampfer hat bei −10 °C Verdampfungstemperatur einen Wärmedurchgangskoeffizient von $k = 7{,}0$ W/m² K. Seine Oberfläche beträgt 44 m². Wie groß ist die stündliche Verdampferleistung, wenn die Temperatur der Kühlstelle 0 °C, +2 °C, +4 °C, +6 °C, +8 °C und 10 °C beträgt.

Wie groß ist die Verdampfergrundleistung?

Die Verdampfergrundleistung errechnet sich aus der Formel:

$$q_0 = A \cdot k$$

$$q_0 = 44 \text{ m}^2 \cdot 7{,}0 \text{ W/m}^2 \text{ K} = \textbf{308 W/K}$$

Die Verdampferleistung für verschiedene Temperaturdifferenzen errechnet man aus der Formel:

$$Q_0 = q_0 \, (T_a - T_i)$$

bzw.

$$Q_0 = q_0 \, (t_a - t_i)$$

Setzt man die verschiedenen Werte von T_a bzw. t_a in die Formel ein, dann erhält man folgende Ergebnisse:

Verdampfungs-temperatur t_i bzw. T_i		Kühlstellen-temperatur t_a bzw. T_a		$T_a - T_i$ $t_a - t_i$	Verdampferleistung $Q_0 = q_0 \, (T_a - T_i)$ bzw. $Q_0 = q_0 \, (t_a - t_i)$	
					Watt	kW
−10 °C	263,15 K	0 °C	273,15 K	10 K	3080	3,08
−10 °C	263,15 K	+ 2 °C	275,15 K	12 K	3696	3,696
−10 °C	263,15 K	+ 4 °C	277,15 K	14 K	4312	4,312
−10 °C	263,15 K	+ 6 °C	279,15 K	16 K	4930	4,93
−10 °C	263,15 K	+ 8 °C	281,15 K	18 K	5544	5,544
−10 °C	263,15 K	+10 °C	283,15 K	20 K	6160	6,16

Man sieht also, daß sich die Verdampferleistung im gleichen Verhältnis mit der Temperaturdifferenz ändert. Verdoppelt sich die Temperaturdifferenz, verdoppelt sich auch die Verdampferleistung; halbiert sich die Temperaturdifferenz, halbiert sich auch die Verdampferleistung usw.

Beispiel:

Ein Verdampfer soll eine Leistung von $Q_0 = 6$ kW haben. Der k-Wert des in Frage kommenden Verdampfers ist $k = 9$ W/m² K.

Die Temperatur der Kühlstelle liegt bei +4 °C (277,15 K) und die Verdampfungstemperatur bei −6° C (267,15 K).

Wie groß muß die Verdampferoberfläche sein?

Die Ausgangsformel für die Kälteleistung eines Verdampfers lautet:

$$Q_0 = A \cdot k \, (T_a - T_i)$$

bzw.

$$Q_0 = A \cdot k \cdot (t_a - t_i)$$

In dieser Formel ist nur die Größe A (die Verdampferoberfläche) unbekannt. Demnach ist die Formel nach A umzustellen.

$$A = \frac{Q_0}{k(T_a - T_i)} = \frac{6000\,\text{W}}{9\,\text{W/m}^2\,\text{K}\,(277,15 - 267,15)\,\text{K}}$$

$$A = \frac{6000}{9 \cdot 10} = \mathbf{66,7\,m^2}$$

bzw.

$$A = \frac{Q_0}{k \cdot (t_a - t_i)} = \frac{6000}{9\,[4 - (-6)]}$$

$$A = \frac{6000}{9 \cdot 10} = \mathbf{66,7\,m^2}.$$

Bei dem vorbeschriebenen Beispiel soll, da es sich um einen Gemüsekühlraum handelt, eine sehr hohe relative Luftfeuchtigkeit im Kühlraum erreicht werden. Aus diesem Grund soll die Verdampfungstemperatur bei 0 °C (273,15 K) anstatt –6 °C liegen.
Wie groß muß der Verdampfer nun werden?

$$A = \frac{6000}{9\,\text{W/m}^2\,\text{K}\,(277,15 - 273,15)\,\text{K}} = \frac{6000}{9 \cdot 4} = \mathbf{166,7\,m^2}$$

bzw.

$$A = \frac{6000}{9 \cdot (4 - 0)} = \frac{6000}{9 \cdot 4} = \mathbf{166,7\,m^2}.$$

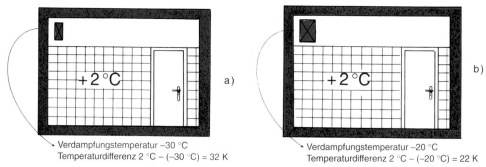

a)

b)

Verdampfungstemperatur –30 °C
Temperaturdifferenz 2 °C – (–30 °C) = 32 K

Verdampfungstemperatur –20 °C
Temperaturdifferenz 2 °C – (–20 °C) = 22 K

Bild 50 Diese Darstellungen zeigen den Einfluß der Verdampfergröße auf die Temperaturdifferenz.

Die Verdampferoberfläche muß nun wesentlich größer sein, obwohl die Kälteleistung von $Q_0 = 6000\,\text{W}$ die gleiche geblieben ist.

In Bild 50 zeigen die einzelnen Darstellungen a, b, c und d den Einfluß der Verdampfergröße auf die Temperaturdifferenz. Bei allen vier Fällen haben die Verdampfer die gleiche Leistung, obwohl sie von unterschiedlicher Größe sind.

> **Je kleiner der Verdampfer wird, desto größer muß die Temperaturdifferenz werden, um die gewünschte Leistung zu erzielen.**

Wenn der Verdampfer im Fall „a" eine Oberfläche von 10 m² hätte, dann wäre die Oberfläche von „b" = 14,5 m², bei „c" = 26,7 m² und bei „d" = 160 m².

> **Kleine Oberflächen erfordern große Temperaturdifferenzen, große Oberflächen brauchen nur kleine Temperaturdifferenzen.**

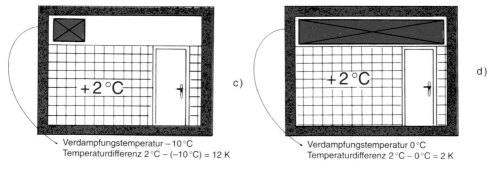

c)

Verdampfungstemperatur – 10 °C
Temperaturdifferenz 2 °C – (–10 °C) = 12 K

d)

Verdampfungstemperatur 0 °C
Temperaturdifferenz 2 °C – 0 °C = 2 K

Bild 51 Diese Darstellungen zeigen den Einfluß der Verdampfergröße auf die Temperaturdifferenz.

Aufgaben

Lösen Sie folgende Aufgaben (Lösungen S. 209):

1. Was geschieht im Verdampfer einer Kälteanlage?
2. Nenne die drei wichtigsten Verdampfer-Bauformen.
3. Was geschieht an der Verdampferoberfläche bei tiefen Verdampfungstemperaturen oder bei niedrigen Kühlstellentemperaturen?
4. Wie beeinflußt die Bereifung die Kälteleistung?
5. Wie wirkt sich die Bereifung bei Ventilatorverdampfern mit engem Lamellenabstand aus?
6. Auf was ist bei Verdampfern mit sehr großen Rohrlängen zu achten?
7. Was ist ein Nachverdampfer und welche Aufgabe hat er?
8. Was ist der Unterschied zwischen einem Expansions- oder Direktverdampfer und einem überfluteten Verdampfer hinsichtlich der Kältemittelzuführung?
9. Was ist beim Einsatz eines thermostatischen Expansionsventils mit Mehrfachverteiler hinsichtlich der Flüssigkeitsverteilerleitungen zu beachten?
10. Wo muß der Fühler eines thermostatischen Expansionsventils mit Mehrfachverteiler und Druckausgleichsleitung angebracht werden?

10. Das Drosselorgan

10.1 Allgemeines

Bekanntlich gibt es in einer Kälteanlage eine Hoch- und eine Niederdruckseite. Zur Hochdruckseite gehören Druckleitung (Heißgasleitung), Verflüssiger, Flüssigkeitssammler und Flüssigkeitsleitung. Zur Niederdruckseite gehören Verdampfer und Saugleitung. Wenn es im Kältemittelkreislauf eine Hoch- und eine Niederdruckseite gibt, dann müssen selbstverständlich zwei Stellen vorhanden sein, wo die beiden Drücke ineinander übergehen. Es muß also eine Stelle im Kreislauf geben, wo der hohe Druck des flüssigen Kältemittels auf den niederen Druck des Verdampfers entspannt wird, und es muß eine zweite Stelle geben, wo der niedere Druck des Verdampfers auf den hohen Druck des Verflüssigers komprimiert wird. Die letztgenannte Stelle ist der Verdichter. Das mit Niederdruck verdampfende Kältemittel wird von ihm angesaugt und auf hohen Druck komprimiert. Die eigentliche Grenzstelle ist der Zylinder, der abwechselnd zur Niederdruckseite (beim Ansaugen) und zur Hochdruckseite (beim Ausstoßen) gehört. An der zweiten Grenzstelle ist ein Organ nötig, welches den hohen Druck des flüssigen Kältemittels auf dem Verdampferdruck drosselt, d. h. vermindert (Bild 52).

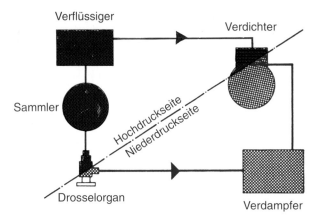

Bild 52 Der Hoch- und Niederdruckteil im Kältemittelkreislauf.

Dieses Organ, welches man allgemein als Drosselorgan oder Kältemittelstromregler bezeichnet, weil es analog zur Drosselung des Kältemitteldrucks den Kältemittelstrom regelt, ist ein
sehr wichtiges Regelorgan. Es gibt verschiedene Arten, von denen die wichtigsten nachfolgend vorgestellt werden.

10.2 Die wichtigsten Drosselorgane

Nachstehend sind die sechs bekanntesten Drosselorgane aufgeführt. Es sind dies:

Handexpansionsventil
Niederdruck-Schwimmerventil
Hochdruck-Schwimmerventil
Konstantdruck-Expansionsventil
Thermostatisches Expansionsventil
Kapillardrosselrohr

Es gibt auch noch andere Arten von Drosselorganen, die aber Spezialgebieten angehören, so
daß sie hier nicht behandelt werden.

10.2.1 Das Handexpansionsventil

Eine der einfachsten Drosselvorrichtungen zeigt Bild 53. Es ist ein handbetätigtes Expansionsventil. Wie man erkennt, handelt es sich um ein einfaches Handventil, durch das Kältemittel in den Verdampfer strömt. Praktisch kann jedes Handventil hierzu verwendet werden,
wobei jedoch ein Ventil, das zur Kältemittelstromregelung dienen soll, mit Feingewinde und
Nadelverschluß versehen sein muß, damit Feineinstellungen vorgenommen werden können.

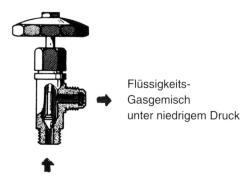

Flüssigkeits-
Gasgemisch
unter niedrigem Druck

Flüssiges Kältemittel unter
hohem Druck

Bild 53 Handexpansionsventil.

172

Das handgesteuerte Expansionsventil wird meistens in großen Systemen mit nahezu konstanter Last verwendet. Diese Kälteanlagen werden von einem Maschinenmeister ständig überprüft. Das Ventil muß bei Laständerungen stets nachgestellt werden.

10.2.2 Das Niederdruck-Schwimmerventil

Bild 54 zeigt ein Niederdruck-Schwimmerventil. Der Name rührt daher, daß der Schwimmer auf der Niederdruckseite des Systems untergebracht ist. Die Regelung erfolgt, wie hier gezeigt, zur Hauptsache durch den Flüssigkeitsstand im Schwimmerventil.

Dieser Typ von Expansionsventil wird immer bei überfluteten Verdampfern verwendet. Der Schwimmer kann direkt im Verdampfer oder in einer Schwimmerkammer in nächster Nähe des Verdampfers untergebracht werden. Wird eine separate Schwimmerkammer verwendet, so müssen Ober- und Unterteil der Kammer mit dem Verdampfer verbunden sein, damit der Flüssigkeitsstand in der Schwimmerkammer und dem Verdampfer jederzeit gleich ist.

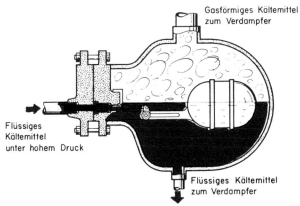

Bild 54 Niederdruck-Schwimmerventil.

Steigt die Last am Verdampfer, so wird mehr Kältemittel verdampft und der Flüssigkeitsspiegel im Verdampfer und der Schwimmerkammer fällt. Mit dem Flüssigkeitsspiegel fällt auch der Schwimmer, der seinerseits die eigentliche Ventilöffnung freigibt, damit mehr Flüssigkeit von der Hochdruckseite nachfließen kann. Fällt die Last am Verdampfer, verdampft weniger Flüssigkeit, und der Schwimmer schließt das Ventil.

Die hier gezeigte Konstruktion ist die einfachste. Es gibt viele verschiedene Bauarten.

Das Niederdruck-Schwimmerventil wird als eines der besten Kältemittelstromregler für überflutete Systeme betrachtet. Es ermöglicht eine ausgezeichnete Regelung und seine Einfachheit macht es fast störungsfrei. Außerdem kann es für jedes Kältemittel verwendet werden. Bei größeren Systemen wird es hauptsächlich als Steuervorrichtung verwendet.

10.2.3 Das Hochdruck-Schwimmerventil

Bei diesem Schwimmerventil (Bild 55) sitzt der Schwimmer in der Hochdruckseite des Systems und wird durch die unter hohem Druck stehende Flüssigkeit gesteuert. Dieses Drosselorgan kann nur dort verwendet werden, wo die Kältemittelfüllmenge kritisch ist. Sobald sich das Heißgas verflüssigt hat, fließt es zum Schwimmerventil. Steigt der Flüssigkeitsspiegel in der Schwimmerkammer, öffnet der Schwimmer das Ventil, und das Kältemittel fließt zum Verdampfer. Dieser Kältemittelstromregler läßt soviel Flüssigkeit in den Verdampfer, wie verflüssigt wird. Man darf deshalb außer im Verdampfer keine weitere Vorrichtung zur automatischen Speicherung flüssigen Kältemittels vorsehen. Eine Überfüllung des Systems mit Kältemittel würde Flüssigkeitsschläge im Verdampfer verursachen. Eine Unterfüllung des Systems wiederum würde bewirken, daß der Verdampfer „verhungert". Bisweilen werden Flüssigkeitsabscheider verwendet, um die Kältemittelzuführung nicht zu kritisch zu gestalten; dies gilt insbesondere für Ammoniakanlagen.

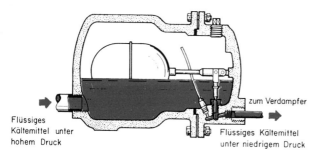

Bild 55 Hochdruck-Schwimmerventil.

10.2.4 Konstantdruck-Expansionsventil

Bild 56 zeigt ein Konstantdruck-Expansionsventil (früher automatisches Expansionsventil genannt).

Dieses Drosselorgan ist dazu bestimmt, den Druck im Verdampfer konstant zu halten. Gesteuert wird es durch den Druck im Verdampfer selbst. Der Verdampferdruck übt eine bestimmte Kraft auf die Unterseite der Membrane aus. Eine verstellbare Feder oberhalb dieser Membrane übt ebenfalls einen Druck aus. Steigt der Druck im Verdampfer, wird die Federkraft überwunden, die Membrane bewegt sich nach oben und schließ damit das Ventil. Fällt der Druck im Verdampfer, überwiegt die Federkraft und öffnet damit das Ventil. Da das Ventil einen konstanten Verdampfungsdruck aufrechterhält, bleibt auch die Verdampfungstemperatur konstant.

> **Das Konstantdruck-Expansionsventil hält einen einstellbaren Verdampfungsdruck (Verdampfungstemperatur) automatisch konstant, ganz gleich wie die Temperaturverhältnisse an der Kühlstelle sind.**

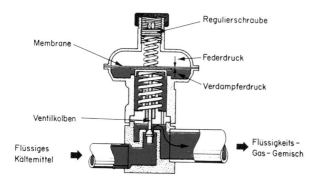

Bild 56 Konstantdruck-Expansionsventil.

Bei Verwendung eines Konstantdruck-Expansionsventiles muß eine grundsätzliche Überlegung gemacht werden, nämlich die, daß es bei veränderlicher Last gerade entgegengesetzt arbeitet. Steigt nämlich die Verdampferleistung plötzlich, steigt normalerweise infolge der erhöhten Verdampfungstemperatur auch der Saugdruck. Um diese Leistung zu bewältigen, wird jetzt mehr Kältemittel benötigt. Im Falle des Konstantdruck-Expansionsventiles wird

174

jedoch durch das plötzliche Ansteigen des Druckes das Ventil geschlossen, wodurch kein Kältemittel mehr nachfließen kann.

Das heißt, daß das Konstantdruck-Expansionsventil nur dort verwendet werden kann, wo die Last verhältnismäßig gleich bleibt. Man findet es hauptsächlich bei kleineren Kühlanlagen.

10.2.5 Das thermostatische Expansionsventil

Das weitaus am häufigsten verwendete Drosselorgan ist das thermostatische Expansionsventil; auch TEV genannt (Bild 57).

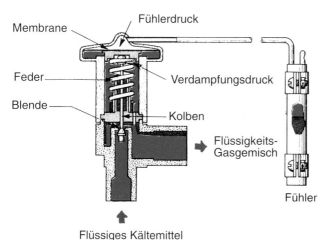

Membrane
Fühlerdruck
Feder
Verdampfungsdruck
Blende
Kolben
Flüssigkeits-Gasgemisch
Fühler
Flüssiges Kältemittel

Bild 57 Thermostatisches Expansionsventil.

Das TEV reguliert eine bestimmte einstellbare Temperaturdifferenz zwischen Verdampferanfang und -ende. Zu diesem Zweck hat es einen Temperaturfühler, der am Verdampferende angebracht werden muß. Will die eingestellte Temperaturdifferenz, auch Überhitzung genannt, größer werden, vergrößert sich der freie Düsenquerschnitt, will sie kleiner werden, verkleinert sich der freie Düsenquerschnit. Durch diese Steuerung der Temperaturdifferenz zwischen Verdampfereingang und Verdampferausgang wird erreicht, daß der Verdampfer immer soviel Kältemittel zugeführt bekommt, wie in ihm verdampfen kann. Das TEV ist deshalb für trockene Verdampfer (Expansionsverdampfer) besonders gut geeignet.

> **Das thermostatische Expansionsventil sorgt dafür, daß ein Verdampfer immer genausoviel Kältemittel zugeführt bekommt, wie in ihm verdampft werden kann. Das TEV hält die eingestellte Temperaturdifferenz zwischen Verdampferanfang und Verdampferende unabhängig von den Betriebsbedingungen konstant. Die Verdampfungstemperatur verändert sich dabei mit der Kühlstellentemperatur.**

Im Gegensatz zum Konstantdruck-Expansionsventil, welches den Verdampfungsdruck unabhängig von allen Betriebsbedingungen konstant einhält, wird sich der Verdampfungsdruck bei einem Verdampfer mit TEV den Betriebsbedingungen anpassen. Der mit TEV ausgerüstete Verdampfer wird in seiner gesamten Oberfläche immer voll ausgenutzt. Beim Konstantdruck-Expansionsventil wird oft ein Teil der Verdampferoberfläche nicht für die Wärmeübertragung benutzt. Die Bezeichnung thermostatisch besagt also nicht, daß dieses Ventil eine bestimmte Verdampfungstemperatur konstant regelt.

Mit einem thermostatischen Expansionsventil kann man nur eine Überhitzungstemperatur einstellen, da es einzig und allein die Überhitzung reguliert.

Die Ventilkolben sind im Betrieb sowoh beim Konstantdruck-Expansionsventil als auch beim thermostatischen Expansionsventil ständig in Bewegung. Sie spielen, wie man sagt. Dieses Spielen kann man am Manometer der Niederdruckseite gut beobachten.

10.2.6 Das thermostatische Expansionsventil mit äußerem Druckausgleich und Mehrfachverteilung

Eine Sonderausführung des TEV ist das thermostatische Expansionsventil mit äußerem Druckausgleich und Mehrfachverteilung.

Wenn man einen sehr großen Verdampfer mit langen Rohrschlangen hat, dann weichen die Drücke am Anfang und Ende des Verdampfers erheblich voneinander ab.

Wenn der Druck am Verdampferende sehr viel tiefer ist, dann stimmt das Gleichgewicht zwischen dem Fühler- und Verdampfungsdruck nicht mehr, d. h. das Ventil reguliert nicht mehr einwandfrei. In diesen Fällen muß ein thermostatisches Expansionsventil Druckausgleich besitzen.

Um insgesamt eine gute Wärmeübertragung und volle Beaufschlagung großer Verdampfer zu erreichen, bedient man sich der Mehrfacheinspritzung.

Für diesen Zweck benutzt man thermostatische Expansionsventile mit äußerem Druckausgleich, auf die ein Flüssigkeitsverteilerkopf aufgesetzt wird (Bild 58).

Bild 58   Thermostatisches Expansionsventil mit äußerem Druckausgleich und Mehrfachverteilung.

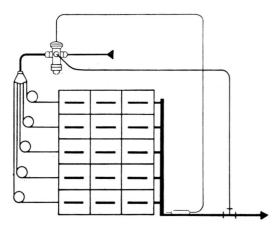

Bild 59   Anordnungsschema.

Der Verdampfer wird dann in mehrere Abschnitte gleicher Rohrlänge unterteilt und in jedem Abschnitt führt vom Verteilerkopf aus je eine gleich große Einspritzleitung (Bild 59). Durch die Anordnung kurzer Verdampferrohre, die in ein Sammelrohr münden, läßt sich auch der Durchflußwiderstand beträchtlich verringern.

10.2.7 Das Kapillardrosselrohr

Das einfachste Drosselorgan ist das in Bild 60 gezeigte Kapillardrosselrohr. Es stellt nichts anderes dar als eine erwünschte Verengung der Flüssigkeitsleitung. Dank seinem kleinen Durchmesser ruft es einen beträchtlichen Druckabfall hervor.

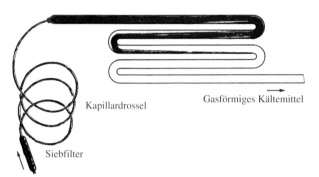

Kapillardrossel

Gasförmiges Kältemittel

Siebfilter

Flüssiges Kältemittel

Bild 60   Kapillardrosselrohr.

Kapillardrosselrohre haben den Vorteil, daß sie einfach und betriebssicher arbeiten. Sie besitzen jedoch einen Nachteil; sie haben nur einen begrenzten Anwendungsbereich. Der Durchmesser oder die Kapillarrohre sind für ganz genau festliegende Kältemittelmengen und für einen genau bestimmten Druckabfall berechnet. Ändern sich diese Verhältnisse, dann ändert sich auch ihre Regelwirkung. Deshalb eignen sich einfache Kapillardrosselrohre nur für Kühlstellen kleinerer Leistungen, die ziemlich gleichmäßige Betriebsverhältnisse haben, wie z. B. Haushaltskühlschränke, Gewerbekühlschränke, Fensterklimageräte, kleinere Kühlabteile in Bars und Büffets usw. Hier leisten Kapillardrosselrohre wegen ihrer hervorragenden Betriebssicherheit ausgezeichnete Dienste.

Aufgaben

Lösen Sie folgende Aufgaben (Lösungen S. 209/210):

1.   Von welchen Faktoren ist die Leistung eines Verdampfers abhängig?

2.   Wie errechnet sich die Verdampferoberfläche bei:
   a)   Glattrohr-Verdampfern?
   b)   Lamellen-Verdampfern?
   c)   Platten-Verdampfern?

3.   Wie verändert sich die Kälteleistung Q_0, wenn:
   a)   die Verdampferoberfläche vergrößert wird?
   b)   der k-Wert kleiner wird?
   c)   die Temperaturdifferenz zwischen Verdampfungs- und Kühlstellentemperatur größer wird?

4. Wie groß muß die Verdampferleistung gegenüber der Verdichterleistung sein?

5. Ist der *k*-Wert eines Verdampfers eine absolut feste Größe?

6. Was versteht man unter der Grundleistung eines Verdampfers?

7. Ein Verdampfer hat eine Oberfläche von 80 m². Sein *k*-Wert beträgt 9,0 W/m² K. Wie groß ist die Grundleistung, und um was für einen Verdampfer könnte es sich hier handeln?

8. Wie groß ist die Kälteleistung des Verdampfers der Frage 7 in W, wenn die Temperaturdifferenz 7 K beträgt?

9. Der Kältebedarf eines Tiefkühlraumes beträgt 3200 W. Die Kühlraumtemperatur soll 253,15 K (−20 °C) betragen und die gewählte Verdampfungstemperatur 245,15 K (−28 °C).
   Wenn ein Ventilatorverdampfer bei diesen Verhältnissen einen *k*-Wert von 4,0 W/m² K hat, wie groß muß dann die Oberfläche des Verdampfers sein?

10. Der Kältebedarf eines Lagerraumes beträgt 2700 W. Die Lagerraumtemperatur soll 278,15 K (+5 °C) und die Verdampfungstemperatur 263,15 K (−10 °C) betragen.
    Es werden glatte Verdampferrohre mit $d_a = 32$ mm Außendurchmesser und einem *k*-Wert von 18,0 W/m² K eingesetzt.
    Wie groß muß:
    a) die Rohroberfläche sein?
    b) die gesamte Rohrlänge sein?

11. Rohrleitungen

11.1 Allgemeines

Das kältemittelführende Rohrsystem ist ein wesentlicher Bestandteil des Kältemittelkreislaufs, da es die notwendige Verbindung zwischen den einzelnen Komponenten eines Kältesystems herstellt und somit eine Anlage erst funktionsfähig macht.

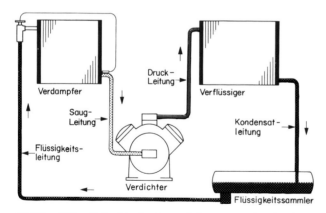

Bild 61 Kältemittelkreislaufsystem mit den entsprechenden Rohrleitungen.

In Bild 61 werden die Hauptleitungsabschnitte innerhalb des Kältemittelkreislaufsystems benannt.

Die **Saugleitung** führt den unter Verdampfungsdruck stehenden kalten Kältemitteldampf vom Verdampfer zum Verdichter.

Die **Druckleitung** führt den warmen, überhitzten und unter Verflüssigungsdruck stehenden Kältemitteldampf vom Verdichter zum Verflüssiger.

Die Flüssigkeitsleitung führt die unter Verflüssigungsdruck stehende Kältemittelflüssigkeit vom Verflüssiger bzw. Sammler zum Drosselorgan.

Wo separate Sammler verwendet werden, benutzt man eine **Kondensatleitung**, die das unter Verflüssigungsdruck stehende, flüssige Kältemittel vom Verflüssiger zum Sammler transportiert. Zum anderen führt sie den vom Sammler aufgenommenen Kältemitteldampf entgegen der Fließrichtung zum Verflüssiger zurück.

11.2 Anforderungen an eine gute Rohrleitungsinstallation

An eine gute Installation von Kältemittelleitungen werden in der Hauptsache folgende Forderungen gestellt:

1. Die Hauptaufgabe der Kältemittelleitungen besteht darin, einen Weg für den Kältemittelfluß von einem Bauteil zum nächsten sicherzustellen.
2. Dieser Kältemittelfluß muß ohne größeren Druckabfall bewerkstelligt werden, wie er etwa durch Reibung, großen Höhenunterschied, starke Biegungen, Verengungen, falsche Dimensionierung etc. hervorgerufen wird.
3. Da etwas Öl in allen Systemen die mit Kolbenverdichtern ausgestattet sind zirkuliert, müssen die Rohrleitungen so verlegt werden, daß das Öl in jedem Falle wieder zur Verdichterkurbelwanne zurückgeführt wird.
4. Flüssiges Kältemittel oder Öl, das in den Verdichterzylinder gelangt, kann großen Schaden hervorrufen. Dies kann durch Überlaufen der Saugleitung oder durch Rückkondensation von Kältemittel während des Stillstands der Anlage passieren.
   Gute Rohrleitungsinstallationen verhindern dies bzw. beschränken es auf ein Minimum.

11.3 Prinzipielle Grundlagen

Einige prinzipielle Grundlagen treffen auf alle Kältemittelleitungen zu.

Man verlege alle Leitungen möglichst einfach und auf dem kürzesten Weg. Alle unnötigen Umwege erhöhen nicht nur die Anlagen- und Betriebskosten sondern auch die Gefahr von Undichtigkeiten.

Horizontale Leitungen sollten gerade verlegt und in Strömungsrichtung leicht geneigt werden (Bild 62). Dies erleichtert den Rückfluß während des Stillstandes der Anlage.

Bild 62   Einfache Leistungsführung mit leichtem Gefälle in Strömungsrichtung.

Rohrbefestigungen sollen ein Durchhängen und das Bilden von Knicken ausschalten.

Die in Bild 63 gezeigten zusätzlichen Prinzipien treffen ebenfalls für alle Kältemittelleitungen zu.

Vor allen Dingen sollten unnötige Ölsäcke vermieden werden.

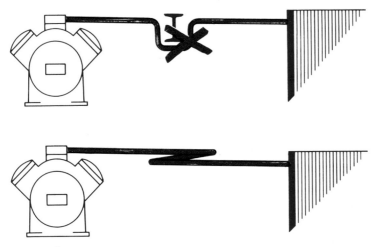

Bild 63 Ölsäcke sind zu vermeiden (oben). Schwingungen zu absorbieren (unten).

Schlechte Installationen oder komplizierte Rohrleitungsverlegungen können zu unerwünschten Fallen führen, in denen sich besonders bei Teillastbetrieb Öl ansammelt.

Man sollte außerdem Schleifen in die Leitungen legen, um Längenveränderungen und Schwingungen zu absorbieren.

Alle Rohrleitungen werden bei Temperaturwechsel länger oder kürzer (Kupferrohre dehnen sich bei einem Temperaturanstieg von 28 K um etwa 0,5 mm pro 1 m Leitung aus; Stahlrohre etwa 0,3 mm pro 1 m).

Alle Verdichter vibrieren besonders beim Anlauf oder Abstellen. Oftmals werden sie daher auf Schwingungsdämpfern aus Federstahl oder Gummi montiert.

Trotzdem müssen die Rohrleitungen flexibel sein. Man soll daher Schleifen oder Biegungen vorsehen, um diese durch den Verdichter hervorgerufenen Bewegungen aufzufangen.

Nach diesen grundsätzlichen Ausführungen sei darauf hingewiesen, daß die Auslegung und Bemessung eines kältemittelführenden Rohrleitungssystems die gleiche Sorgfalt und Genauigkeit erfordert wie jedes andere hydraulische Leitungssystem, wobei hier noch die zusätzlichen Kriterien, Druckabfall, Ölrückführung und Verdichterschutz in Erwägung gezogen werden müssen.

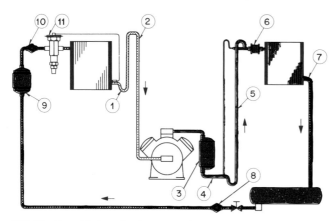

Bild 64 Verschiedene Auslegungsmethoden.

Bild 64 zeigt die verschiedenen Methoden, mit deren Hilfe man in der Praxis die einzelnen Probleme lösen kann.

In der Saugleitung befindet sich ein sog. Ölsack (1), der flüssiges Kältemittel und Öl möglichst schnell von dem Fühler des thermostatischen Expansionsventiles entfernt. Der bis zur Verdampferoberkante geführte Überbogen (2) verhindert, daß flüssiges Kältemittel während des Stillstandes vom Verdampfer zum Verdichter fließt. Um Flüssigkeitsschläge jeder Art zu verhindern, dürfen keinerlei Ölsäcke kurz vor dem Verdichter gesetzt werden. Ölrückführung und Druckabfall können geregelt werden, indem die Rohrdimensionen sorgfältig ausgewählt werden.

In der Druckleitung befindet sich der Muffler (3) möglichst nahe am Verdichter, jedoch in dem abwärts führenden Rohr der Druckleitungsschleife (4), damit verhindert wird, daß Öl oder flüssiges Kältemittel während des Stillstandes in den Verdichter zurückfließen. Die doppelte Steigleitung (5) druckseitig hat die Aufgabe, Öl ohne besonderen Druckverlust und bei minimaler Leistung des Verdichters weiterzuführen. Das Rückschlagventil (6) verhindert eine Rückwanderung des Kältemitteldampfes in den Verdichter.

Die Kondensatleitung (7) ist verstärkt ausgelegt, damit neben dem abwärts fließenden flüssigen Kältemittel Kältemittelgas nach oben strömen kann.

Die Flüssigkeitsleitung zeigt zwei Installationsmöglichkeiten für Schaugläser. Die erste ist am Sammleraustritt (8), die zweite (10) befindet sich direkt hinter dem Filtertrockner (9) und vor dem Expansionsventil (11). Die Überwachung von vorzeitig entstandenen Kältemittelgas innerhalb der Flüssigkeitsleitung ist meistens mit einer Unterkühlung in der Flüssigkeitsleitung verbunden. Die Ölrückführung in den Flüssigkeitsleitungen stellt meistens kein Problem dar. Der Druckabfall kann durch entsprechende Dimensionierung der Rohrleitungen in vernünftigen Grenzen gehalten werden.

12. Das Kältemittel

Eine Kälteanlage hat bekanntlich die Aufgabe Wärme von einem niederen Temperaturniveau (Verdampfer) zu einem höheren (Verflüssiger) zu transportieren.

Als Träger der zu transportierenden Wärmeenergie dient eine Flüssigkeit mit besonderen Eigenschaften, das sogenannte Kältemittel. (Die Bezeichnung Kühlmittel ist ebenso falsch wie weit verbreitet.)

Das Kältemittel nimmt im Verdampfer Wärmeenergie auf und gibt sie im Verflüssiger wieder ab. Es ändert also ständig seinen Aggregatzustand (Flüssigkeit in Dampf, Dampf in Flüssigkeit.)

Die Voraussetzung für diese Änderungen des Aggregatzustandes und der Enthalpie werden von der Kälteanlage mit ihren dazu erforderlichen Hauptbauteilen geschaffen.

12.1 Welche Stoffe sind als Kältemittel geeignet?

Betrachtet man die Dinge rein theoretisch, dann gibt es viele Stoffe, die als Kältemittel verwendbar wären.

In der Praxis sind jedoch nur solche Stoffe als Kältemittel geeignet, deren Drücke sich bei der erforderlichen Verdampfungs- und Verflüssigungstemperatur so verhalten, daß sich technisch möglichst einfache Verdichter verwenden lassen.

Ferner dürfen die Stoffe die wichtigsten Metalle, die man zur Erstellung einer Kälteanlage braucht, nicht angreifen.

Es würde zu weit führen, alle Eigenschaften zu erklären, die ein brauchbares Kältemittel haben sollte.

Als man im vergangenen Jahrhundert begann Kälteanlagen zu bauen, glaubte man zunächst, daß sich sehr viele Stoffe als Kältemittel verwenden ließen.

Bald stellte man jedoch fest, daß das Problem des Kältemittels viel größer war als man zunächst annahm.

Nach den Erfahrungen, die die junge Kältetechnik sammelte, müßte ein ideales Kältemittel folgende Eigenschaften haben:

- **Die Betriebsdrücke müssen in günstigen Bereichen liegen.**
- **Es darf die wichtigsten Metalle der Systemkomponenten nicht angreifen.**
- **Es darf nicht explosiv sein.**
- **Es darf nicht brennbar sein.**
- **Es darf nicht giftig sein.**
- **Es darf keinen stechenden oder unangenehmen Geruch haben.**
- **Es muß sich mit Öl mischen lassen.**
- **Es darf sich im praktischen Betrieb nicht zersetzen, und nach den Erfahrungen der Neuzeit muß es vor allen Dingen umweltfreundlich und gut zu entsorgen sein.**

Bild 65 Ideale Kältemittel müssen eine Reihe bestimmter Eigenschaften besitzen.

Alle diese Anforderungen, speziell die letztgenannten, wurden erst nach und nach als Folge manch unangenehmer Erfahrungen gemacht.

Die nach der Jahrhundertwende speziell nach den Forderungen der Kältetechniker hergestellten neuen Kältemittel hatten nach den seinerzeitigen Erfahrungen hervorragende Eigenschaften.

Man nannte die in den USA neu entdeckten Kältemittel „Freone".

Mit eines der bekanntesten und heute noch begrenzt einsetzbaren Kältemittel ist das

      Chlordifluormethan

mit der chemischen Formel:

      $CHClF_2$

welches unter den verschiedensten Herstellerbezeichnungen z. B.

      Frigen 22 (Farbwerke Hoechst)
      Kaltron 22 (Kali-Chemie, Hannover)
oder Freon 22 (Du Pont, USA)

im Handel und in der Praxis bekannt ist.

Bild 66 Im Jahr 1938 wurde das neu-
entwickelte Fluorkältemittel Frigen erstmals
in Deutschland eingeführt.

Aus Gründen der einheitlichen Benennung wurden späterhin alle Bezeichnungen ersetzt durch
das Kurzzeichen „R" für Refrigerant (das englische Wort für Kältemittel) und unter Hinzufü-
gung der bisherigen Kennzahlen.

> **Chlordifluormethan wird demnach in der heutigen Kurzbezeichnung R 22
> genannt.**

Es besteht wie man auch der chemischen Formel

$CHClF_2$

entnehmen kann, aus je einem Atom:

C = Kohlenstoff
H = Wasserstoff
Cl = Chlor

und 2 Atomen

F = Fluor

Es zählt somit zu den sogenannten Fluorkohlenwasserstoffen (FKW).

Neben R 22 gibt es eine Reihe weiterer Fluorkältemittel, die aus denselben Grundstoffen
zusammengesetzt sind, die also eine gewisse Familie, die Familie der „Halogenkältemittel" bilden.

Durch diese Verwandschaft haben sie die gleichen Eigenschaften und verhalten sich in vielen
Dingen ähnlich. Sie unterscheiden sich allerdings in ihren Siedetemperaturen und Verdamp-
fungsdrücken, so daß man sie für die verschiedensten kältetechnischen Aufgaben verwenden
kann.

In Tabelle 12.2 sind die bisher gebräuchlichsten Kältemittel aufgeführt.

12.2 Tabelle der bisher gebräuchlichsten Kältemittel nach DIN 8962

Kurz-zeichen	Benennung	chem. Formel	Molmasse in g/mol	Siedetemperatur in °C bei p = 1013 mbar
halogenierte Kohlenwasserstoffe				
*R 11	Trichlorfluormethan	CCl_3F	137,4	+ 23,7
*R 12	Dichlordifluormethan	CCl_2F_2	120,9	− 29,8
*R 13	Chlortrifluormethan	$CClF_3$	104,5	− 81,5
*R 13B 1	Bromtrifluormethan	$CBrF_3$	148,9	− 57,8
*R 14	Tetrafluormethan	CF_4	88,0	− 72,8
**R 22	Chlordifluormethan	$CHClF_2$	86,5	− 40,8
**R 30	Dichlormethan	CH_2Cl_2	84,9	+ 39,8
**R 40	Chlormethan	CH_3Cl	50,5	− 23,7
**R 50	Methan	CH_4	16,0	−162,0
*R 113	1,1,2-Trichlortri-fluoräthan	$CClF_2{-}CCl_2F$	187,4	+ 47,5
*R 114	1,2-Dichlortetra-fluoräthan	$CClF_2{-}CClF_2$	170,9	+ 3,56
**R 142b	1-Chlor-1,1-Difluoräthan	$CH_3{-}CClF_2$	100,5	− 11,2
**R 152a	1,1-Difluoräthan	$CH_3{-}CHF_2$	66,0	−24,6
Azeotrope				
R 500	Kältemittel 12/152a 73,8/26,2	$CCl_2F_2/$ $CH_3{-}CHF_2$	99,3	− 33,4
R 502	Kältemittel 22/115 48,8/51,2	$CHClF_2/$ $CClF_2{-}CF_3$	112,0	− 45,56
† Kohlenwasserstoffe				
R 50	Methan	CH_4	16,0	−162,0
R 170	Äthan	$CH_3{-}CH_3$	30,0	− 88,6
R 290	Propan	$CH_3{-}CH_2{-}CH_3$	44,0	− 45,0
R 1150	Äthylen	$CH_2{=}CH_2$	28,0	−102,0
R 1270	Propylen	$CH_3{-}CH{=}CH_2$	42,1	− 47,0
Übrige Kältemittel				
NH3 (R 717)	Ammoniak	NH_3	17,0	− 33,4
CO_2	Kohlendioxid	CO_2	44,0	− 78,5
SO_2	Schwefeldioxid	SO_2	64,1	− 10,0
H_2O (R 718)	Wasser	H_2O	18,0	+100,0
−	Luft	−	29,0	−192,0

* **Vollhalogenierte** Kohlenwasserstoffe
  (kein Wasserstoffatom „H" im Molekül)

** **Teilhalogenierte** Kohlenwasserstoffe
  (Mindestens ein Wasserstoffatom „H" im Molekül)

† **Kohlenwasserstoffe**
  (Neben den zentralen Kohlenstoffatomen „C" nur Wasserstoffatome „H" im Molekül)

12.3 Molmasse

Die vorletzte Spalte der Tabelle führt die Molmasse auf.

> **Die Molmasse in g/mol ist die Summe der Atommassen der in einem Molekül enthaltenen Atome.**

So ist z. B. die Molmasse von Wasser

$H_2O = 18,016$ g/mol $\approx 18,0$ g/mol

Denn:

2 Wasserstoffatome „H_2" $= 2 \cdot$ Atommasse 1,008 $=$ 2,016 g/mol

und 1 Sauerstoffatom „O" $= 1 \cdot$ Atommasse 16,0 $= \underline{16,0 \quad}$ g/mol

zusammen: 18,016 g/mol

                                        $\approx 18,0 \quad$ g/mol

Die Größe eines Moleküls wiederum ist etwa proportional zur Quadratwurzel seiner Molmasse, d. h.

> **Molekülgröße $= \sqrt{\text{Molmasse}}$**

Ein Vergleich zwischen NH_3 (R 717) und R 22 zeigt z. B., daß die Moleküle von R 22 etwas mehr als doppelt so groß sind wie von NH_3 (Ammoniak).

R 717	**R 22**
($NH_3 =$ Ammoniak)	($CHClF_2$)
Molmasse: 17 g/mol	86,5 g/mol
Molekülgröße: $\sqrt{17} = 4,1$	$\sqrt{86,5} = 9,3$

Das bedeutet in der Praxis, daß bei gleichen Bedingungen die Öffnung für eine Undichtigkeit bei R 22 im Gegensatz zu Ammoniak (NH_3) doppelt so groß sein müßte (Bild 66).

Ammoniak (R 717)
Molmasse 17,03 g/mol

R 22
Molmasse 86,48 g/mol

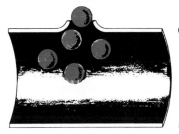 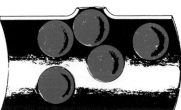

Bild 66   Neigung zu Undichtigkeiten.

> **Je höher die Molmasse, desto geringer ist die Neigung zu Undichtigkeiten.**

Ammoniak, das einen reizenden Geruch hat und auf die Atemluft einwirkt, hat aufgrund seiner geringen Molekülgröße bei Undichtigkeiten eine hohe Warnwirkung.

12.4 Kältemittel und Atmosphäre

Unser Universum ist insgesamt lebensfeindlich. Denn weder bei Weltraumkälte noch bei ungemilderter Sonnenstrahlung kann Leben existieren.

Erst die irdische Atmosphäre macht Leben möglich, denn sie speichert einerseits Wärme und hält andererseits einen großen Teil der Strahlung von der Erdoberfläche fern.

Hierbei spielt die Ozonschicht, die in 20 bis 30 km Höhe (also in der Stratosphäre) die Erde umschließt, eine besondere Rolle (Bild 67).

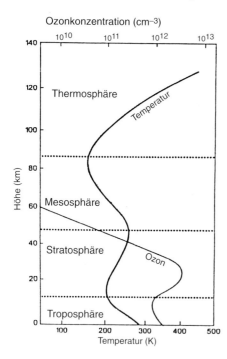

Bild 67 Temperaturprofil und Ozonverteilung in der Atmosphäre.

12.4.1 Das Ozonloch

Ozon ist Sauerstoff, dessen Moleküle, anders als beim Sauerstoff der Atemluft nicht aus zwei (O_2), sondern aus je drei Atomen (O_3) besteht.

Dieses Ozon absorbiert einen Teil der gefährlichen ultravioletten Strahlen (UV-Licht).

In den letzten Jahren haben Wissenschaftler festgestellt, daß die Ozonschicht über den beiden Polen, insbesondere über dem Südpol (Antarktis) – dünner wird (Ozonloch).

Man glaubt gute Gründe dafür zu haben, daß für den Abbau des Ozons auch eine Reihe der gebräuchlichsten Kältemittel, u. a. die vollhalogenierten Fluorchlorkohlenwasserstoffe (FCKW), wie z. B. R 11 und R 12, einen hohen Anteil daran haben.

Auf welche Art und Weise FCKWs die Ozonschicht angreifen und zerstören, zeigt Bild 68.

Nach dem Auslösen der Chlor-Atome (Cl) aus dem FCKW-Molekül, hervorgerufen durch die Solarstrahlung, cracken (umwandeln) diese Cl-Atome, die in einer Höhe von 20 bis 30 km befindlichen instabilen Ozon-Verbindungen (O_3) in Sauerstoff (O_2) – und das bis zu 100 000 Mal pro Cl-Atom.

Das Ergebnis ist, daß die zuvor durch die Ozonschicht gefilterte UV-Strahlung nun wesentlich intensiver die Erdoberfläche erreicht.

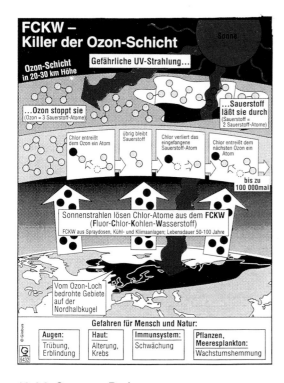

Bild 68 Entstehung eines Ozonlochs.

12.4.2 Ozon am Boden

Um das Thema Ozon abzurunden und um Mißverständnissen vorzubeugen, sei noch darauf hingewiesen, daß es neben dem Ozon in der Höhe (stratosphärisches Ozon) auch noch Ozon auf dem Boden (troposphärisches Ozon) gibt. Hinsichtlich seiner Auswirkungen aber hat das eine mit dem anderen nichts zu tun, denn was oben gut ist, ist unten schlecht.

Das Gas, welches als Ozonschicht in der Stratosphäre unser Überleben sichert, wird auf dem Boden zur Gefahr und ist ein unerwünschtes giftiges Reizgas.

Es wird in Bodennähe gebildet wenn Sonnenstrahlen auf Industrie-, Auto- und Kraftwerksabgase (Stickstoff-Sauerstoff-Verbindungen) treffen.

Unter Beteiligung der ebenfalls ausgestoßenen Kohlenwasserstoffe bewirkt die Sonne, daß Stickstoffdioxid in Stickstoffmonoxid und freie Sauerstoffatome zerfällt.

Diese wiederum hängen sich an den Luftsauerstoff, wodurch eben Ozon entsteht (Bild 69).

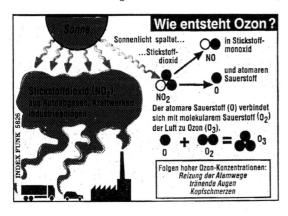

Bild 69 Ozonbildung in Bodennähe.

187

Die Idee, mit dem Ozon von unten das Ozonloch oben zu stopfen, funktioniert leider nicht. Zum einen gibt es dafür hier unten viel zu wenig Ozon. Und zum anderen zerfällt das Gas auf dem Weg durch die Atmosphäre zum großen Teil in ganz gewöhnlichen Sauerstoff.

12.4.3 Der Treibhauseffekt

Spurenstoffe in der Atmosphäre, wie z. B. Kohlendioxyd, Wasserdampf, Methan, Ozon und Stickoxyde, wirken wie die Scheiben eines Treibhauses.

Sie sorgen dafür, daß kurzwellige Sonnenstrahlen bis zur Erde vordringen, aber nicht komplett ins All zurückgestrahlt werden. Wegen dieses natürlichen Treibhauseffektes ist es auf der Erde im Mittel ca. 15 °C warm; ansonsten wären es wohl nur −18 °C.

Allerdings wird seit der Industrialisierung der Treibhauseffekt durch Emissionen verstärkt. Modellrechnungen sagen bei gleichbleibendem Trend für die nächsten 100 Jahre eine Temperaturerhöhung um im Schnitt etwa 3 Grad Celsius voraus. Die Folgen wären ein Anstieg des Meeresspiegels und eine Verschiebung der Klimazonen mit zum Teil dramatischen Folgen für tiefergelegene Länder. Für etwa die Hälfte dieses künstlichen Treibhauseffektes ist Kohlendioxyd verantwortlich. Es entsteht bei allen Verbrennungsvorgängen, etwa beim Verfeuern von Kohle oder Gas oder beim Autofahren. Etwa 17% rechnet man dem Konto von Fluorchlorkohlenwasserstoffen zu.

Deshalb ist bei der Entwicklung und Entscheidung über neue Kältemittel auch das Treibhauspotential (GWP = Global warming potential) von entscheidender Bedeutung.

12.5 Zur Terminologie

Wie sich durch die hervorgerufenen öffentlichen Diskussionen um die Gefährdung der Ozonschicht der Atmosphäre gezeigt hat, wurden dabei nicht immer die korrekten Bezeichnungen für die einzelnen Fluorkohlenwasserstoffe gewählt, so daß die Gefahr bestand, daß man aneinander vorbei diskutierte.

Um künftighin Klarheit zu schaffen, hat der deutsche Kälte- und Klimatechnische Verein (DKW) eine Broschüre herausgebracht, in der die Begriffe im einzelnen definiert sind.

Darin heißt es u. a.:

Kohlenwasserstoffe sind organische Verbindungen, die neben den zentralen Kohlenstoffatomen (C) nur Wasserstoffatome (H) enthalten,

> z. B. R 50   Methan CH_4

Wenn diese Wasserstoffatome (H) teilweise oder ganz durch die **Halogene** (salzbildender chemischer Grundstoff) wie z. B.

> Fluor (F)
> Chlor (Cl)
> Brom (Br)

oder

> Jod (J)

ersetzt werden, spricht man von

> **halogenierten Kohlenwasserstoffen**

Diejenigen, die das Halogen Fluor (F) enthalten, spielen als **Fluorkohlenwasserstoffe** (englisch chlorfluorcarbons = CFC) in der Kältetechnik eine bedeutende Rolle; sowohl als Kältemittel wie auch als Zellgas in Hartschaumisolierungen.

In Bezug auf die mögliche Ozongefährdung können nach der Definition des DKV vier Gruppen unterschieden werden, wobei nach dem üblichen Ausdruck RODP = das relative Ozonabbaupotential (**R**elativ **O**zon **D**epletion **P**otential) beschreibt. In der Literatur bevorzugt man die Einfachschreibweise „**ODP**".

> **Man hat für das FCKW 11 den ODP-Wert 1 festgelegt.**

Die Zahlen, die bei den verschiedenen Stoffen, z. B. bei FCKW 11 stehen, ergeben sich gemäß DIN 8962 aus der atomaren Zusammensetzung (siehe auch Tabelle 12.2; S. 184). Die Abkürzung R für Refrigerant (Kältemittel) kann noch zusätzlich verwendet werden.

Gruppe 1

FCKW = Fluorchlorkohlenwasserstoffe (Vollhalogeniert)

Sie enthalten immer Fluor (F) und Chlor (Cl) im Molekül, jedoch keinen Wasserstoff (H) und werden daher auch als **„vollhalogenierte Fluorchlorkohlenwasserstoffe"** bezeichnet. In ihren Molekülen sind alle Wasserstoffatome (H) durch Halogene (Fluor, Chlor, Brom oder Jod) ersetzt.

> **Diese Verbindungsgruppe ist chemisch und thermisch sehr stabil.**

Sie kann nach der Ozontheorie unverändert durch die Troposphäre (unterste Schicht der Erdatmosphäre) diffundieren und dann in der Stratosphäre wegen des im Molekül enthaltenen Chlors (Cl) dort zum Abbau des Ozons beitragen.

Die ODP-Werte einiger wichtiger FCKW's sind:

$$R\ 11 = 1 \quad (CCl_3F)$$
$$R\ 12 = 1 \quad (CCl_2F_2)$$
$$R\ 113 = 0,8 \quad (CClF_2 - CCl_2F)$$

Gruppe 2

FKW = Fluorkohlenwasserstoffen (Vollhalogeniert)

Sie enthalten als Halogen nur Fluor (F) im Molekül und sind ebenfalls wasserstofffrei, also **„vollhalogeniert"**.

Daher sind sie ebenfalls chemisch und thermisch sehr stabil. Da sie jedoch kein Chlor (Cl) enthalten, haben sie keinen Einfluß auf den Ozonabbau.

Der ODP-Wert aller FKW's = 0

z. B.

$$R\ 14 = 0 \quad (CF_4)$$

Gruppe 3

H-FCKW = Hydrogenfluorchlorkohlenwasserstoffe (Teilhalogeniert)

Sie enthalten mindestens ein Wasserstoffatom (H) im Molekül, wie z. B. R 22 ($CHClF_2$), und werden daher als **„teilhalogeniert"** (die vollhalogenierten haben bekanntlich kein Wasserstoffatome „H" im Molekül) bezeichnet.

> **Im Vergleich zu den vollhalogenierten Fluorchlorkohlenwasserstoffen (FCKW's) besitzen H-FCKW's eine geringere chemische Stabilität und werden daher in der Troposphäre deutlich abgebaut.**

Dadurch ist die Ozonschicht in geringerem Maße gefährdet.

Die ODP-Werte aller H-FCKW's ist gleich oder kleiner als 0,05

z. B.

$$R\,22 = 0,05 \quad (CHClF_2)$$
$$R\,123 = 0,02\,(CF_3{-}CHCl_2)$$

Gruppe 4

H-FCKW = Hydrogenfluorkohlenwasserstoffe (Teilhalogeniert)

Sie enthalten ebenfalls mindestens ein Wasserstoffatom (H) im Molekül und darüberhinaus als Halogen nur Fluor (F) (also kein Chlor, Brom oder Jod). Da sie kein Halogen Chlor mehr besitzen, haben sie wie die FKW (Gruppe 2) keinen Einfluß auf den Ozonabbau.

Der ODP-Wert aller H-FKW's = 0

z. B.

$$R\,134\,a = 0 \quad (CF_3{-}CH_2F)$$
$$R\,124 = 0 \quad (CHF_2{-}CF_3)$$
$$R\,143\,a = 0 \quad (CH_3{-}CF_3)$$

Aus diesen Definitionen geht hervor, daß hauptsächlich solche Kältemittel, die in ihrer chemischen Formel das Halogen

$$Chlor = Cl$$

im Molekül und kein

$$Wasserstoffatom = H$$

beinhalten, die Ozonschicht am stärksten gefährden und daher aufgrund gesetzlicher Maßnahmen verboten werden; wie z. B R 12 (CCl_2F_2) mit 2 Atomen Chlor (Cl_2) und keinem Atom Wasserstoff (H).

Nachstehend nochmals eine Zusammenfassung der Abkürzungen, die nicht zu einer nationalen oder internationalen Nomenklatur gehören, sich aber im deutschsprachigen Raum eingebürgert haben, um bei der Diskussion über den Ozonabbau eine gemeinsame Sprache zu sprechen:

FCKW Vollhalogenierte Fluorkohlenwasserstoffe (kein Wasserstoffatom im Molekül)
FKW Fluorkohlenwasserstoffe, die außer Kohlenstoff nur noch Fluor im Molekül enthalten (keine Chloratome)
HFCKW Teilhalogenierte Fluorchlorkohlenwasserstoffe (eines oder mehrere Wasserstoffatome im Molekül)
HFKW Teilhalogenierte Fluorkohlenwasserstoffe, die neben Fluor auch noch Wasserstoffatome im Molekül enthalten (keine Chloratome)

Meteorologen, Klimaforscher, Biologen und die Regierungen der Länder setzen sich aufgrund der vermuteten Ozonschädigung in immer stärkerem Maße dafür ein, daß weltweit die Produktion und Anwendung der gefährlichsten Stoffe in kürzester Zeit zurückgefahren werden und zwar möglichst auf Null.

Für die chemische Industrie heißt das, im gleichen Zeitraum geeignete Ersatzstoffe, sogenannte Substitute, zu finden.

12.6 Ersatzstoffe

Ausgangslage

Die allseitigen Vorsorgemaßnahmen zum Schutz der Erdatmosphäre haben die weltweite Suche nach Ersatzlösungen und -produkten für vollhalogenierte Fluorchlorkohlenwasserstoffe (FCKW) beschleunigt.

Nach den bisherigen politischen Beschlüssen (Montreal-Protokoll, EG-Verordnung sowie der deutschen FCKW-Halon-Verbotsverordnung (siehe Tafel 1) werden aus der Tabelle der traditionellen Kältemittel-Typen für die Kältetechnik nur das HFCKW-R 22 und das chlorfreie R 23, ein Kühlmittel für Tieftemperatur-Kaskadenanlagen, übrig bleiben. Autoren stellen daher in ihren neuesten bzw. überarbeiteten Schriften und Büchern alle Beispiele zunächst einmal auf R 22 um. Es sollte dabei jedoch nicht vergessen werden, daß auch HFCKW-Kältemittel in naher Zukunft nicht mehr für Neuanlagen zur Verfügung stehen werden. In Deutschland beispielsweise ist R 22 in neuen Kälteanlagen ab dem 1. Januar 2000 verboten.

Tafel 1 FCKW-Reglementierungen

Deutschland	
01. 01. 1992	Verbot für stationäre Neuanlagen mit FCKW-Füllmengen > 5 kg
01. 01. 1994	Verbot für mobile Neuanlagen mit FCKW-Füllmengen > 5 kg
01. 01. 1995	Verbot für alle Neuanlagen mit FCKW
01. 01. 2000	Verbot für alle Neuanlagen mit HFCKW 22
EG: 01. 01. 1995	Ausstieg aus FCKW-Produktion und Verbrauch in der EG (Ausnahme: GR)
Welt: 01. 01. 1996	Weltweiter Ausstieg (Montreal-Protokoll)

Für den untersten und mittleren Leistungsbereich der Kälteerzeugung in dem bis heute fast ausschließlich FCKW's und HFCKW's eingesetzt wurden, stellen daher die genannten FCKW-Reglementierungen einschneidende Eingriffe dar.

Tabelle 1   Ökologische Daten
Relative Ozonabbau- und Treibhauspotentiale im Gleichgewichtszustand und mittlere atmosphärische Lebensdauer von Halogen-Kohlenstoff-Verbindungen

Verbindung		Atmosphärische Lebensdauer (ALD)[1] in Jahren	Relatives Ozonabbaupotential (ODP)[1]	Relatives Treibhauspotential (HGWP) R 11 = 1,0[2] CO$_2$ = 1,0[1] Integrierter Zeithorizont (Jahre)	
				100	500
FCKW	R 11	55	1,0	1,0	3400	1400
	R 12	116	1,0	1,0	7100	4100
	R 113	110	1,07	1,4	4500	2500
	R 114	220	0,8	3,9	7000	5800
	R 115	550	0,5	7,5	7000	8500
Halon 1301	R 13 B1	77	16	1,6[1]	4900	2300
HFCKW	R 22	15,8	0,055	0,36	100	540
	R 123	1,71	0,02	0,02	90	30
	R 124	6,9	0,022	0,1	440	150
	R 141b	10,8	0,11	0,12	580	200
	R 142b	22,4	0,065	0,42	1800	620
	R 225ca	2,7[2]	0,025	0,04	170[2]	60[2]

Tabelle 1 (Fortsetzung)

	R 225cb	7,9[2]	0,033	0,15	690[2]	240[2]
HFCKW	R 32	6,1	0	0,13	k. A.	k. A.
	R 125	40,5	0	0,84	3400	1200
	R 134a	15,6	0	0,25	1200	400
	R 143a	64,2	0	1,14[1]	3800	1600
	R 152a	1,8	0	0,03	150	49
	R 227[3]	ca. 40	0	0,6	k. A.	k. A.
CKW	CCl_4	47	1,08	0,34	1300	480
	CH_3CCl_3	6,1	0,12	0,02	4900	2300

1) Quelle: Scientific Assessment of Ozone Depletion: 1991, World Meteorological Organization, Rep. No. 25
2) Quelle: AFEAS-Informationen, Dezember 1991 und September 1992 (Alternative Fluorocarbon Environmental Acceptability Study)
3) eigene Angaben, k. A. = keine Angaben

Tabelle 1 stammt aus einer Informationsschrift der Hoechst AG. Sie zeigt die ökologischen Daten der bisher gebräuchlichsten Halogen-Kohlenstoff-Verbindungen auf.

Vom FCKW-Ozon-Problem betroffen sind hauptsächlich FCKW's, die aufgrund hoher chemischer Stabilität auch eine lange atmosphärische Verweilzeit aufweisen, so daß theoretisch die gesamten in Umlauf befindlichen Mengen in die Stratosphäre diffundieren und in das Ozon/Sauerstoff-Gleichgewicht eingreifen können. Die lange atmosphärische Verweilzeit und der damit verbundene Anreicherungseffekt in der Atmosphäre ist auch für das hohe Treibhauspotential (GWP) dieser Verbindungen verantwortlich.

In der Tabelle bedeuten:

ODP = Ozone depletion potential = Ozonabbaupotential
HGWP = Halocarbon global warming potential = Treibhauspotential (oft nur mit GWP bezeichnet)
ALD = Atmosphärische Lebensdauer, nach der noch eine Substanzmenge von $1/e \cdot$ Ausgangsmenge vorhanden ist.
e = Basis des natürlichen Logarithmus

Auf Kohlendioxid (CO_2) bezogen ergibt sich für den HGWP-Wert ein Faktor R 11:CO_2 von 4500:1 bis 1400:1 je nach Zeithorizont. Die in der Tabelle aufgeführten Werte sind massebezogen und gelten bei dem Vergleich mit R 11 für den Gleichgewichtszustand bzw. sind bei Angaben aus [1] über eine Zeitachse von 100 bzw. 500 Jahren integriert.

Die aufgeführten stoffbezogenen Mengen berücksichtigen nicht unterschiedliche Emissionsmengen. Der tatsächliche Einfluß auf die Stratosphäre ist das Produkt aus ODP-Wert und freigesetzter Menge.

Bei der Bewertung der Stoffe sollten neben den ökologischen Vergleichswerten somit auch die Möglichkeiten der Emissionsminderung bzw. -vermeidung, Einsatzmengen, aber auch Sicherheitsaspekte berücksichtigt werden.

12.7 Anforderung an neue Kältemittel

Die chemische Industrie, wie z. B. die Hoechst AG bezieht sich bei der FCKW-Substitute-Entwicklung auf Verbindungen, die folgendem Anforderungsprofil entsprechen:
- Chlor- und bromfrei, d. h. kein Ozonabbaupotential (ODP = 0),
- Verminderte atmosphärische Lebensdauer, dadurch
- Reduzierte Treibhauswirksamkeit,

- Günstige physiologische Eigenschaften,
- Passende physikalische und thermodynamische Eigenschaften,
- Mischbarkeit mit Schmiermitteln,
- Unbrennbarkeit und toxiologische Unbedenklichkeit.

Unter Einbeziehung sowohl der anwendungstechnischen als auch ökologischen Aspekte wird die Palette der in Frage kommenden Substanzen (wie Tab. 2 zeigt) stark eingeengt. Chlorhaltige Substitute können nach heutigen Gesichtspunkten nur noch als mittelfristige Lösungen angesehen werden.

Die Forderung nach Chlorfreiheit führt zu einem Ozonabbaupotential ODP = 0 während Wasserstoffatome im Molekül solcher Verbindungen ja den Abbau bereits in unteren Atmosphärenschichten ermöglichen. Die atmosphärische Verweilzeit wird dadurch wesentlich kürzer als die der vollhalogenierten FCKW, was letzlich zu einem vergleichsweise geringen Treibhauspotential (GWP) dieser FCKW-Substitute beiträgt.

Tabelle 2   Teilhalogenierte Kältemittel-Substitute (HFKW, HFCKW)

Bezeichnung	chem. Formel	Siedepunkt °C	enthält Wasserstoff	chlorfrei	nicht brennbar	ODP	GWP	Ersatz für
R 141b	CH_3-CCl_2F	+32,0	○			0,11	0,12	(R 11)
R 123	CF_3-CHCl_2	+27,6	○		○	0,02	0,02	R 11
R 142b	CH_3-CClF_2	−9,2	○			0,065	0,42	(R 11, 12)
R 124	$CF_2-CHClF$	−12,0	○		○	0,022	0,10	R 114
R 227*	$\mathbf{CF_3-CHF-CF_3}$	**−16,5**	●	●	●	0	(0,6)	**R 114**
R 152a	CH_3-CHF_2	−24,7	○	○		0	0,03	(R 12)
R 134a*	$\mathbf{CF_3-CH_2F}$	**−26,2**	●	●	●	0	0,25	**R 12**
R 22*	$\mathbf{CHClF_2}$	**−40,8**	●		●	0,055	0,36	**R 502,12**
R 143a*	CH_3-CF_3	−47,4	○	○		0	1,14	**R 502, 22**
R 125*	$\mathbf{CHF_2-CF_3}$	**−48,5**	●	●	●	0	0,84	als Gemischkomponenten in nahe azeotropen Mischungen. Entwicklungsprodukt
R 32*	CH_2F_2	−51,8	○	○		0	0,13	
R 23*	$\mathbf{CHF_3}$	**−82,0**	●	●	●	0		**R 13, 503**

Quelle: ODP: UNEP, Nov. 19; GWP: AFEAS, Dez. 91
* = von Hoechst produziert bzw. in Entwicklung

12.8 Übergangsphase und Entsorgung

Parallel zur Entwicklung und Genehmigung neuer Kältemittel müssen sich natürlich auch die Hersteller von Kältemittelverdichter sowie Anlagenkomponenten und Regelorganen für Kälte- und Klimaanlagen, auf die neue Situation einstellen.

In der Übergangsphase ist im Zeichen einer sinnvollen Vorbeugung der Kälteanlagenbauer und Serviceman aufgerufen, durch eine verbesserte Anlagentechnik und Überwachung sowie geeignete Servicemaßnahmen, die Emission der unter Verdacht stehenden Kältemittel zu verringern bzw. ganz zu verhindern.

Dazu gehören vor allem ein absolut dichtes und durch entsprechende Sicherheitsorgane überwachtes hermetisches Kältemittelkreislaufsystem, eine regelmäßige Wartung mit systematischer Feinleckprüfung, sowie eine fachgerechte Entsorgung von verschmutztem oder abgesaugtem Kältemittel.

Letzteres gilt ganz besonders auch für Anlagen und Geräte, die ausgemustert oder verschrottet werden, d. h., daß zum Schutz der Umwelt auch bei solchen Einheiten das Kältemittel restlos abzusaugen ist.

Für die Kältemittelentnahme werden inzwischen vom Fachhandel spezielle Entnahmegeräte angeboten, die im wesentlichen aus einem Verflüssigersatz bestehen. Das Kältemittel wird in der Regel dampfförmig aus der Anlage abgesaugt, im nachgeschalteten Verflüssiger kondensiert und in eine Kältemittelflasche abgefüllt. Volumetrische und gravimetrische Füllstandskontrollen müssen dabei sicherstellen, daß ein Füllfaktor von 0,83 kg/l nicht überschritten wird.

Für die Entsorgung von FCKW's aus Kälteanlagen ist eine eingehende Kenntnis auf dem Gebiet der Kältetechnik und ein entsprechendes Wissen um die physikalischen Vorgänge innerhalb eines Kältemittelkreislaufsystems erforderlich. Dies setzt eine Qualifikation voraus, wie sie z. B. der ausgebildete Kälteanlagenbauer besitzt.

Die Lieferanten von Kältemitteln haben vor dem Hintergrund einer sich zunehmend verschärfenden umweltpolitischen Haltung gegenüber vollhalogenierter FCKW-Kältemitteln praktikable Entsorgungskonzepte bzw. Recycling-Verfahren entwickelt.

Unter dem Begriff Recycling versteht man dabei die Aufarbeitung fluorierter Kältemittel und Zellgase beim Hersteller und ihre chemische Verwertung.

12.9 Umrüstung bestehender Anlagen

Im Zusammenhang mit Altanlagenumrüstungen sind einige neue Begriffe aufgetaucht, wie z. B. „drop-in" und „Retrofit".

„drop-in"

> **Ein „drop-in"-Kältemittel ist ein Ersatzstoff, der in seinen Eigenschaften, wie z. B. auch dem Ölverhalten, dem zu ersetzenden Kältemittel so nahe kommt, daß es im Idealfall ohne Änderung der Anlage eingesetzt werden kann.**

In der Praxis kann es jedoch vorkommen, daß es mit dem einfachen Wechsel des Kältemittels nicht getan ist. Teilweise ist es erforderlich, das Kältemaschinenöl auf Mineralölbasis gegen ein Alkylbenzol auszuwechseln, um die Kältemittel-Mischbarkeit zu verbessern.

Normalerweise wird auch ein Wechsel des Filtertrockners notwendig, und – bei älteren offenen Verdichtern – des O-Ringes der Gleitringdichtung. Bei Autoklimaanlagen müssen grundsätzlich noch die Elastomerschläuche (Elastomere = Gummiähnlicher Kunststoff) ausgetauscht werden. Diese Probleme führen automatisch dazu, daß „drop-in"-Lösungen nur bei älteren R 12-Anlagen in Betracht gezogen werden, bei denen sich eine Umrüstung auf das Kältemittel R 134a nicht mehr lohnt.

„Retrofit"

> **Der Begriff „Retrofit" bezeichnet das Umstellen und Anpassen von Anlagen auf bzw. an einen Ersatzstoff. Dieses kann neben dem Austausch des Kältemittels eine Reihe von Umrüstungsmaßnahmen beinhalten.**

Eine solche Umrüstung ist zwar mit einem größeren Aufwand und höheren Kosten verbunden, ist aber im Hinblick auf die Restlebensdauer einer Anlage vorteilhafter.

Zu den Umrüstungsmaßnahmen gehören u. a.:

- Ölwechsel
- Durchführen von Spülverfahren
- Austausch von Dichtungsmaterialien
- Austausch von Dichtungsmaterialien und Schläuchen
- Austausch des Filtertrockners

Aufgaben

Lösen Sie folgende Aufgaben (Lösungen S. 210):

1. Welche Teile im Kältekreislauf gehören:
   a) Zur Hochdruckseite?
   b) Zur Niederdruckseite?
2. An welchen beiden Stellen befindet sich die Trennung zwischen Hoch- und Niederdruck?
3. Wie lautet die allgemeine Bezeichnung des Organs an der Übergangsstelle von der Hoch- zur Niederdruckseite?
4. Welches sind die hauptsächlichsten Arten des unter Frage 3 erwähnten Regelorgans?
5. Welche Aufgabe erfüllt ein Konstantdruck-Expansionsventil und durch was wird es gesteuert?
6. Welche Aufgabe erfüllt ein thermostatisches Expansionsventil und durch was wird es gesteuert?
7. Läßt sich mit einem TEV eine konstante Verdampfungstemperatur steuern?
8. Was passiert, wenn die Druckdifferenz über die Länge eines Kapillardrosselrohres zunimmt?
9. Welche Vor- und Nachteile besitzen Kapillardrosselrohre?
10. Wo kann man Kapillardrosselrohre vorteilhaft einsetzen?

Lösungen der Übungsaufgaben

Technisches Rechnen

Seite 13

1. 0
2. −8
3. 2
4. −2
5 −5
6. −5
7. 8
8. −2
9. −11
10. 1
11. 42
12. 86
13. 5a + 1
14. 0

15. Am 8. September wurden
    a) DM 150,– abgehoben
    b) DM 300,– einbezahlt
    c) DM 200,– einbezahlt
    d) DM 110,– abgehoben
    e) DM 160,– einbezahlt
16. Die Temperatur ist um
    a) 3 K gestiegen
    b) 9 K gestiegen
    c) 5 K gefallen
    d) 4 K gefallen
    e) 4 K gestiegen
    f) 7 K gefallen
    g) 6 K gestiegen
    h) 6 K gestiegen

Seite 22

1. 20
2. −30
3. −21
4. 20
5. 84
6. 84
7. 30
8. 18
9. 16
10. 25
11. 0
12. 0
13. 2
14. −7
15. −4
16. 4
17. 9
18. 16
19. 10
20. 22

21. 0
22. ∞
23. −6 abc
24. +60 abc
25. −2x + 3y
26. −3
27. 343
28. 1 000 000
29. 1 024
30. 144
31. 81
32. 1 000
33. 26 a^2
34. 8
35. 17
36. 25
37. 3
38. 5
39. 3
40. 2

41. a) $2 \cdot 2 \cdot 2 \cdot 2 \cdot 2 \cdot 2 \cdot 2 \cdot 2 = 2^8$
    b) $2 \cdot 2 \cdot 2 \cdot 2 \cdot 2 \cdot 2 \cdot 2 \cdot 2 \cdot 2 \cdot 2 = 2^{10}$
    c) $2 \cdot 2 \cdot 2 \cdot 2 \cdot 2 \cdot 2 = 2^6$
    d) $2 \cdot 2 \cdot 2 \cdot 2 = 2^4$
    e) $2 \cdot 2 \cdot 2 \cdot 2 \cdot 2 \cdot 2 \cdot 2 \cdot 2 \cdot 2 \cdot 2 \cdot 2 = 2^{11}$
    f) $2 \cdot 2 = 2^2$

1. $1\dfrac{4}{5}$

2. $1\dfrac{1}{3}$

3. $\dfrac{5}{6}$

4. $1\dfrac{17}{24}$

5. $8\dfrac{29}{30}$

6. $10\dfrac{3}{4}$

7. $5\dfrac{5}{8}$

8. $\dfrac{5}{12}$

9. $1\dfrac{13}{20}$

10. $7\dfrac{39}{40}$

11. $5\dfrac{3}{8}$

12. $4\dfrac{3}{5}$

13. 2

14. $1\dfrac{1}{3}$

15. 2

16. $16\dfrac{1}{3}$

17. $4\dfrac{1}{3}$

18. 1

19. $\dfrac{2}{3}$

20. $\dfrac{2}{5}$

21. $9\dfrac{1}{3}$

22. $\dfrac{9}{68}$

23. $16\dfrac{1}{2}$

24. $\dfrac{3}{5}$

25. $\dfrac{3a}{5b}$

26. $\dfrac{2}{3}$

27. $\dfrac{1}{5}$

28. $1\dfrac{1}{18}$

29. $6\dfrac{17}{140}$

30. $3\dfrac{4}{119}$

31. a) $\dfrac{9}{10}$ b) $\dfrac{10}{11}$

32. a) $\dfrac{7}{8}$ b) $\dfrac{2}{5}$ c) $\dfrac{3}{5}$

33. a) $\dfrac{1}{5}$ b) $\dfrac{3}{7}$ c) $\dfrac{1}{4}$ d) $\dfrac{1}{6}$

    e) $\dfrac{2}{5}$ f) $\dfrac{2}{5}$ g) $\dfrac{3}{5}$ h) $\dfrac{3}{8}$

    i) $\dfrac{1}{8}$ k) $\dfrac{2}{7}$ l) $\dfrac{5}{17}$ m) $\dfrac{4}{13}$

34. a) $3\dfrac{1}{2}$ b) $3\dfrac{1}{3}$ c) $3\dfrac{1}{3}$ d) $3\dfrac{3}{4}$

    e) $4\dfrac{1}{6}$ f) $4\dfrac{2}{5}$ g) $3\dfrac{3}{5}$ h) $3\dfrac{1}{3}$

198

35. a) $x = 12$ d) $x = 56$ g) $x = 7$
    b) $x = 34$ e) $x = 1250$ h) $x = -12$
    c) $x = 9$ f) $x = 4$ i) $x = 12$

36. $A = \dfrac{Q}{k \cdot (t_1 - t_2)}$

37. $t_1 = t_2 - \dfrac{Q}{k \cdot A}$

38. $t_1 = t_2 + \dfrac{Q}{k \cdot A}$

39. $m = \dfrac{Q}{c\,(t_1 - t_2)}$

40. $\Delta t = \dfrac{Q}{m \cdot c}$

Physikalische Grundlagen

1.   a)   Im Maß- und Gewichtswesen, d. h. im geschäftlichen Verkehr, ist das Gewicht die Masse des zum Abwiegen von Waren auf Hebelwaagen dienenden Vergleichskörpers (Gewichtsstück). Bisher verstand man unter dem Begriff „Gewicht" eines Körpers die Kraft, mit der er zur Erde hingewogen wird (Gewichtskraft).

    b) Masse kennzeichnet die Eigenschaft eines Körpers, die sich sowohl als Trägheit gegenüber einer Änderung seines Bewegungszustandes (Grundgesetz der Dynamik: Kraft = Masse · Beschleunigung) als auch in der Anziehung zu anderen Körpern äußert (Gravitationsgesetz). Oder: Unter der Masse eines Körpers versteht man die in ihm enthaltene Substanzmenge.

    c) Unter der Gewichtskraft eines Körpers versteht man die Kraft, mit der ein Körper von der Erde angezogen wird. Sie ist vom Standort abhängig. Gebildet wird die Gewichtskraft aus der Masse eines Körpers und der örtlichen Fallbeschleunigung ($F = m \cdot g$). Krafteinheiten: N (Newton) sowie Vielfache davon.

2. a) Die Einheit für die Masse ist das Kilogramm (kg).

    b) Die Einheit für das Gewicht ist das kg.

    c) Die Einheit für die Gewichtskraft ist das Newton (N).

3. Unter der Dichte ϱ versteht man den Quotienten aus der Masse m und dem Volumen V eines Stoffes

$$\varrho = \frac{m}{V}$$

4. Zwei Körper haben gleiche Masse, wenn sie am gleichen Ort gleich schwer sind.

5. Die kleinsten Bausteine der Materie nennt man Atome.

6. Ein Molekül ist die nächstgrößere Einheit der Materie nach dem Atom. Es ist eine Gruppierung verschiedener Atome. Moleküle sind mechanisch unteilbar und können nur noch auf chemischem Wege zerteilt oder zusammengefügt werden.

7. Man kennt heute 107 verschiedene Atome und demnach 107 verschiedene Grundstoffe (Elemente).

8. a) 1 dm³ Wasser hat die Masse 1 kg
   1 cm³ Wasser hat die Masse 1 g
   1 m³ Wasser hat die Masse 1 t

   b) Die Dichte von Wasser ist:
   1 g/cm³; 1 kg/dm³ oder 1 t/m³

Seite 53/54

1. a) 1,29 g/dm³
   b) 1,29 kg
   c) 263 kg
2. 5,882 dm³
3. 3,68 kg
4. 4,25 t
5. 0,5 kg
6. 84 kg

7. Blei   = 11,33 g/cm³
   Silber = 10,5 g/cm³
   Messing = 8,5 g/cm³
   Sand   = 1,96 g/cm³
   Koks   = 1,4 g/cm³
   Eis   = 0,9 g/cm³

Seite 65

1. Unter der Bezeichnung Aggregatzustand versteht man die Zustandsform eines Stoffes.

2. Jeder Stoff kann in drei Zustandsformen vorkommen: fest, flüssig und gasförmig.

3. Die Zustandsform eines Stoffes ist von seiner Temperatur und von dem Druck, dem er ausgesetzt ist, abhängig.

4. a) Schmelztemperatur
   b) Erstarrungstemperatur
   c) Verdampfungstemperatur
   d) Verflüssigungs- oder Kondensationstemperatur.

5. a) +100 °C
   b) +290 °C
   c) − 33,4 °C
   d) −40,8 °C

6. a) −10 °C
   b) +20 °C
   c)   0 °C
   d) − 4 °C

7. a) Unter Dämpfen versteht man gasförmige Stoffe, deren Temperatur noch in der Nähe des Verdampfungspunktes liegt.
   b) Stark überhitzte Dämpfe nennt man Gase.

8. Dichten von Gasen sind von Druck und Temperatur abhängig.

9. a) 1,293 kg/m³
   b) 0,090 kg/m³
   c) 0,178 kg/m³

10. 21,23 kg/m³

11. Unter dem spezifischen Volumen v von Stoffen versteht man den Rauminhalt von 1 kg Masse des Stoffes.

$$v = \frac{m}{V}$$

12. a) $1,0 \ \frac{dm^3}{kg}$ b) $0,11 \ \frac{dm^3}{kg}$ c) $11,1 \ \frac{m^3}{kg}$

1. Druck p ist das Verhältnis Kraft „F" zur Fläche „A"

$$p = \frac{F}{A} \quad in \quad \left[\frac{N}{m^2} \right]$$

2. 1 Pascal (Pa) ist gleich dem auf eine Fläche gleichmäßig wirkenden Druck bei dem senkrecht auf die Fläche 1 m² die Kraft 1 N (1 Newton) ausgeübt wird

$$1 Pa = 1 \frac{N}{m^2}$$

3. Ein Bar (Einheitszeichen: bar) ist gleich 100 000 Pa.

   1 bar = 1000 mbar

4. Alle Manometer zeigen bei normalem Atmosphärendruck „0" an.

5. Man muß zur Manometerablesung den herrschenden atmosphärischen (barometrischen) Luftdruck hinzuzählen bzw. wenn ein Unterdruck vorhanden ist abziehen.

6. 24,146 bar
   1,0   bar
   0,206 bar

7. 8,823 bar entsprechen einem Druck von 8,823 · 1,02 = 9,0 kp/cm². Aus Tabelle 8.4; S. 59 entspricht dies 128,01 psi.

8. 2,63 bar (Überdruck) plus 1,013 bar (Luftdruck) $\approx$ 1 bar = 3,63 bar (absoluter Druck). Aus Tabelle 9; S. 100 ist die Sättigungstemperatur $t = -10\ °C$; $T = 263,15$ K.

9. Arbeit ist das Produkt aus aufgebrachter Kraft und dem zurückgelegten Weg.

   Arbeit ist Kraft mal Weg

   $W = F \cdot s \quad in \quad [Nm]$

10. Leistung ist Arbeit dividiert durch die dafür benötigte Zeit

$$Leistung = \frac{Arbeit}{Zeit} = \frac{Kraft \cdot Weg}{Zeit}$$

$$P = \frac{F \cdot s}{\tau} = \frac{W}{\tau} \quad in \quad \left[\frac{Nm}{s} = \frac{J}{s} \right]$$

11. 1 Newtonmeter (1 Nm) = 1 Joule (1 J) ist gleich der Arbeit, die verrichtet wird, wenn der Angriffspunkt der Kraft 1 N in Richtung der Kraft um 1 m verschoben wird.

    (Arbeit = Kraft · Weg) 1 Nm = 1 J

12. Die Gewichtskraft beträgt $F = 50$ kg · 9,81 m/s² = 490,5 N.

    Die Arbeit ist Kraft · Weg (Höhe).

    $W = 490,5$ N · 4 m = 1962 Nm = 1962 J = 1962 Ws

13. Arbeit $W = F \cdot s$ = 10 m³ · 1000 kg/m³ · 9,81 m/s² · 20 m
    = 1 962 000 Nm

$$Leistung\ P = \frac{Kraft \cdot Weg}{Zeit} \quad daraus\ wird$$

$$Zeit\ \tau = \frac{Kraft \cdot Weg}{Leistung} = \frac{1 962 000\ Nm}{4 \cdot 1000\ Nm/s}$$

$$= 490,5\ s = 8,175\ min$$

14. Der Wirkungsgrad $\eta = \frac{P_2}{P_1} = \frac{14\ kW}{16\ kW} = 0,875 = 87,5\%$

1. Der Wirkungsgrad gibt an, welchen Teil einer aufgewendeten Leistung man tatsächlich als Nutzleistung erhält.

2. Antriebsleistung $P_1 = 280$ kW

$$\text{Nutzleistung} = \frac{\text{Gewichtskraft} \cdot \text{Weg}}{\text{Zeit}}$$

$$P_2 = \frac{12\,000 \text{ kg} \cdot 9,81 \text{ m/s}^2 \cdot 10 \text{ m}}{5 \text{ s}} = \frac{1\,177\,200 \text{ Nm}}{5 \text{ s}} = 235\,440 \text{ Nm/s}$$

$$P_2 = 235\,440 \text{ W} = 235,44 \text{ kW}$$

$$\text{Wirkungsgrad } \eta = \frac{235,44 \text{ kW}}{280 \text{ kW}} = 0,84\% = 84\%$$

3. Die aufgenommene Leistung beträgt:

$Q_1 = 300$ kg $\cdot$ 31,4 MJ/kg $= 9420$ MJ/h $= 2616$ kW

Die abgegebene Leistung beträgt:

$Q_2 = 6280,2$ MJ/h $= 1744$ kW

$$\eta = \frac{Q_2}{Q_1} = \frac{6280,2 \text{ MJ/h}}{9420 \text{ MJ/h}} = \frac{1744 \text{ kW}}{2616 \text{ kW}} = 0,67 = 67,0\%$$

4. Die aufgenommene Leistung beträgt:

$P_1 = 2600$ Watt $= 2,6$ kW

Die Nutzleistung P_2 errechnet sich aus der Formel:

$$\eta = \frac{P_2}{P_1}$$

Daraus wird:

$P_2 = P_1 \cdot \eta = 2,6 \cdot 0,85 = 2,21$ W

5. a) 2 Std.

   b) $^1/_2$ Std.

6. 3,5 kWh $= 12\,600$ kJ $= 12,6$ MJ

7. 3000 Wh $= 3$ kWh $= 10\,800$ KJ

8. $P_{el} \cdot \tau = 5 \cdot 3 = 15$ kWh $= 54\,000$ kJ $= 54,0$ MJ

   $Q = 15 \cdot 860 = 12\,900$ kcal

9. Energie kann niemals vernichtet, sondern nur umgewandelt werden.

1. Celsius „°C"
   Fahrenheit „°F"
   Kelvin „K"
   Rankin „°R"

2. Den absoluten
   Temperaturnullpunkt
   a) Kelvinskala
   b) $-273,15$ °C

3. a) $+ 32$ °F
   b) $+212$ °F

4. $T_0 = 258$ K
   $T = 298$ K

5. a) $- 1,1$ °C   b) $+35,0$ °C
   $+ 1,7$ °C $+37,8$ °C
   $+ 4,4$ °C $+43,3$ °C
   $+ 7,2$ °C $+46,1$ °C
   $+10,0$ °C $+48,9$ °C

6. 56 °C $= 56$ K

7. 18 Grad Fahrenheit

8. 10 K

1. Wärme ist eine Form der Energie.

2. Kälte ist Wärme niederer Temperatur.

3. Die Temperatur kann man sich als ein Maß für die Intensität der Molekularbewegungen eines Stoffes erklären.

4. Kilojoule (kJ) – 4,1868 kJ ist die Wärmemenge, die man zu- oder abführen muß, um 1 kg Wasser um 1 K (Grad Celsius) zu erwärmen oder abzukühlen.

5. Die spezifische Wärmekapazität „c" in kJ/kg K gibt an, wieviel kJ zu- oder abgeführt werden müssen, um 1 kg eines beliebigen Stoffes um 1 K zu erwärmen oder abzukühlen.

6. $Q = m \cdot c \quad (t_2 - t_1) \quad$ bzw. $\quad Q = m \cdot c \quad (T_2 - T_1) \quad$ [kJ]

7. a) 196,8 kJ
   b) 188,4 kJ
   c) 171,6 kJ
   d) 157,0 kJ
   e) 209,3 kJ

8. $Q = 50 \cdot 4,1868 \cdot 75 = 15\,700$ kJ $= 15,7$ MJ

9. $Q = 10 \cdot 2,1 \cdot 9 = 189$ kJ

10. $Q = 0,5 \cdot 0,385 \cdot 80 = 15,4$ kJ

1. Sie bleibt konstant 273,15 K (0 °C)

2. Latente Wärme ist Wärme, die einen Stoff vom festen in den flüssigen oder vom flüssigen in den gasförmigen Zustand verwandelt – und umgekehrt –, ohne daß dabei die Temperatur dieses Stoffes verändert wird.

3. 335 kJ

4. a) Schmelzenthalpie
   b) Erstarrungsenthalpie
   c) Verdampfungsenthalpie
   d) Verflüssigungsenthalpie

5. 2257 kJ (bei 1,0133 bar); 2258 kJ (bei 1 bar)

6. 26 377 kJ

7. 43 543 kJ = 43,543 MJ = 12,1 kWh

8. 261 256 kJ = 261,256 MJ = 72,57 kWh

9. Sensible Wärme

   a) 10 050 kJ = 10,05 MJ
   b) 35 588 kJ = 35,588 MJ

   Latente Wärme

   a) 33 495 kJ = 33,495 MJ
   b) 225 668 kJ = 225,668 MJ = 62,68 kWh

10. 12 661 kJ/h = 3517 W = 3,517 kW

1. Die Enthalpie gibt an, wieviel kJ Wärme in einem Kilogramm eines bestimmten Stoffes enthalten sind.

2. $h' = 444,34$ kJ/kg

3. a) $h'' = 623,96$ kJ/kg
   b) $h'' = 631,03$ kJ/kg

4. $h'' = 632,20$ kJ/kg
   $h' = 411,60$ kJ/kg
   $\Delta h = 220,60$ kJ/kg

   $$m_K = \frac{Q}{\Delta h} = \frac{41868}{220,60} = \mathbf{189,79\ kg/h}$$

5. a) $Q = m \cdot c \ (t_2 - t_1)$
      $= 10 \cdot 1,97 \cdot 10 = 197$ kJ
   b) $Q = 150 \cdot 1,97 \cdot 10 = \mathbf{2955\ kJ}$

6. Arbeit und Wärme sind gleichwertig, d. h. Arbeit kann in Wärme und Wärme in Arbeit umgewandelt werden.

7. 10 kWh = $10 \cdot 3600$ kJ = 36000 kJ
   Die gesamte Schwungradleistung von 10 kWh entspricht also 36000 kJ. Wenn $^1/_{100}$ dieser Leistung als 1% in den Lagern in Wärme umgewandelt wird, dann sind das

   $$\frac{36000}{100} = \mathbf{360\ kJ/h}$$

8. Die Brennstoffwärme beträgt

   $Q = 900$ kg $\cdot$ 27,214 MJ/kg = 24493 MJ/h

   Davon 13%:

   $Q_{eff} = 24493 \cdot 0,13 = \mathbf{3184,1\ MJ/h}$

   Da 1 kW = 3,6 MJ/h, ergibt sich die Leistung der Dampfmaschine

   $$P = 3184,1 \frac{MJ}{h} \cdot \frac{1\,kW}{3,6\,MJ/h} = \mathbf{884\ kW}$$

9. Wärme fließt immer von einem Medium hoher Temperatur zu einem anderen mit niederer Temperatur. Der Wärmefluß kann niemals umgekehrt erfolgen.

10. Ein Wärmefluß findet immer dann statt, wenn ein Temperaturgefälle vorhanden ist. Er hält solange an, bis die wärmeaustauschenden Stoffe gleiche Temperaturen haben.

1. Leitung, Strahlung, Konvektion,

2. Das Eis gibt Wärme ab.

3. Man spricht von Wärmeleitung, wenn die Wärme unmittelbar von Molekül zu Molekül weitergegeben wird, ohne daß die Moleküle selbst sich verlagern.

4. Gute Wärmeleiter sind:
   Silber, Kupfer, Blei, Aluminium

   Schlechte Wärmeleiter sind:
   Glas, Holz, Steine, Gummi, Wasser, Luft

5. Die Wärmeleitfähigkeit des Silbers ist mehr als 10000mal so groß wie die der Luft.

6. a) Warmes Wasser hat eine kleinere Dichte und steigt somit nach oben. Es gibt über die Heizkörper den größten Teil seiner Wärme ab, seine Dichte wird größer, und es sinkt dadurch nach unten.
   b) Konvektion oder Strömung

7. Wärmestrahlung

8. Die Lufthülle der Erde kann wegen ihrer Durchlässigkeit für die Sonnenstrahlen durch diese nicht direkt erwärmt werden.

9. Dunkle Körper und Stoffe absorbieren die Wärmestrahlen der Sonne besonders stark und bringen in diesem Fall den Schnee rascher zum Schmelzen.

10. Helle Körper und Stoffe reflektieren die Sonnenstrahlen und senden sie wieder zurück. Die Außenhaut der Wagen erwärmt sich nicht so stark bei Sonneneinwirkung.

Seite 126/127

1. Auf der wärmeren Seite der Wand geht Wärme durch Konvektion von der Luft auf die Wand über. In der Wand wird diese Wärme nach der anderen Seite weitergeleitet. Auf der kälteren Seite geht Wärme aus der Wand in die Luft über.

2. Konvektion, Leitung, Konvektion

3. a) Wärmedurchgangskoeffizient oder k-Wert

   b) kJ/m²h K oder $\dfrac{W}{m^2\,K}$

   c) Der k-Wert gibt an, wieviel kJ oder J/s = W in einer Stunde durch eine Wandfläche der Größe von einem m² gehen, wenn die Temperaturdifferenz der beiden durch die Wand getrennten Stoffe 1 K beträgt.

4. a) Oberfläche „A" der Wand in m²
   b) Wärmedurchgangskoeffizient „k" in kJ/m²h K oder W/m² K.
   c) Differenz $(T_2 - T_1)$ bzw. $(t_2 - t_1)$ der Temperaturen der beiden Stoffe, die durch die Wand getrennt sind.

5. $Q = k \cdot A \cdot (T_2 - T_1)$ [kJ/h oder W]

6. a) Das Material der Wand
   b) Die Dicke der Wand
   c) Der Wärmeübergangskoeffizient

7. a) klein
   b) groß

8. Der Wärmedurchgangskoeffizient der von Wasser begrenzten Wand wird trotz gleicher Beschaffenheit der Wände und trotz gleicher Temperaturdifferenz größer.

9. a) $A = \dfrac{Q}{k \cdot \Delta T} = \dfrac{3000\ W}{12,0\ \dfrac{W}{m^2\,K} \cdot 10\,K} = \mathbf{25\ m^2}$

   b) $A = \dfrac{3000}{24,0 \cdot 10} = \mathbf{12,5\ m^2}$

10. a) Wärmebrücken
    b) zu schwache Isolierung
    c) hohe Raumfeuchtigkeit

1. Die Verdampfungsenthalpie

2. Es dient innerhalb des Systems als Träger der zu transportierenden Wärme und gilt als Arbeitsstoff. Es nimmt im Verdampfer Wärme auf und gibt sie im Verflüssiger ab.

3. R 22 siedet bei –40,8 °C. Die Verdampfungsenthalpie beträgt rd. 234 kJ/kg.

4. Das Kältemittel wird komprimiert, d. h. auf höheren Druck und somit höhere Temperatur gebracht, so daß es sich unter Abgabe der Verflüssigungsenthalpie an ein Kühlmedium (Luft oder Wasser) wieder verflüssigen läßt.

5. Die Verflüssigerleistung einer Kältemaschine ist die Summe aus der Verdampferleistung und der in Wärme umgerechneten Leistung des Antriebsmotors des Verdichters.

6. Das Drosselorgan, z. B. Kapillardrosselrohr, Expansionsventil u. a.

7. a) Im Niederdruckteil
   b) Im Hochdruckteil

8. Im Verdampfer verdampft das Kältemittel bei niedrigem Druck und nimmt dabei Wärme auf, wodurch sich die Kühlstelle bzw. das zu kühlende Medium abkühlt.

9. Kältemittel sollen mit ihren Betriebsdrücken in einem günstigen Bereich liegen. Sie sollen nicht giftig, nicht brennbar, nicht explosiv, geruchlos und mit Öl mischbar sein. Ferner sollen sie die Materialien der Kälteanlagen nicht angreifen und vor allem umweltfreundlich sein.

10. Die Dampfdrücke wären zu niedrig und die zur Erzeugung der niederen Drücke erforderlichen Apparaturen wären zu kompliziert und teuer.

1. Wärme von einem Ort, an dem sie unerwünscht ist, an einen Ort zu transportieren, wo sie nicht stört.

2. Kältemitteldampf bei niedrigem Druck und niedriger Temperatur anzusaugen und ihn auf einen höheren Druck und eine höhere Temperatur zu verdichten.

3. Weil er ähnlich wie ein Herz das Blut durch den Körper, Kältemittel durch das Kältesystem pumpt.

4. Verdichter
   Motor
   Verflüssiger
   Flüssigkeitsbehälter
   Drosselorgan
   Verdampfer
   Rohrleitungen

5. Offener – halbhermetischer – und hermetischer Verdichter

6. Vorteile: Mehrere Antriebsmöglichkeiten
   Motor leicht auswechselbar
   Gute Reparaturmöglichkeit
   Drehfrequenzänderung durch Austausch der Riemenscheiben
   Nachteile: Große Abmessungen, daher viel Aufstellungsplatz
   Geräuschvoll
   Bei Keilriemenantrieb schlechter Übertragungswirkungsgrad
   Kurbelwellenabdichtung störanfällig

7. Vorteile: Kompakte Bauweise, daher wenig Aufstellungsplatz

Geräuscharmer Lauf
Direkter Antrieb
Hoher Übertragungs- und Gesamtwirkungsgrad
Keine Wellenabdichtung
Geringe Wartung

Nachteile: Konstante unveränderliche Drehfrequenz
Motor in Stärke und Spannung festgelegt – keine Austauschmöglichkeit, wie bei der offenen Bauweise
Es gibt keine Hermetiks für Gleichstrom
Reparaturen nur bedingt ausführbar
Systemverschmutzung bei Motorbrand

8. In der Kleinkälte, vor allem für Kühlschränke, Tiefkühl- und Gefriertruhen, Kühlmöbel und Klimageräten.

9. Ja, z. B. Verbrennungs- oder Kolbendampfmaschinen.

10. Riemenantrieb und Direktantrieb.

Seite 150

1. Zylinderdurchmesser
Zylinderanzahl
Kolbenhub
Saug- und Verflüssigungsdruck
Drehfrequenz des Verdichters.

2. Beim Anlauf, weil er gegen Vollast (höchstmöglichen Druck) anlaufen muß.

3. Bei einer Kälteanlage kommt es nicht auf die Motorstärke in kW sondern auf die Kälteleistung in kJ/h oder kW und auf den Strom, der zur „Erzeugung" einer bestimmten Anzahl kJ/h verbraucht wird, an.

4. Normal-Motor: $2\frac{1}{2}$fache Zugkraft bei Anlauf
Spezial-Motor: 4fache Zugkraft bei Anlauf.

5. Bei offenen Verdichtern.

6. Motordrehfrequenz und Durchmesser der beiden Riemenscheiben.

7. Zum Ein- und Ausschalten von Motorstromkreisen in Drehstromanlagen.

8. Wechselstrom-Motoren.

9. Die Kälteleistung erhöht sich überhaupt nicht.

10. $d_2 = \dfrac{d_1 \cdot n_1}{n_2} = \dfrac{200 \cdot 1450}{725} = \mathbf{400\ mm}$.

Seite 157

1. Drei Zonen und zwar:
   a) Die Enthitzungszone
   b) Die Verflüssigungszone
   c) Die Unterkühlungszone

2. Der Druck (Verflüssigungsdruck) bleibt in allen drei Zonen konstant.

3. a) Luftgekühlte Verflüssiger
   b) Wassergekühlte Verflüssiger
   c) Verdunstungs-Verflüssiger

4. Die im Verdampfer aufgenommene Wärme plus dem Wärmewert der Verdichterarbeit.

5. Luftgekühlte Verflüssiger sollen an einem sauberen und kühlen Platz mit ausreichender Luftzufuhr, am besten im Freien aufgestellt werden. Die Kühlluft soll ungehemmt zirkulieren können. Auf Geräuschabgabe in den Ruhe- und Nachtstunden ist zu achten.

6. Die Unterkühlung der Flüssigkeit erhöht die Kälteleistung, und zwar um rd. 1% je 1 K Unterkühlung.

7. Die mittlere Wassertemperatur erhöht sich und damit auch die Verflüssigungstemperatur.

8. Die Kälteleistung sinkt.

9. Durch Einbau eines Kühlwasserreglers.

10. Die stündliche Wassermenge beträgt:

$$G_w = \frac{1 \cdot 60 \cdot 60}{10} = 360 \, \text{ltr} / \text{h}$$

Die Verflüssigerleistung ist demnach:
$$Q = Gw \cdot c \cdot (t_{wa} - t_{we})$$
$$Q = 360 \cdot 4,19 \cdot (30 - 20)$$
$$= \mathbf{15\,084 \ kJ/h}$$

$$= 15,084 \, \text{MJ/h} \cdot \frac{1 \, \text{kW}}{3,6 \, \text{MJ/h}}$$

$$= \mathbf{4,19 \ kW}$$

1. Verschmutzungsfaktor.
   Er sollte betragen:
   a) Bei Frischwasser guter Qualität oder gut aufbereitetem Kühlturmwasser 0,000025 m^2 h K/kJ.
   b) Bei Frischwasser schlechter Qualität oder ungewöhnlicher Härte sowie bei schlecht aufbereitetem Kühlturmwasser 0,00005 bis 0,00001 m^2 h K/kJ.

2. a) Rohrschlangen-Verflüssiger
   b) Bündelrohr-Verflüssiger.
   c) Doppelrohr-Verflüssiger
   Das Kühlwasser zirkuliert bei diesen Verflüssigern im Innern der Rohrschlangen bzw. Rohre.

3. Der Bündelrohrverflüssiger durch seine abnehmbaren Deckel.

4. Der Wasserverbrauch bei Kühlturmbetrieb beträgt nur rd. 5% von dem bei Frischwasserbetrieb.
   Er setzt sich zusammen aus:
   Der Verdunstungs-Wassermenge.
   Dem Abschlämm- oder Überschußwasser.
   Den Windverlusten (Abdrift).

5. Durch die Verdunstung eines Teils des Umlaufwassers.

6. Der Enthalpie und der Eintritts-Feuchtkugeltemperatur der Luft.

7. a) Die Geschwindigkeit, mit der die Luft durch den Kühlturm geführt wird.
   b) Die Richtung des Luftstromes in bezug auf den Wasserstrom.
   c) Die mit der Luft in Berührung kommende Wasseroberfläche.
   d) Die Dampfdruckdifferenz zwischen Luft und Wasser.

8. a) Es muß genügend freier Raum für eine ungehinderte Luftzirkulation vorhanden sein.
   b) Die Betriebsgeräusche sollten nicht als störend empfunden werden.
   c) Die aus dem Kühlturm austretende Luft sollte auf benachbarten Flächen keine Kondensation oder Feuchtigkeitsansammlung hervorrufen.

d) Er sollte nicht in einem Warmluftstrom oder in stark verschmutzter Luft aufgestellt werden.

e) Kunststoff-Kühltürme sollten sicher sein vor Funkenflug.

9. Ein luftgekühlter Verflüssiger, dessen Oberfläche mit Wasser benetzt wird, welches dort verdunstet.

10. a) Gerät im Winter entleeren und den Verflüssiger trocken, d. h. nur als luftgekühlten Verflüssiger arbeiten lassen.

b) Den Verflüssiger in einem frostsicheren Raum aufstellen.

11. Er dient zur Speicherung von flüssigem Kältemittel innerhalb eines Kältemittelkreislaufs.

Seite 171

1. Die entspannte Kältemittelflüssigkeit verdampft unter Aufnahme von Wärme.

2. Glattrohr-Verdampfer
   Lamellen-Verdampfer
   Platten-Verdampfer.

3. Die aus der Luft kondensierende Feuchtigkeit schlägt sich als Reif nieder.

4. Der Wärmeübergang verschlechtert sich; die Leistung sinkt.

5. Reifbildung an den Lamellenspitzen hemmt den Luftdurchsatz; die Leistung fällt ab.

6. Man muß darauf achten, daß der Druckverlust nicht so groß wird.
   Mehrfacheinspritzung vorsehen.

7. Als Nachverdampfer bezeichnet man ein Stück Verdampferrohr am Ende des Verdampfers, welches über die normale Länge des Verdampferrohres hinausgeht.
   Der Nachverdampfer sorgt für eine restlose Verdampfung und Überhitzung des Kältemittels und verhindert dadurch ein Mitreißen von Flüssigkeitsteilchen.

8. In den Expansionsverdampfern wird nur soviel Kältemittel zugeführt, wie in ihm verdampft werden kann, während überflutete Verdampfer völlig mit flüssigem Kältemittel gefüllt sind.

9. Die Verteilerleitungen müssen alle gleich lang sein.

10. Zwischen Verdampferende und Druckausgleichsleitung.

Seite 177/178

1. Von der Verdampferoberfläche, dem k-Wert und der Differenz zwischen der Verdampfungstemperatur und der Temperatur des den Verdampfer umgebenden Stoffes.

2. a) Äußerer Rohrumfang mal Rohrlänge.
   b) Rohroberfläche plus der beiderseitigen Oberflächen aller Lamellen.
   c) Aus den Oberflächen beider Plattenseiten.

3. a) Q_0 wird größer.
   b) Q_0 wird kleiner.
   c) Q_0 wird größer.

4. Die Leistung des Verdampfers muß gleich sein der Verdichterleistung.

5. Nein! Er verändert sich mit verschiedenen Faktoren wie Materialwert, Dicke, Wärmeübergang an den Außenflächen und insbesondere mit der Verdampfungstemperatur und gilt deshalb immer nur für ganz bestimmte Verhältnisse.

6. Die Grundleistung gibt an, wieviel Wärme in einer Stunde von einem bestimmten Verdampfer aufgenommen wird, wenn die Verdampfungstemperatur 1 K unter der Umgebungstemperatur liegt.

7. $q_0 = k \cdot A = 9{,}0 \cdot 80 = 720 \text{ W/K}$
Verdampfer mit natürlicher Luftzirkulation oder Ventilatorverdampfer mit engem Lamellenabstand.

8. $Q_0 = q_0 \cdot \Delta T = 720 \text{ W/K} \cdot 7 \text{ K} = 5040 \text{ W} = \mathbf{5{,}04 \ kW}$

9. $A = \dfrac{Q_0}{k \cdot \Delta T} = \dfrac{3200 \text{ W}}{4{,}0 \dfrac{\text{W}}{\text{m}^2 \text{ K}} \cdot 8 \text{ K}} = \mathbf{100 \ m^2}$

10. a) $A = \dfrac{Q_0}{k \cdot \Delta T} = \dfrac{2700 \text{ W}}{18{,}0 \dfrac{\text{W}}{\text{m}^2 \text{ K}} \cdot 15 \text{ K}} = \mathbf{10 \ m^2}$

   b) $l = \dfrac{A}{d_a \cdot \pi} = \dfrac{10 \text{ m}^2}{0{,}032 \text{ m} \cdot \pi} \approx \mathbf{100 \ m}.$

Seite 195

1. a) Druckleitung
   Verflüssiger
   Flüssigkeitssammler
   Flüssigkeitsleitung
   b) Verdampfer
   Saugleitung

2. Im Verdichter und vor dem Verdampfer.

3. Drosselorgan.

4. Handexpansionsventil
   Niederdruck-Schwimmerventil
   Hochdruck-Schwimmerventil
   Konstantdruck-Expansionsventil
   Thermostatisches Expansionsventil (TEV)
   Kapillardrosselrohr.

5. Das Konstantdruck-Expansionsventil hält den Verdampferdruck und somit auch die Verdampfungstemperatur konstant. Es wird durch den Druck im Verdampfer gesteuert.

6. Das TEV hält die Temperaturdifferenz zwischen Verdampferanfang und Verdampferende konstant. Es wird durch die Überhitzung am Verdampferausgang gesteuert.

7. Nein, der Verdampferdruck bzw. die Verdampfertemperatur paßt sich den jeweiligen Betriebsbedingungen an und verändert sich mit der Kühlstellentemperatur.

8. Es fließt mehr Kältemittel zum Verdampfer.

9. Kapillardrosselrohre sind einfach und betriebssicher, haben jedoch nur einen begrenzten Anwendungsbereich.

10. Bei Kühlstellen kleinerer Leistungen, die ziemlich gleichmäßige Betriebsverhältnisse haben, wie z. B.
    Haushaltskühlschränke
    Tiefkühl- und Gefriertruhen sowie -Schränke
    Raumklimageräte
    Kühlvitrinen und -abteile.

Anhang

Tabelle 1   Dezimale Vielfache und Teile von Einheiten

Bezeichnung des Vorsatzes	an der Einheit anzubringendes Kurzzeichen	Bedeutung des Vorsatzes
Tera	T	das 10^{12} fache der Einheit
Giga	G	das 10^{9} fache der Einheit
Mega	M	das 10^{6} fache der Einheit
Kilo	k	das 10^{3} fache der Einheit
Hekto	h	das 10^{2} fache der Einheit
Deka	da	das 10^{1} fache der Einheit
Dezi	d	das 10^{-1} fache der Einheit
Zenti	c	das 10^{-2} fache der Einheit
Milli	m	das 10^{-3} fache der Einheit
Mikro	μ	das 10^{-6} fache der Einheit
Nano	n	das 10^{-9} fache der Einheit
Pico	p	das 10^{-12} fache der Einheit

Beispiele

$1 \text{ mm} = 10^{-3} \text{ m} = \dfrac{1}{1000} \text{ m}$

$1 \text{ Mg} = 10^{6} \text{ g} = 1\,000\,000 \text{ g} = 1000 \text{ kg} = 1 \text{ t}$

$1 \text{ kJ} = 10^{3} \text{ J} = 1000 \text{ J}$

$1 \text{ GJ} = 1\,000\,000\,000 \text{ J}$
$\quad\quad\; = 10^{6} \text{ kJ}$

$1 \text{ kWh} = 10^{3} \text{ Wh} = 1000 \text{ Wh}$

$1 \text{ daN} = 10^{1} \text{ N} = 10 \text{ N}$

$1 \text{ kJ/kg} = 10^{3} \text{ J/kg} = 1000 \text{ J/kg}$

$1 \text{ mbar} = 10^{-3} \text{ bar} = \dfrac{1}{1000} \text{ bar}$

$1 \text{ cm/ms} = \dfrac{0,01 \text{ m}}{0,001 \text{ s}} = 10 \, \dfrac{\text{m}}{\text{s}}$

$1 \text{ kmol} = 10^{3} \text{ mol} = 1000 \text{ mol}$

Tabelle 2   Umrechnung von Druckeinheiten

	$Pa = N/m^2$	bar	at	atm	kp/m^2	Torr
$1 \text{ Pa} = 1 \text{ N/m}^2$	1	10^{-5}	$0,102 \cdot 10^{-4}$	$0,987 \cdot 10^{-5}$	0,102	0,0075
1 bar $= 0,1$ MPa	100000 $= 10^{5}$	1 $= 1000$ mbar	1,02	0,987	10200	750
1 at $= 1 \text{ kp/cm}^2$	98100	0,981	1	0,968	10000	736
1 kp/m^2	9,81	$9,81 \cdot 10^{-5}$	10^{-4}	$0,968 \cdot 10^{-4}$	1	0,0736
1 atm $= 760$ Torr	101325	1,013 $= 1013$ mbar	1,033	1	10330	760
1 Torr $= \dfrac{1}{760}$ atm	133	0,00133 $= 1,33$ mbar	0,00136	0,00132	13,6	1

Beziehung: $1 \text{ Pa} = 1 \text{ N/m}^2 \approx \dfrac{1}{9,81} \text{ kp/m}^2 \approx 0,102 \text{ kp/m}^2$

Tabelle 3 Umrechnung von Druckhöhen (Flüssigkeitssäulen) und Druck (teilweise nur angenähert)

	μbar	mbar	bar	Pa = N/m²
1 mm WS = 1 kp/m² ≈ 1 daN/m²	100	1,1	0,0001	10
1 m WS = 0,1 at = 0,1 kp/cm² ≈ 0,1 daN/cm²	100000	100	0,1	10000
10 m WS = 1 at = 1 kp/cm² ≈ 1 daN/cm²	1000000	1000	1	100000
1 mm Hg (mm QS) = 1 Torr	1330	1,33	0,00133	133

Beziehungen: 1 kp/m² = 1 mm WS ≈ 1 daN/m²; 1 Torr = 1 mm Hg (1 mm QS)

$$1\,Pa \quad = 1N/m^2 \approx \frac{1}{9,81}\,kp/m^2 \approx 0,102\,kp/m^2$$

Tabelle 4 Umrechnung von Energie- und Arbeitseinheiten sowie Wärmemengen

	J	kJ	kWh	kcal	PSh	kp m	Wh
1 J = 1 N m = = Ws	1	0,001	$2,78 \cdot 10^{-7}$	$2,39 \cdot 10^{-4}$	$3,77 \cdot 10^{-7}$	0,102	$2,78 \cdot 10^{-4}$
1 kJ =	1000	1	$2,78 \cdot 10^{-4}$	0,239	$3,77 \cdot 10^{-4}$	102	$2,78 \cdot 10^{-1}$
1 kWh =	3600000	3600	1	860	1,36	367000	1000
1 kcal =	4200	4,2	0,00116	1	0.00158	427	1,163
1 PSh =	2650000	2650	0,736	632	1	270000	736
1 kp m =	9,81	0,00981	$2,72 \cdot 10^{-6}$	0,00234	$3,7 \cdot 10^{-6}$	1	$2,72 \cdot 10^{-3}$
1 Wh	3600	3,6	0,001	0,86	$1,36 \cdot 10^{-3}$	367	1

$$1Nm = \frac{1}{9,81}\,kp\,m = 0,102\,kp\,m$$

$$1\,erg = 1g\,cm^2/s^2 = 1\,dyn\,cm = \frac{1}{10000000}\,J = 10^{-7}\,J$$

$$1\,cal = 4,1868\,J \approx 4,200\,J;\ \ 1\,kcal = 4,1868\,kJ \approx 4,2\,kJ$$

Tabelle 5 Umrechnung von Leistungseinheiten, Energiestrom, Wärmestrom

	W	kW	kcal/s	kcal/h	kpm/s	PS
1 W = 1 N m/s = = 1 J/s	1	0,001	$2,39 \cdot 10^{-4}$	0,860	0,102	0,00136
1 kW = 1 kJ/s =	1000	1	0,239	860	102	1,36
1 kcal/s =	4190	4,19	1	3600	427	5,69
1 kcal/h =	1,163	0,00116	$\dfrac{1}{3600}$	1	0,119	0,00158
1 kp m/s =	9,81	0,00981	0,00234	8,43	1	0,0133
1 PS =	736	0,736	0,176	632	75	1

$$1\,\mathrm{N\,m/s} = \frac{1}{9,81}\ \mathrm{kp\,m/s} = 0,102\ \mathrm{kp\,m/s}$$

$$1\,\mathrm{kp\,m/s} = 3600\ \mathrm{kp\,m/h};\quad 1\,\mathrm{kp\,m/h} = \frac{1}{3600}\ \mathrm{kp\,m/s}$$

$$1\,\mathrm{kcal/h} = 1,163\ \mathrm{W}$$

$$1\,\mathrm{J/s} \approx 1\,\mathrm{kcal/h};\quad 1\,\mathrm{Gcal/h} = 10^{9}\ \mathrm{cal/h} \approx 4,2 \cdot 10^{6}\ \mathrm{kJ/h} = 1,163\ \mathrm{MW}$$

Tabelle 6 (Als Substitut für das FCKW-Kältemittel R 12 wird weltweit R 134a entwickelt)

R 134a
Dampftafel für das Naßdampfgebiet

Temperatur	Druck	Spezifisches Volumen		Dichte		Enthalpie		Verdampfungswärme	Entropie	
		der Flüssigkeit	des Dampfes	der Flüssigkeit	des Dampfes	der Flüssigkeit	des Dampfes		der Flüssigkeit	des Dampfes
t °C	p bar	v' l/kg	v'' l/kg	ϱ' kg/l	ϱ'' kg/m³	h' kJ/kg	h'' kJ/kg	r kJ/kg	s' kJ/kg/K	s'' kJ/kg/K
−15	1,642	0,744	120,15	1,343	8,323	180,28	388,57	208,29	0,9261	1,7330
−14	1,711	0,746	115,55	1,340	8,654	181,57	389,18	207,62	0,9311	1,7322
−13	1,781	0,748	111,17	1,337	8,995	182,86	389,79	206,93	0,9360	1,7315
−12	1,855	0,750	106,99	1,334	9,347	184,16	390,40	206,25	0,9410	1,7308
−11	1,930	0,751	102,99	1,331	9,710	185,46	391,01	205,55	0,9459	1,7301
−10	2,008	0,753	99,17	1,328	10,084	186,76	391,62	204,85	0,9509	1,7294
−9	2,088	0,755	95,52	1,325	10,469	188,07	392,22	204,15	0,9558	1,7287
−8	2,171	0,757	93,03	1,321	10,866	189,38	392,82	203,44	0,9608	1,7280
−7	2,256	0,759	88,70	1,318	11,274	190,70	394,42	202,73	0,9657	1,7274
−6	2,344	0,760	85,51	1,315	11,695	192,02	394,02	202,00	0,9706	1,7268
−5	2,435	0,762	82,45	1,312	12,128	193,34	394,62	201,28	0,9755	1,7261
−4	2,528	0,764	79,53	1,309	12,574	194,66	395,21	200,55	0,9804	1,7255
−3	2,624	0,766	76,73	1,305	13,033	195,99	395,80	199,81	0,9853	1,7250
−2	2,723	0,768	74,04	1,302	13,505	197,33	396,39	199,06	0,9902	1,7244
−1	2,825	0,770	71,47	1,299	13,991	198,66	396,98	198,31	0,9951	1,7238
0	2,929	0,772	69,01	1,295	14,491	200,00	397,56	197,56	1,0000	1,7333
1	3,037	0,774	66,65	1,292	15,005	201,34	398,14	196,80	1,0049	1,7227

Tabelle 6 (Fortsetzung)

Tempera tur	Druck	Spezifisches Volumen		Dichte		Enthalpie		Verdamp-fungs-wärme	Entropie	
		der Flüssig-keit	des Dampfes	der Flüssig-keit	des Dampfes	der Flüssig-keit	des Dampfes		der Flüssig-keit	des Dampfes
t °C	p bar	v' l/kg	v" l/kg	ϱ' kg/l	ϱ'' kg/m³	h' kJ/kg	h" kJ/kg	r kJ/kg	s' kJ/kg/K	s" kJ/kg/K
2	3,147	0,776	64,38	1,289	15,533	202,69	398,72	196,03	1,0097	1,7222
3	3,261	0,778	62,21	1,285	16,076	204,04	399,30	195,26	1,0146	1,7217
4	3,377	0,780	60,12	1,282	16,634	205,39	399,87	194,48	1,0195	1,7212
5	3,497	0,782	58,11	1,279	17,207	206,74	400,44	293,70	1,0243	1,7207
6	3,620	0,784	56,19	1,275	17,797	208,10	401,01	192,91	1,0291	1,7202
7	3,747	0,786	54,34	1,272	18,402	209,46	401,58	192,11	1,0340	1,7197
8	3,876	0,788	52,56	1,269	19,024	210,83	402,14	191,31	1,0388	1,7193
9	4,010	0,790	50,86	1,265	19,663	212,20	402,70	190,51	1,0436	1,7188
10	4,146	0,793	49,22	1,262	20,319	213,57	403,26	189,69	1,0484	1,7184
11	4,286	0,795	47,64	1,258	20,992	214,94	403,81	188,87	1,0532	1,7179
12	4,430	0,797	46,12	1,255	21,684	216,32	404,36	188,05	1,0580	1,7175
13	4,577	0,799	44,66	1,251	22,394	217,70	404,91	187,22	1,0628	1,7171
14	4,728	0,802	43,25	1,248	23,122	219,08	405,46	186,38	1,0676	1,7167
15	4,883	0,804	41,89	1,244	23,870	220,46	406,00	185,54	1,0724	1,7163
16	5,042	0,806	40,59	1,241	24,637	221,85	406,54	184,69	1,0771	1,7159
17	5,204	0,808	39,33	1,237	25,425	223,24	407,08	183,83	1,0819	1,7155
18	5,371	0,811	38,12	1,233	26,233	224,64	407,61	182,97	1,0867	1,7151
19	5,541	0,813	36,95	1,230	27,061	226,04	408,14	182,10	1,0914	1,7147
20	5,716	0,816	35,83	1,226	27,912	227,44	408,66	181,23	1,0961	1,7143
21	5,894	0,818	34,74	1,222	28,784	228,84	409,19	180,35	1,1009	1,7140
22	7,077	0,821	33,69	1,219	29,678	230,25	409,70	179,46	1,1056	1,7136
23	6,264	0,823	32,68	1,215	30,596	231,65	410,22	178,56	1,1103	1,7132
24	6,456	0,826	31,71	1,211	31,536	233,07	410,73	177,66	1,1150	1,7129
25	6,651	0,828	30,77	1,207	32,501	234,48	411,24	176,76	1,1197	1,7125
26	6,852	0,831	29,86	1,204	33,490	235,90	411,74	175,84	1,1244	1,7122
27	7,056	0,833	29,98	1,200	34,505	237,32	412,24	174,92	1,1291	1,7119
28	7,266	0,836	28,13	1,196	35,545	238,75	412,74	173,99	1,1338	1,7115
29	7,480	0,839	27,31	1,192	36,611	240,17	413,23	173,05	1,1384	1,7112
30	7,698	0,842	26,52	1,188	37,704	241,61	413,71	172,11	1,1431	1,7108
31	7,922	0,844	25,76	1,184	38,825	243,04	414,20	171,16	1,1478	1,7105
32	8,150	0,847	25,02	1,180	39,974	244,48	414,68	170,20	1,1524	1,7102
33	8,384	0,850	24,30	1,176	41,152	245,92	415,15	169,23	1,1571	1,7098
34	8,622	0,853	23,61	1,172	42,360	247,36	415,62	168,26	1,1617	1,7095
35	8,865	0,856	22,94	1,168	43,598	248,81	416,08	167,27	1,1664	1,7092
36	9,113	0,859	22,29	1,164	44,867	250,26	416,54	166,28	1,1710	1,7089
37	9,367	0,862	21,66	1,160	46,169	251,72	417,00	165,28	1,1756	1,7085
38	9,626	0,865	21,05	1,156	47,503	253,18	417,45	164,27	1,1802	1,7082
39	9,890	0,868	20,46	1,152	48,871	254,64	417,89	163,25	1,1849	1,7079
40	10,160	0,871	19,89	1,147	50,273	256,11	418,33	162,23	1,1895	1,7075
41	10,435	0,875	19,34	1,143	51,711	257,58	418,77	161,19	1,1941	1,7072
42	10,716	0,878	18,80	1,139	53,186	259,05	419,20	160,14	1,1987	1,7069
43	11,002	0,881	18,28	1,135	54,698	260,53	419,62	159,09	1,2033	1,7065
44	11,294	0,885	27,78	1,130	56,249	262,02	420,04	158,02	1,2079	1,7062
45	11,592	0,888	17,29	1,126	57,839	263,50	420,45	156,94	1,2125	1,7058
46	11,896	0,892	16,82	1,121	59,471	265,00	420,85	155,86	1,2171	1,7055
47	12,205	0,895	16,35	1,117	61,144	266,50	421,25	154,76	1,2217	1,7051
48	12,521	0,899	15,91	1,112	62,861	268,00	421,64	153,65	1,2263	1,7057
49	12,843	0,903	15,47	1,108	64,622	269,51	422,03	152,52	1,2309	1,7044

Tabelle 6 (Fortsetzung)

Temperatur	Druck	Spezifisches Volumen		Dichte		Enthalpie		Verdampfungswärme	Entropie	
		der Flüssigkeit	des Dampfes	der Flüssigkeit	des Dampfes	der Flüssigkeit	des Dampfes		der Flüssigkeit	des Dampfes
t	p	v′	v″	ϱ′	ϱ″	h′	h″	r	s′	s″
°C	bar	l/kg	l/kg	kg/l	kg/m³	kJ/kg	kJ/kg	kJ/kg	kJ/kg/K	kJ/kg/K
50	13,171	0,907	15,05	1,103	66,430	271,02	422,41	151,39	1,2355	1,7040
51	13,505	0,910	14,64	1,098	68,285	272,54	422,78	150,24	1,2401	1,7036
52	13,846	0,914	14,25	1,094	70,189	274,07	423,15	149,08	1,2447	1,7032
53	14,193	0,918	13,86	1,089	72,144	275,60	423,50	147,90	1,2493	1,7028
54	14,547	0,922	13,49	1,084	74,151	277,14	423,85	146,71	1,2539	1,7024
55	14,907	0,927	13,12	1,079	76,212	278,69	424,19	145,51	1,2586	1,7020
56	15,274	0,931	12,77	1,074	78,329	280,24	424,52	144,29	1,2632	1,7015
57	15,648	0,935	12,42	1,069	80,505	281,80	424,85	143,05	1,2678	1,7011
58	16,028	0,940	12,09	1,064	82,741	283,37	425,16	141,80	1,2724	1,7006
59	16,416	0,944	11,76	1,059	85,039	284,94	425,47	140,53	1,2771	1,7002
60	16,811	9,949	11,44	1,054	87,401	286,53	425,76	139,24	1,2817	1,6997
61	17,213	0,954	11,13	1,049	89,831	288,12	426,05	137,93	1,2864	1,6992
62	17,622	0,959	10,83	1,043	92,332	289,72	426,33	136,60	1,2911	1,6987
63	18,038	0,964	10,54	1,038	94,905	291,34	426,59	135,25	1,2958	1,6981
64	18,463	0,968	10,25	1,032	97,554	292,96	426,84	133,88	1,3005	1,6976
65	18,894	9,974	9,97	1,027	100,282	294,59	427,09	132,49	1,3052	1,6970
66	19,333	0,980	9,70	1,021	103,092	296,24	427,31	131,07	1,3099	1,6964
67	19,781	0,985	9,43	1,015	105,990	297,90	427,53	129,63	1,3147	1,6958
68	20,236	0,991	9,18	1,009	108,977	299,57	427,73	128,17	1,3194	1,6951
69	20,699	0,997	8,92	1,003	112,060	301,25	427,92	126,67	1,3242	1,6944
70	21,170	1,003	8,68	0,997	115,242	302,95	428,10	125,15	1,3290	1,6937
71	21,649	1,009	8,44	0,991	118,529	304,66	428,25	123,59	1,3339	1,6930
72	22,137	1,016	8,20	0,985	121,926	306,39	428,40	122,00	1,3388	1,6922
73	22,633	1,022	7,97	0,978	125,439	308,14	428,52	120,38	1,3437	1,6914
74	23,137	1,029	7,75	0,972	129,075	309,90	428,63	118,72	1,3486	1,6906

Stichwortverzeichnis

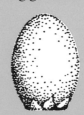

Dietmar Schittenhelm

Kälteanlagen-technik

Elektro- und Steuerungstechnik

1992. 241 Seiten. Rd. 180 Abb. Gebunden.
DM 98,– öS 765,– sFr 98,–
ISBN 3-7880-7372-1

In diesem neuen Standardwerk für die Branche wird die Elektrotechnik anwendungsbezogen behandelt und durch Beispiele verdeutlicht.

Karl Breidenbach

Der Kälteanlagenbauer

Band I:
Grundkenntnisse / Stichwortregister / Aufgaben und Lösungen

3., völlig neubearbeitete Aufl. 1990. 440 Seiten. zahlr. 3farb. Abb. Gebunden.
DM 178,– öS 1.389,– sFr 178,–
ISBN 3-7880-7375-6

Band 2:
Kälteanwendung / Stichwortregister

3., völlig neubearbeitete Aufl. 1990. 656 Seiten. Zahlr. 3farb. Abb. Gebunden.
DM 205,– öS 1.599,– sFr 205,–
ISBN 3-7880-7371-3

Beide Bände ermöglichen die Ausbildung nach den geltenden Richtlinien und können sowohl in der schulischen als auch in der betrieblichen Aus- und Weiterbildung eingesetzt werden.

Bei Ihrem Buchhändler oder direkt beim Verlag.

1613677

Fax-Bestellschein

——————————✂

Bitte senden Sie mir:

❏ Ex. **Kälteanlagentechnik**
zum Preis von DM 98,–

❏ Ex. **Der Kälteanlagenbauer**
Band 1
zum Preis von DM 178,–

❏ **Band 2**
zum Preis von DM 205,–

Absender:

_____

_____

_____

_____

(Preisstand 1995)

C. F. Müller
Verlag

Hüthig GmbH

Postfach 10 28 69
69018 Heidelberg

Telefon 0 62 21/4 89-0
Telefax 0 62 21/4 89-4 43